智能供应链

预测算法理论与实战

庄晓天 等 著

电子工业出版社

Publishing House of Electronics Industry

北京·BEIJING

内容简介

本书主要介绍人工智能和供应链行业融合中通用化和实战化的预测算法，以及这些预测算法在业界实际应用的案例，旨在通过简单易懂的方式让读者了解供应链相关的应用场景。本书作者具有丰富的业界从业经验，在供应链预测算法方面拥有丰富的理论研究和项目经验，能够将基础模型、进阶模型和行业实践有机地融合，循序渐进地介绍供应链预测算法，使读者在学习过程中感到轻松、有趣，并能应用所学知识。

本书涵盖了智能供应链预测领域的算法理论模型和行业实践知识。本书首先从商品需求预测案例开始介绍预测的基本流程，然后深入讨论基础预测模型原理和复杂预测模型的设计策略，最后通过多个不同行业的预测实践案例来说明算法的应用场景。预测算法包括传统的时间序列、统计学习模型和机器学习、深度学习模型，通过不同类型算法的有效融合，为不同的应用场景提供坚实的算法基础。

本书适合以下三类读者阅读：

- 第一类是供应链数字化领域的算法工程师，想要深入了解预测算法模型的读者。
- 第二类是供应链管理师，有志从事该职业或希望培养和提升供应链预测能力的读者。
- 第三类是高校物流管理、管理科学等相关专业的学生。

未经许可，不得以任何方式复制或抄袭本书之部分或全部内容。
版权所有，侵权必究。

图书在版编目（CIP）数据

智能供应链：预测算法理论与实战 / 庄晓天等著. —北京：电子工业出版社，2023.9
ISBN 978-7-121-46228-3

Ⅰ. ①智… Ⅱ. ①庄… Ⅲ. ①人工智能－算法理论 Ⅳ. ①TP18

中国国家版本馆 CIP 数据核字（2023）第 158350 号

责任编辑：陈晓猛
印　　刷：北京天宇星印刷厂
装　　订：北京天宇星印刷厂
出版发行：电子工业出版社
　　　　　北京市海淀区万寿路 173 信箱　　　　　邮编：100036
开　　本：720×1000　1/16　　　印张：17　　　字数：324 千字
版　　次：2023 年 9 月第 1 版
印　　次：2024 年 11 月第 5 次印刷
定　　价：118.00 元

凡所购买电子工业出版社图书有缺损问题，请向购买书店调换。若书店售缺，请与本社发行部联系，联系及邮购电话：(010) 88254888，88258888。
质量投诉请发邮件至 zlts@phei.com.cn，盗版侵权举报请发邮件至 dbqq@phei.com.cn。
本书咨询联系方式：faq@phei.com.cn。

如何有效对供应链的内外部关键要素进行预测，并充分利用各种先进模型和算法提升预测的精度和效率，一直是供应链管理领域的热门话题。当好友庄晓天博士即将出版《智能供应链：预测算法理论与实战》一书并邀请我作序时，我欣喜接受，并迫不及待地提前享受这份干货满满的精神盛宴。

本书凝聚了庄晓天博士多年来在海内外知名高校学术深造、在行业标杆企业商业实践的深刻理论洞察、丰富技术沉淀和宝贵实操经验。对于想要全面、系统学习供应链预测技术的读者来说，这是一本不可多得的好书。本书不仅介绍了各种经典的、最新的理论模型，还提供了丰富的实践案例和实现代码，帮助读者快速掌握供应链预测技术的核心理论方法、用好实操工具。读者打开本书的那一刻将会发现——作者精心设计的全篇结构将带领你从一个 SKU 的需求预测出发，开启一段美妙的精神旅程。在基础模型篇中介绍的时间序列分析、统计学习、机器学习、神经网络等经典方法，将为你的预测技术提供坚实的方法论基础；在模型进阶篇中，介绍了 Prophet、Transformer、Informer 等最新的理论研究成果；在行业实践篇中，作者精心挑选了制造业、电商零售、线下零售、供应链网络等代表性行业的业务实操案例，向读者介绍如何将各种模型应用于实际场景；最后展示了供应链算法工程师的日常，并为想成为算法工程师的读者介绍了算法工程师需要具备的能力、如何获得这些能力并不断获得突破。

正如本书中提到的"掌握了预测，等于掌握了供应链的未来"，作为一名供应链管理的研究者，我的预测是——无论是置身业界应用预测算法的从业者，还是打算深入学习和研究智能供应链预测算法的学生和研究人员，都将从本书中受益。

张玉利　北京理工大学

2023 年 5 月 25 日

序二

PREFACE

近年来，随着人工智能和各种算法技术的高速发展，智能供应链技术一步步浮出水面，无论是产（Production）还是销（Distribution），智能化算法都是提升效率的关键。在这样的大背景下，对于同时了解供应链商业逻辑和精通算法的人才需求巨大。然而，这样的人才非常稀缺，尤其是高级人才更是"一将难求"。

与互联网时代容易获得的知识相比，供应链作为一门极其复杂的学科，其获取门槛远高于常见的商业学科。尽管各种算法在互联网上的普及程度非常高，但专门针对供应链算法的知识资源稀缺。考虑到智能供应链极强的商业属性，能同时介绍知识，还有商业实践经验的优秀资源几乎不存在。这对许多有志于在智能供应链算法领域大展拳脚，却摸索不到门路的年轻工程师来说，是一件非常苦闷的事情。

多年前，当庄晓天博士和我说他准备写一本智能供应链的书时，我就知道，他要在这个尚未有人踏足的方向进行尝试了。作为学生时期就和庄晓天博士相识的朋友，我想不到比他更合适做这件事的人。无论是扎实的理论基础，广阔的国际视野，还是接地气的本土供应链升级转型经验，都让他成为写一本智能供应链算法工程师指南型图书的不二人选。现有的智能供应链图书过于基础，大多则重于高层次的流程和经验，注重商业角度的讨论；少数图书专注算法，但要么过于基础，要么缺乏与领域知识的紧密结合。而本书架起了商业和算法之间的一座桥梁，从庄晓天博士多年的从业经验中进行提炼，深入浅出，结合实例娓娓道来。特别地，庄晓天博士不仅总结了供应链算法的全景图，还结合自身多年算法实践的宝贵经验提出了智能决策六阶理论，相信无论是职场新人，还是算法"老鸟"都能从中有所收获。

叶韵　西门子中国研究院
2023 年 5 月 25 日

我为什么要写这本书

2012 年,我博士毕业,从美国裸归,开始了职业生涯之旅。彼时的国内互联网方兴未艾,热闹纷繁,大众创业,万众创新,似乎每一天都有新的商业模式在兴起,都有新的互联网公司在诞生,都有新的传奇故事在演绎。对于那时的我来说,算是站在了学生时代的顶峰,对北京,对职场,对未来,有着无限的描绘和憧憬,感觉属于自己的时代终于要来了。但如同电影里的经典桥段一样,现实中的职场客观、理性,甚至冰冷、残酷,不相信眼泪,给那时缺乏认知、缺乏经验、更缺乏心理准备的我当头一棒。心心念念的光鲜职场与改变世界,变成了跑腿打杂与纸上谈兵,理论与实践的严重脱节,导致我一度陷入了迷茫。几经辗转,历经磨难,我才误打误撞地走进了供应链行业,从一个初级算法科学家开始,一步步地打开了自己的世界。

作为一个新入行的毕业生,我内心的感觉是复杂的。一方面希望有存在感,喜欢将学校里最复杂的、行业里最炫酷的算法模型摆出来,体现自己的价值;另一方面又是忐忑不安的,不熟悉业务场景,不了解项目落地,不知道如何从业务、数据、算法的整体去思考,缺乏从理论到实践的"套路"。那时的我买了很多书,要么是纯理论的,类似大学里的教材,要么是纯业务的,好像什么都说了,又好像什么都没说。那时的我就在想,要是能有一本"懂我"的书该有多好,就像那本《演员的自我修养》一样,白天带在身上,翻开就能找到答案,夜里放在枕下,带给自己精神力量。确实,在那个职业生涯"小白时期"的我,太需要一本能给自己安全感和自信心的书了。

之后的十多年里,在经历了国企、民企、外企的近百次面试,经历了 IBM、亚马逊、唯品会、京东的近百个项目,我才逐渐修炼出一些实用的"内功心法",

并且都写在了我的一个手账本上，里面记录的都是最干的干货，包括如何应对面试、如何落地项目、如何提升自我。我很清楚从小白到老兵的心路历程，能感同身受地理解"新手"到底需要什么。之所以想把这些写成本书，就是想为那些即将毕业的同学，为那些刚刚踏入行业的新人，分享这些带着温度与汗水的经验，希望读者能够一路坦途，尽早成为那个更优秀的自己。

这本书能带给你什么

本书是我的智能供应链系列图书的开端，主要围绕智能供应链的预测展开。预测对于我们来说，是什么？就是一直苦苦追寻，但又求而不得的事情。就像人生一样，每个人都希望努力当下，着眼未来，但谁也没有办法准确地预见未来。供应链行业的预测也一样，是整个链条的源头，也是行业内大家最关心的事情。也许很多人不懂数据，很多人不懂算法，但只要提起预测，谁都能跟你讲几句。我希望通过本书，让即将或者刚刚入行的你，快速成为预测领域的半个专家。

在本书的构思设计中，我和伙伴们努力将内容简化，注重实战应用，希望能够将读者快速拉进实际工作的硝烟战火中。我们从一个商品的预测讲起，介绍预测的工作流程，再深入基础算法模型、复杂算法策略，诠释预测所需的模型工具，最后列举多个行业的实践案例，阐明算法理论的应用场景。之所以将算法策略与行业实践进行有机的融合，就是想让读者更有代入感，看得有意思、学得有信心、用得有底气。

在本书的编写过程中，我深知自己的认知和能力有限，很难涵盖供应链领域与算法理论结合的所有知识点，书中内容也难免存在一些错误和纰漏。我诚挚地期望广大读者能支持和喜欢这本书，更期待读者的宝贵意见和建议，让我们共同推动这个领域的发展。

致谢

记得上一次写致谢，还是十几年前在我的博士论文里，在烈日炎炎的菲尼克斯，在那个孤独安静的出租屋。真没想到日子会过得这么快，弹指一挥间，转眼已十年。请宽恕我的词穷，允许我说那句土话：时光荏苒，岁月如梭。十几年的光阴，可以让一个意气风发的年轻人，变成一个谨慎内敛的中年人；让一个相信技术改变世界的博士，变成一个更愿意顺势而为的打工人。虽然我博士论文的研究方向是基于不确定性的优化，但其实骨子里我是一个特别不喜欢变化的人。相比于对变化的好奇，我更喜欢对确定的坚守；相比于对"新"的追求，我更喜欢对"旧"的长情。可这一路光阴下来，伴随着时代的潮起潮落，环境的辗转腾挪，身边能始终不变的"确定"，实在是太稀有了。唯有我的家人，为我扬帆，等我归航，十几年相伴，从未离开。

感谢我的父母，在我这十几年的风风雨雨中，始终坚定地站在我的身后。无论是 2007 年的大连暴雪，还是 2012 年的北京大雨；无论是留学申请的屡败屡战，还是回国工作的四处碰壁，你们都一直坚定地相信我的判断，相信我的选择。十几年一路飘摇，蓦然回头，却发现你们已经两鬓银丝，日渐消瘦。虽然今天的我，已经成长为大人眼中那个"别人家的孩子"，但有的时候我仍然希望一觉醒来，爸爸还在厨房里准备早饭，妈妈还拎着抹布在家里擦拭；一切还都是原来的样子，你们还都年轻；时间可以慢慢地流淌，我可以慢慢地长大；我对你们的爱，还可以重来一遍。

感谢我的太太，在我还默默无闻的时候，就选择义无反顾地相信我，跟着我。没有婚礼，没有豪宅，没有浪漫，你一直在用最美好的年华，为我的梦加油。陪我穿越冬夏，走过漫长的季节，陪我跨越南北，走过最长的旅途，陪我熬过长夜，走过至暗的时刻。一路下来，你是那么的安静、温暖与宽容，像照顾孩子一样在陪伴我成长，关注着我的需求、我的情绪、我的梦想，默默地把你的一切都排在了后面。也许真的是心有灵犀，就在我写这段文字的时候，你给我发来消息说，今年是你来北京的第十年，希望第二个十年我还会陪着你。我想说，人生其实不止如初见，下一个十年，都有我的陪伴，下一程风雨，都由我来遮挡，爱你如初，从未改变。

感谢我的儿子，你是我写过最美的情书，也是我一生最珍贵的礼物。从你睁开双眼，我们认识的那天起，我的人生仿佛重启了一般，交织着幸福与责任，也随之改变了轨迹。感谢你的到来，你身上透出的坚强与笃定，内心深藏的柔软和细腻，眼里泛出的纯真与善良，满足了我对完美孩子的所有想象。我希望能够在这个世上活很久，和妈妈一起，陪你看看这个复杂而又美好的世界；希望能将我所有的经历，所有的人生感悟，都讲给你听；希望日子能一直如此刻般美好，平平淡淡，安静温暖。我陪你长大，你陪我变老，你是我一生的软肋，更是我毕生的铠甲。

庄晓天

2023 年 4 月 25 日

目录

CONTENTS

开　篇

基础模型篇

进阶模型篇

行业实践篇

结语

开篇

第1章　从一个SKU的需求预测开始

从一个 SKU 的需求预测开始

掌握了预测，等于掌握了供应链的未来。

——笔者语

1.1 智能供应链与需求预测

大约十年前，笔者网购通常需要 5~7 天才能收到商品，而如今隔日达、次日达甚至当日达都已经变得很平常。这种购物体验的提升，得益于各电商平台供应链智能化水平的快速提升。消费者能感受到的"快"，不仅来自交通工具、运输体系的提升，比如航空网络、干线卡班、终端机器人等，更来自电商平台对消费行为的理解程度与智能算法的提升，比如个性化推荐、智能定价、需求预测等。这些算法往往集成在智能供应链的决策体系中，全局化、自动化地应用在海量商品和订单中，通过对海量数据的分析和挖掘，实现从需求到履约的全流程。如今不仅是电商平台上的商品，线下的零售、外卖，甚至工业生产所需的原材料，一些企业的供应链系统都能自动地预知需求，并在特定地区进行库存储备，以便在需求产生时快速响应。

供应链是如何自动地预知我们想购买什么呢？答案就是智能供应链的需求预测。

　　智能供应链的核心是基于大数据与人工智能算法的需求预测能力，协同智能供应链体系的网络规划、库存优化、履约优化等模块实现供应链自动化生成最优决策。智能供应链需求预测的准确性会决定整体决策最优化的上限。以快消品 SKU（Stock Keeping Unit，最小存货单位）为例，智能供应链系统会根据 SKU 的历史销量进行需求预测，基于预测结果生成供应链决策建议，包括供应链上游的厂商应该提前生产多少货品、仓网如何规划、库存保持怎样的水平、货品最终如何送达等。因此，预测精度会成为后续这些决策建议精度的上限。

　　智能供应链可以通过哪些方法实现精准的需求预测？这些方法在不同行业实践中的表现如何？这便是本书想告诉大家的——智能供应链的预测算法理论与实践。

1.2　一个 SKU 的销量预测

　　让我们从一个 SKU 的销量预测开始感受供应链需求预测吧！实践任务是预测某快消品公司的一个食品 SKU 的销量，我们获取了该快消品 SKU 的 2018 年 1 月至 2022 年 12 月的订单数据，将 2021 年 12 月 31 日之前的数据作为历史数据，在 2022 年 1 月 1 日至 2022 年 12 月 31 日的区间上进行月维度预测，并使用真实数据对预测结果进行评价。本节附带了实现预测流程的 Python 代码，希望复现本次预测流程代码的读者需要安装 Python 3 及相应的 package，同时需要掌握一定的 Pandas 操作技巧。

```
1.  # 导入 pandas
2.  import pandas as pd
3.
4.  # 读取数据
5.  df = pd.read_csv('sale_order.csv')
6.  # 查看数据
7.  print(df.head(10)) # 结果见表 1-1
```

　　需求预测包括数据预处理、探索性分析、预测等流程。在执行这些流程之前，我们需要先对数据进行初始预览。本次预测实践获取了历史销量数据，这份数据记录了订单相关的信息，包括订单编号、订单时间、SKU 编号、发货件数、发货仓库。下面我们通过代码预览数据，订单数据样例如表 1-1 所示。

表 1-1　订单数据样例

订单编号	订单时间	SKU 编号	发货件数	发货仓库
POD-190405-0031	2019/4/8	LG32118	50	RDC_杭州
POD-190711-0083	2019/7/11	LG32118	10	RDC_杭州
POD-210318-0146	2021/3/19	LG32118	30	RDC_杭州
POD-210302-0071	2021/3/2	LG32118	10	RDC_杭州
POD-210422-0218	2021/4/23	LG32118	50	RDC_杭州
POD-210323-0170	2021/4/13	LG32118	30	RDC_杭州
POD-211116-0190	2021/11/17	LG32118	32	RDC_杭州
POD-211007-0025	2021/10/7	LG32118	10	RDC_杭州
POD-200706-0127	2020/7/23	LG32118	30	RDC_杭州
POD-210818-0096	2021/8/24	LG32118	15	RDC_杭州

1.2.1　数据预处理

　　数据预处理是预测流程中的第一步。在实际场景中，历史销量数据可能存在错误、异常等情况，同时数据在形式上可能存在不规范的情况。我们需要进行一些基础的检查，消除这些干扰预测的异常因素，并将其处理成规范的销量数据。本案例将介绍数据预处理中通用的步骤，包括数据清洗、替换链处理、大单处理、时间维度处理。

1. 数据清洗

　　在预测实践中我们获取到的原始数据大概率是"脏"数据，可能存在缺失、错误等异常情况。订单数据中部分待清洗的"脏"数据示例如表 1-2 所示。第一行数据中的发货仓库字段存在数据缺失的情况，第二行数据中的发货件数字段则出现了负数（可能是退货订单），第三行数据中的订单时间的日期记录为"0000-00-00"。我们需要将这些脏数据筛出并确认后，进行修复、删除等处理。

表 1-2　部分待清洗的"脏"数据示例

订单号	订单时间	SKU 编号	发货件数	发货仓库
POD-190405-0031	2019/8/4	LG32118	500	
POD-190711-0083	2019/8/9	LG32118	−100	RDC_杭州
POD-210318-0146	0000-00-00	LG32118	30	RDC_杭州

　　本次实践中我们将发货仓库字段的空值和发货件数字段的负数直接删除。而订单时间字段由于格式是字符串，因此数据清洗的逻辑相对复杂一些，我们可以考虑将早于 2018 年 1 月 1 日的订单与无法识别的异常日期数据进行删除。具体的代码如下。

```
1.  # 利用条件筛选对异常值进行清洗
2.  df = df[df['发货件数']>=0]
3.  # 利用空值筛选对空值行进行删除
4.  df = df[~df['发货仓库'].isnull()]
5.
6.  # 日期清洗函数，对于异常值和早于 2018 年 1 月 1 日的订单进行空值处理
7.  def datewash(x):
8.      try:
9.          x = pd.to_datetime(x)
10.         if x>pd.to_datetime('2018-01-01'):
11.             return x
12.         else:
13.             return
14.     except:
15.         return
16.
17. # 对日期相关字段进行数据清洗
18. df['订单时间'] = df['订单时间'].apply(datewash)
19. df = df[~df['订单时间'].isnull()]
20. # 为了便于后续操作，我们筛选字段，并进行重命名
21. df = df[['SKU 编号', '发货仓库', '订单时间', '发货件数']]
22. df = df.rename(columns={'SKU 编号':'SKU', '发货仓库':'ware_house', '订单时间': 'order_date', '发货件数': 'y'})
```

2. 替换链处理

　　完成数据的基础清洗后，我们需要使用替换链数据对订单数据的 SKU 编号进行更新。如今市场变化快速，企业致力于提高供应链的柔性，以使产品能够快速推向市场并始终满足最新的市场需求。企业通常会停售老款 SKU 并发行新款 SKU，在这种情况下，两个 SKU 是同一商品的继承关系，但在 SKU 编号上表现为两个商品。如果不进行 SKU 编号处理，那么这种更替模式会在数据上产生老款和新款之间的断层，从而无法进行有效的预测。替换链数据记录了某段时间内所有 SKU 的新老替换关系。在预测之前，我们需要获取替换链数据，并将销售

数据中所有老款 SKU 编号替换为最新的 SKU 编号。

　　本节所选的快消品 SKU 为畅销食品，我们可以通过查看每个 SKU 编号的开始销售和停止销售时间来初步了解 SKU 的替换情况。下面提供了查看 SKU 销售日期区间的实现代码。SKU 销售日期区间数据样例如表 1-3 所示，替换链数据样例如表 1-4 所示。before_SKU 是替换前的 SKU 编号，replace_SKU 是替换后的 SKU 编号，可以看到，这些 SKU 都是新老替换关系，在时间上呈现为连续的序列。

```
1.  print(df.groupby('SKU')['order_date'].agg(['min','max']))
2.
3.  # 读取替换链数据
4.  replace_data = pd.read_csv('replace_chain.csv')
5.  print(replace_data)
```

表 1-3　SKU 销售日期区间数据样例

SKU	min	max
LG32021	2018/1/1	2018/7/25
LG32108	2018/8/1	2019/6/1
LG32118	2019/6/1	2020/1/24
LG32234	2020/1/25	2020/7/9
LG32310	2020/7/11	2021/1/25
LG32498	2021/1/25	2021/12/14
LG32568	2021/12/15	2022/4/21
LG32875	2022/4/23	2022/11/2
LG33472	2022/11/3	2022/12/29

表 1-4　替换链数据样例

序号	before_SKU	replace_SKU
0	LG31852	LG31853
1	LG31853	LG31865
2	LG31865	LG31869
3	LG31869	LG31752
4	LG31752	LG32252
5	LG32252	LG46552
6	LG46552	LG68552

　　在进行替换之前，我们需要检查替换链数据是否存在异常情况。在维护替换数据时，业务人员可能出现录入错误，导致替换链数据出现"一对多""环状"等逻辑错误。例如，如表 1-5 所示的"环状"错误，其中 A 被 B 替换，B 被 C 替换，C 又被 A 替换，导致该数据中的替换逻辑陷入无限循环。

表 1-5　替换链数据"环状"错误示例

序号	before_SKU	replace_SKU
0	A	B
1	B	C
2	C	A

　　在替换链更新程序中，我们可以添加替换链异常识别功能。如果替换链数据存在"环状"情况，则程序在执行时会报错，并打印出"环状"替换链的信息。对于存在"环状"替换链的情况，我们需要手动删除或更改为正常的替换链。下面是封装成方法的代码，可以调用该方法来根据替换链关系将订单数据中的SKU 编号更新为最新的 SKU 编号。

```
1.  # 编写函数进行替换链操作
2.
3.  def replace_chain(replace_data:pd.DataFrame,order_data: pd.DataFrame)->
    pd.DataFrame:
4.      '''
5.      替换链数据处理函数
6.      Args:
7.          replace_data (pandas DataFrame): 原始替换链数据, 包含
    'before_SKU'、'replace_SKU'字段
8.          order_data (pandas DataFrame): 原始订单数据, 包含'SKU'字段
9.      Returns:
10.         order_data (pandas DataFrame): 替换链梳理后的订单数据
11.     '''
12.
13.     replace_chain_data = replace_data.copy()
14.     replace_dic = dict(replace_data[[' before_SKU ',' replace_SKU ']].
    values)
15.
16.     while len(set(replace_chain_data['before_SKU']).intersection(\
17. set(replace_chain_data['replace_SKU']))) != 0:
18.         replace_chain_data['replace_SKU'] = replace_chain_data\
```

```
19.         ['replace_SKU'].apply(\
20.         lambda x: replace_dic[x] if x in replace_dic.keys() else x)
21.         ring_check = replace_chain_data[replace_chain_data['before_SKU'          ]
    == replace_chain_data['replace_SKU']]['before_SKU'].values
22.         if len(ring_check) > 0:
23.             raise Exception("替换链有环", ring_check)
24.
25.     final_replace_dic = dict(replace_chain_data[['before_SKU',
    'replace_SKU']].values)
26.     order_data['SKU'] = order_data['SKU'].apply(lambda x: final_replace_
    dic[x] if x in final_replace_dic.keys() else x)
27.     return order_data
28.
29. # 使用函数对原始数据进行替换链处理
30. df = replace_chain(replace_data,df)
```

在实际场景中，我们还可能遇到企业没有维护替换链数据的情况，或者其新老品类的 SKU 之间没有继承关系，此时便会产生动销过滤与新品预测的需求。动销过滤是将长期无销售的 SKU 从订单数据中删除，不再进行预测。具体的方法是查看总体 SKU 销售日期的区间，选择相应的无销量时间阈值，将零动销时间大于阈值的 SKU 全部删除。而新品预测则是通过一些特定的方法对未来的销量进行预测。例如，通过相似品分析方法寻找实际的替代关系、融入大数据进行新品销量预测等。在后续的行业实践章节中，我们将进行更详细的介绍。

3. 大单处理

数据预处理过程还包括大单处理，这里的大单是指历史订单数据中可能存在较大的销量异常值情况。这种大单在业务场景中属于小概率事件，可能产生于企业销售过程中的大客户集中采购。我们需要对其进行相应的处理，否则会导致预测结果的失真。

在进行大单处理之前，我们可以通过可视化方式对数据进行初步探查。以时间为横轴、销量为纵轴绘制 SKU 的销量折线图，这样有利于我们检查与设计后续的处理策略。在 Python 中，matplotlib 包可以让我们便捷地绘制折线图。此处，我们将绘制程序封装为易于调用的方法。

```
1. import matplotlib.pyplot as plt
2. import matplotlib.dates as mdates
3.
```

```python
4.
5.  def y_plot(df,title):
6.      '''
7.      销量绘图函数，随机抽取一个 SKU 绘制折线图，用于前期数据探查
8.      Args:
9.          df (pandas DataFrame)：订单数据，包含'y'、'order_date'字段
10.         title (str)：绘图的标题
11.     '''
12.     # 使用图像风格
13.     plt.style.use('seaborn-whitegrid')
14.     # 为了正常显示中文与图示
15.     plt.rcParams['font.sans-serif'] = ['SimHei']
16.     plt.rcParams['axes.unicode_minus'] = False
17.     # 查看数据折线图
18.     df_table = pd.pivot_table(df,index='SKU',columns='order_date',
    values='y').fillna(0)
19.     # 设置画布
20.     ax = plt.subplot(1,1,1)
21.     # 以日期为 x 轴，绘制销量的折线图
22.     x = pd.to_datetime(df_table.columns.tolist())
23.     ax.plot(x, df_table.sample(1).values.reshape(-1,1))
24.     # 设置图像标题、x 轴的标签、y 轴的标签
25.     ax.set_title(title)
26.     ax.set_xlabel('日期')
27.     ax.set_ylabel('销量',labelpad = 10,rotation=0)
28.     # 设置 x 轴上每月的定位符：年
29.     ax.xaxis.set_major_locator(mdates.YearLocator()) # interval = 1
30.     # 设置日期的格式
31.     ax.xaxis.set_major_formatter(mdates.DateFormatter('%Y'))
32.     # 显示图像
33.     plt.show()
34.
35.
36. # 绘制订单表
37. y_plot(df,'SKU 销量情况')
```

1）大单识别方法

从图 1-1 的折线图中可以看出，该 SKU 的销量可能存在一些异常值情况，

我们需要通过一些异常识别方法进一步定位大单，并结合经验判断其是否为需要处理的异常值。异常识别方法有很多，具体方法需要结合业务场景与数据情况进行选择。这里我们介绍固定阈值识别法和正态分布识别法。

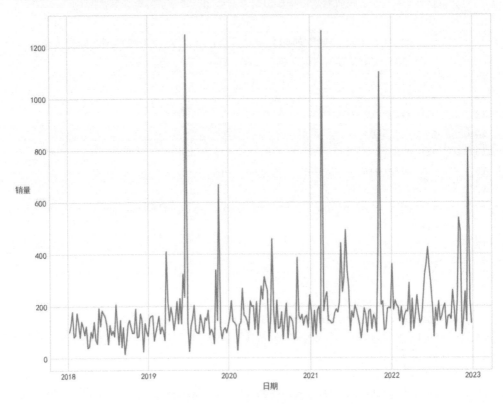

图 1-1   SKU 历史销量折线图

固定阈值识别法是融合业务经验与实际销量的分布情况，对每个 SKU 设定固定阈值，将该 SKU 订单中销量大于该阈值的判定为大单。观察图 1-1 的原始销量，我们可以看到，多数订单的销量位于 500 以下，因此我们可以选择 500 作为销量阈值。本阶段对大单采取替换处理，将大单替换为所有非大单的订单的平均值，替换后的结果如图 1-2 所示。

```
1.   # 大单处理逻辑 1：按阈值进行识别并替换
2.   order_df1 = df.copy()
3.   order_df1.loc[order_df1['y']>500,'y'] = order_df1.loc[order_df1
     ['y']<=500,'y'].mean()
4.   y_plot(order_df1,'按固定阈值识别并替换大单后的销量情况')
```

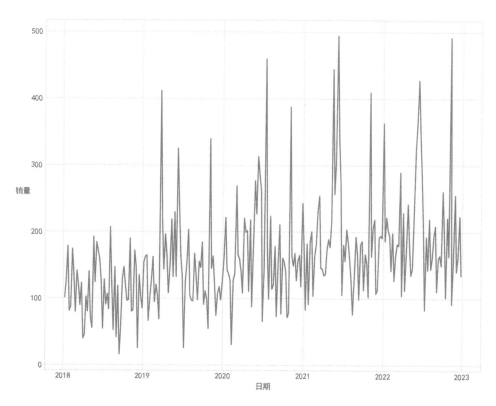

图 1-2　按固定阈值识别并替换大单后的销量情况

正态分布识别法是假设历史销量近似为正态分布，统计历史销量数据并估计数据分布的均值 μ 与方差 σ，通过分布区间来判断大单情况。正态分布识别法基于经典的统计假设思想，认为订单销量出现在（$\mu-3\sigma$，$\mu+3\sigma$）中的概率为 0.9974，当数据分布超出这个区间时，即认为该订单是大单。下面是对数据分布拟合后进行大单判别与均值替换的方法，结果如图 1-3 所示。

```python
1.  # 大单处理逻辑 2：按分布进行识别并替换
2.  # 导入 scipy 的正态分布相关方法
3.  from scipy.stats import norm
4.  # 备份数据
5.  order_df2 = df.copy()
6.  # 计算历史销量的均值和方差
7.  y_mean = order_df2['y'].mean()
8.  y_std = order_df2['y'].std()
9.  print('均值={:.2f}、方差={:.2f}'.format(y_mean,y_std))
```

```
10. # 计算上限阈值并识别填充
11. up_bond = y_mean + norm.ppf(0.9974) * y_std
12. order_df2.loc[order_df2['y']>up_bond,'y'] = order_df2.loc[order_df2
    ['y']<=up_bond,'y'].mean()
13. # 查看折线结果
14. y_plot(order_df2,'按正态分布识别并替换大单后的销量情况')
```

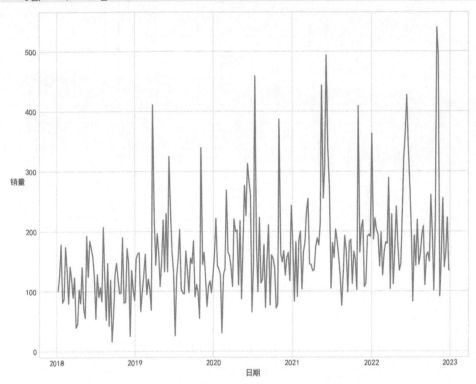

图 1-3　按正态分布识别并替换大单后的销量情况

　　需要注意的是，有时大单是分订单进行采购的，在订单维度上可能无法有效
识别这些大单。例如，某企业常规订单销量的分布区间为 200 ~ 500 件，某大客
户采购了 3000 件，但是分成了 10 个订单在多个日期上采购。此时从订单维度上
可能无法有效识别是否存在大单情况，需要结合业务实际情况，把订单数据按特
定的时间维度进行聚合后再识别。

　　2）大单处理方式

　　可以根据是否需要预测大单销量将大单处理方式分成两种情况。第一种情况
是大单销量不需要预测，此时需要对大单进行剔除处理。这种情况通常是客户在

大量采购时会提前告知企业进行预定，给企业足够的时间进行供应链协调。本案例的大单属于这种情况。第二种情况是需要对未来大单可能发生的日期和销量进行预测，此时需要对大单进行分解处理，将销量数据分解为大单数据和常规销量数据。第二种情况需要分析大单来源的场景，既可能来源于特殊需求方，也可能来源于促销、直播等场景，此时需要获取不同场景下的其他数据。以促销活动为例，我们需要获取促销活动的日历、优惠、活动目标等数据，结合促销场景信息、异常识别方法和分解方法，把数据分解成常规场景和大单场景等不同场景下的数据。具体的分解与预测方法将在行业实践篇中详细介绍。

4. 时间维度处理

数据预处理的最后一步是时间维度处理。需求预测可能会关注不同时间粒度上的销量情况，我们需要按预测任务要求把历史订单数据在特定的时间粒度上进行聚合，同时补齐完整的日期序列。本案例是按月维度进行预测的，我们将该 SKU 销量按月份相加，同时生成完整的月份时间序列，在没有订单数据的月份上进行 0 值填充。下面是具体实现代码，表 1-6 为数据样例，图 1-4 为按月聚合后的销量情况。

```
1.  # 复制大单处理逻辑 1 的结果
2.  order_df = order_df1.copy()
3.  # 把日期字段 order_date 转化成时间格式
4.  order_df['order_date'] = pd.to_datetime(order_df['order_date'])
5.  # 从日期字段 order_date 中抽取出月信息，并生成新字段 month
6.  order_df['month'] = order_df['order_date'].dt.strftime('%Y-%m-01')
7.  # 按 SKU、ware_house、month 的维度对销量字段 y 进行求和
8.  order_df = order_df.groupby(['SKU','ware_house','month'])['y'].sum().
    reset_index()
9.
10. # 把 month 字段更改为 order_date 字段（代表日期）
11. order_df = order_df.rename(columns={'month': 'order_date'})
12. # 生成完整的日期序列
13. date_idx = pd.date_range(start='2018-01-01',end='2022-12-01',freq='MS')
14. # 生成 pd.DataFrame 格式的日期序列，用于后续的 pd.merge 操作
15. date_df = pd.DataFrame(date_idx,columns=['order_date'])
16. # 将 date_df 字段转化为和 order_df 一致的 str 格式，并补齐 SKU 和 ware_house 字段
17. date_df['order_date'] = date_df['order_date'].dt.strftime('%Y-%m-%d')
18. date_df['sku'] = 'LG68552'
```

```
19. date_df['ware_house'] = 'RDC_杭州'
20. # date_df 为完整日期，所以使用 left 的 merge 操作，对缺失的日期进行补齐
21. order_df = date_df.merge(order_df,on=['order_date', 'sku',\
    'ware_house'],how='left')
22. # 对聚合后的销量数据进行 0 值填充
23. order_df = order_df['y'].fillna(0)
24. # 聚合后的订单结果
25. print(order_df.head(5))
```

表 1-6　预处理后的数据样例

SKU	ware_house	order_date	y
LG68552	RDC_杭州	2018-01-01	478.8136
LG68552	RDC_杭州	2018-02-01	475.9083
LG68552	RDC_杭州	2018-03-01	409.4465
LG68552	RDC_杭州	2018-04-01	444.1423
LG68552	RDC_杭州	2018-05-01	617.8675

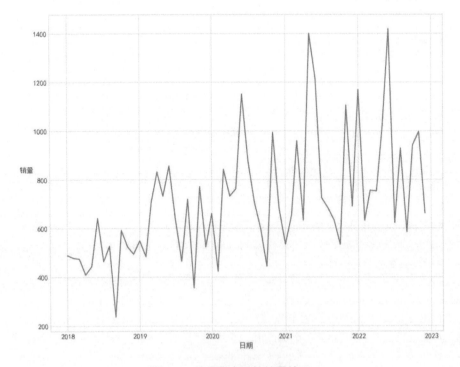

图 1-4　按月聚合后的销量情况

1.2.2　探索性分析与特征工程

经过前面的数据预处理，我们已经将 SKU 订单数据转化为可用于建模和预测的销量数据。在建模之前，我们需要对数据进行探索性分析。探索性分析对于预测非常重要，因为在探索性分析过程中，我们可以进一步了解数据的全貌，对数据中包含的规律有更加清晰的认识，有助于后续模型的选择和设计。探索性分析可以从数据的一些关键特征出发，包括基础统计特征、时间序列特征和有监督学习特征。

1. 基础统计特征

数据的基础统计特征可以让我们对数据的整体情况有一个基本了解，基础统计特征包括均值、方差等基本统计量，还包括一些描述变异程度、间断程度的统计量。还可以进一步在年度、月份等不同时间维度上查看基础统计特征，了解销量数据在不同时间段上的状态。以下以均值和方差为例进行说明，表 1-7、表 1-8 为程序结果数据。

```
1.  # 查看整体销量均值
2.  print(order_df['y'].mean()) # 736.9522426011429
3.  # 查看整体标准差
4.  print(order_df['y'].std()) # 239.7993607247544
5.  # 查看每年的月销量均值
6.  print(order_df.groupby(order_df['order_date'].apply(lambda x:x[:4]))
    ['y'].mean())
7.  # 按月查看所有时期的月销量均值
8.  print(order_df.groupby(order_df['order_date'].apply(lambda x:x[5:7]))
    ['y'].mean())
```

表 1-7　按年统计的月销量均值

年份	月销量均值
2018	492.64
2019	637.57
2020	740.11
2021	815.21
2022	875.10

表 1-8   按月查看所有时期的月销量均值

月份	月销量均值
1	698.96
2	566.27
3	769.08
4	691.10
5	893.32
6	1026.23
7	713.63
8	676.68
9	614.82
10	685.94
11	870.78
12	636.62

对于本案例中的快消品 SKU，在不同年份的月销量均值特征上，我们可以看到整体趋势是增长的；而在月份维度的指标中可以看出，二季度的销量高于其他季度。进一步分析各个月份的销量分布情况，我们可以通过绘制月份的销量分布箱线图来查看各个月份的差异。从图 1-5 中可以看出，6 月份的销量较高。

```
1.  # 设置画布参数
2.  plt.style.use('seaborn-whitegrid')
3.  plt.figure(figsize=(10,5))
4.  plt.title('month sale box',fontsize=20)
5.  labels = month_list
6.  plt.boxplot(month_data, labels = labels)
7.  # 显示图像
8.  plt.show()
```

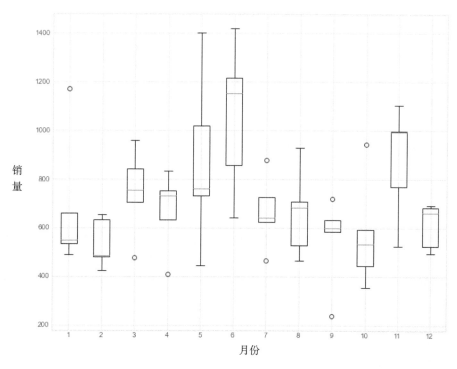

图 1-5　月销量分布图

2. 时间序列特征

对时间序列特征的探索分析是建模过程中非常重要的一部分。常见的时间序列特征有趋势性特征、周期性特征，以及一些分解方法实现的多种特征。

1）趋势性特征

分析趋势性特征的方法有很多，包括斜率法和非参数检验法等。斜率法是以时间为自变量、销量为因变量来建立线性模型，通过最小二乘法求解参数来获取直线斜率，进而判断序列的趋势。该方法的优点在于实现简单且可解释性强，缺点在于只适用于线性趋势。在这个案例中，我们以月份为自变量、销量为因变量建立线性模型，结果显示该 SKU 的斜率为 9，参数显著性 p 值小于 0.001。这里的参数显著性原假设为不存在趋势，这个结果可以解释为该 SKU 销量很可能存在平均每个月增长 9 件的趋势。

```
1.  # 导入相关包
2.  from scipy import stats
3.  import statsmodels.api as sm
```

```
4.
5.
6. def trend_linetest(data):
7.     index=[i for i in range(1,len(data)+1)]
8.     slope, intercept, r_value, p_value, std_err = stats.linregress
   (index, data)
9.     return slope, p_value
10. # List 为单列数值数据
11. y = order_df['y']
12. slope, p_value=trendtest_line(y)
13. print(slope, p_value) # 9.11  0.0000131
```

非参数检验法也可以用于趋势性检验。相比于斜率法，非参数检验法的优点在于对数据质量要求较少，可用于分析中心趋势不稳定的时间序列。Mann-Kendall 检验法是一种常见的非参数检验法。下面展示了该方法的具体代码，从结果中可以看出 SKU 销量呈现增长趋势。

```
1.  # Mann-Kendall 检验法
2.  def mk_test(y_data, alpha=0.05):
3.
4.      n = len(y_data)
5.      # 计算秩 s
6.      s = 0
7.      for k in range(n-1):
8.          for j in range(k+1, n):
9.              s += np.sign(y_data[j] - y_data[k])
10.
11.     # 计算数据数目
12.     unique_y_data, tp = np.unique(y_data, return_counts=True)
13.     g = len(unique_y_data)
14.     # 计算秩 s 的方差
15.     if n == g:
16.         var_s = (n*(n-1)*(2*n+5))/18
17.     else:
18.         var_s = (n*(n-1)*(2*n+5) - np.sum(tp*(tp-1)*(2*tp+5)))/18
19.     if s > 0:
20.         z = (s - 1)/np.sqrt(var_s)
21.     elif s < 0:
22.         z = (s + 1)/np.sqrt(var_s)
```

```
23.     else: # s == 0:
24.         z = 0
25.     # 计算 p 值
26.     p = 2*(1-norm.cdf(abs(z)))   # 双侧检验
27.     h = abs(z) > norm.ppf(1-alpha/2)
28.     if (z < 0) and h:
29.         trend = 'decreasing'
30.     elif (z > 0) and h:
31.         trend = 'increasing'
32.     else:
33.         trend = 'no trend'
34.     return trend
35. # 趋势性检验
36. y = order_df['y']
37. print(mk_test(y)) # 'increasing'
```

2）周期性特征

时间序列数据的周期性表现往往比较复杂。当某一事件或现象在时间维度上按照同样的顺序重复出现时，这一组事件或现象重复的时间间隔被称为周期。数学上的周期序列定义是，序列值在位置差额等于周期的倍数时相等，即 $f(x+t) = f(x)$，其中 t 为周期的倍数。一条时间序列数据可能由不同维度的周期波动融合在一起，因此需要结合数据的业务背景知识进行分析。

最基础的周期性检验可以使用自相关指标。以本次预测案例为例，之前的分析表明该 SKU 存在趋势，因此在使用自相关指标之前需要进行一次差分计算。在差分计算之后，我们按季度进行聚合，对不同时期的滞后项计算自相关系数。从图 1-6 的自相关图像中可以看出，季度聚合后的数据对于滞后 4 期的自身存在较大的正自相关，说明该 SKU 的销量可能存在年周期性。

```
1.  # 将 order_date 字段转化为 pd.datetime 格式后，从中抽取季度日期
2.  order_df['order_date'] = pd.to_datetime(order_df['order_date'])
3.  order_df['quart'] = order_df['order_date'].dt.to_period('Q')
4.  # 按季度日期进行聚合，同时获取一阶差分销量
5.  y_diff1 = order_df.groupby('quart')['y'].sum().diff(1).values[1:]
6.  # 自相关
7.  fig = plt.figure(figsize=(12, 8))
8.  ax1 = fig.add_subplot(211)
9.  sm.graphics.tsa.plot_acf(y_diff1, lags=10, ax=ax1)
```

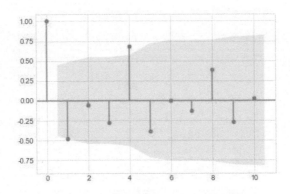

图 1-6　不同滞后期数下的自相关图

3）时间序列特征分解

有一种综合分析时间序列特征的方式，即通过分解算法将原始时间序列分解成趋势性、周期性等多个成分序列。在实践中，已经有很多便捷的方法可以直接用于时间序列分解，例如，STL（Seasonal and Trend decomposition using Loess）是一种非常通用的时间序列分解方法，其名称的含义是使用 Loess 这种估算非线性关系的方法来进行季节性和趋势性的分解，可以通过导入 Python 的 statsmodels 包进行应用。

本案例使用 STL 对销量数据进行分解，在分解之前需要思考两个问题。第一个问题是数据的周期长度，在前面的分析中，我们可以暂定周期长度为 12 个月；第二个问题是销量数据偏向加性模型还是乘性模型。在加性模型中，要素之间是相加的关系，销量由季节因子、趋势因子、噪音三个部分相加而成；而在乘性模型中，要素之间是相乘的关系，销量由上述三个部分相乘而成。一般来说，如果销量呈现非指数性的增长，则按加性模型进行分析；如果销量呈现指数性增长，即其增长率相对固定，则更可能是乘性模型。我们可以使用下列代码，快速得到销量数据的时间序列分解后的特征。如图 1-7 所示，可以看到，原始数据被分解成三个部分，包括趋势（Trend）、季节（Season）和残差（Resid）。销量序列呈现出增长的趋势，并且存在时间长度为 12 个月的周期性特征。这些特征可被用于后续的分析和建模中。

```
1.  # 导入 STL
2.  from statsmodels.tsa.seasonal import STL
3.
4.  # 输入销量序列，period 为季节性周期长度参数
5.  stl = STL(order_df.set_index('order_date').y, period=12)
```

```
6.  # 拟合
7.  res_robust = stl.fit()
8.  # 绘制图像
9.  fig = res_robust.plot()
```

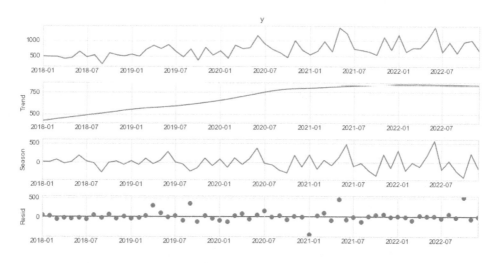

图 1-7　使用 STL 分解后的时间序列图

3. 有监督学习特征

　　销量数据还可以从有监督学习的角度进行分析。在有监督学习视角下，每个时期都是一个学习样本。以当期销量为学习目标，将多期的历史销量作为原始特征数据。例如，我们可以将数据处理成表 1-9 中的格式。此时，训练数据样本 ID 由 SKU 和日期共同组成，销量 y 是学习目标，而 lag1、lag2、lag3 和 lag4 分别表示销量 y 的时期滞后值，其中 lag1 表示目标时期的上一期销量。在实践中，取多少个历史滞后时期作为特征数据需要根据具体情况来确定。

```
1.  # 取过去 12 个月销量作为当期的训练特征，先将数据转化成有监督学习的格式
2.  supervised_df = order_df[['SKU','order_date','y']].copy()
3.  # 原始数据是按日期排序的，通过 shift 操作在日期上拼接前 n 期的数据
4.  for i in range(12):
5.      supervised_df['{}'.format(i+1)] = supervised_df['y'].shift(i+1)
6.  # 最开始的一些时期因为没有更早的历史数据，在数据行上会出现空值，需要删除
7.  supervised_df = supervised_df.dropna(axis=0)
8.  # 部分示例
```

```
9.  print(supervised_df.iloc[:,:7])
10. # 把 SKU 和 order_date 拼接在一起，作为训练样本的标识符
11. supervised_df['SKU|order_date'] = supervised_df['SKU']+'|'+
    supervised_df['order_date'].dt.strftime('%Y-%m-%d')
12. # 删除 SKU 和 order_date 字段，并将二者拼接后的字段设为索引
13. supervised_df = supervised_df.drop(['SKU','order_date'],axis=1)
14. supervised_df = supervised_df.set_index('SKU|order_date')
```

表 1-9　将时间序列处理成用于有监督学习的数据（supervised_df 部分示例）

SKU	order_date	y	lag1	lag2	lag3	lag4
LG68552	2019-01-01	549	495	525	593	237
LG68552	2019-02-01	485	549	495	525	593
LG68552	2019-03-01	705	485	549	495	525
LG68552	2019-04-01	833	705	485	549	495
LG68552	2019-05-01	732	833	705	485	549
LG68552	2019-06-01	863	732	833	705	485
LG68552	2019-07-01	642	863	732	833	705
...	...	...	...	...	...	...
LG68552	2022-12-01	759	820	1240	914	745

　　经过上述基础操作后，我们获得了按日期拼接的滞后期销量数据。我们可以进一步进行特征提取操作，包括按时间段提取均值、最大值、最小值等统计特征，还可以按日期进一步拼接相关事件、SKU 生命周期、品类信息等。

　　实践中有很多功能强大的时间序列特征工程的 Python 包，本节介绍其中一个常用的包——tsfresh。tsfresh 集成了常见的时间序列数据处理方法，能自动从时间序列数据中提取大量特征；同时还支持特征选择，可以对提取的特征进行重要性评估。表 1-10 展示了使用 tsfresh 自动提取的部分特征。tsfresh 的特征提取方法包括在不同时间段上进行数据变换与计算统计量。本节仅介绍该工具的基础使用方法，对该工具感兴趣的读者，可以搜索其官方文档，了解具体特征的提取方法。

```
1. # 导入相关包
2. from tsfresh import extract_features
3. from tsfresh import select_features
4. from tsfresh.utilities.dataframe_functions import impute
```

```
5.  # 把需要预测的目标 y 单独提取出来用于后续的特征选择
6.  y = supervised_df['y']
7.  # 从数据中删除目标 y 后，以 SKU 字段为 ID、order_date 字段为顺序参照，自动化提
    取特征
8.  supervised_df = supervised_df.drop('y',axis=1).stack().reset_index()
    .rename(columns={'level_1':'sort_val',0:'val'})
9.  extracted_features = extract_features(supervised_df, column_id= "SKU
    |order_date", column_sort = 'sort_val')
10. # 用 impute 先进行插值
11. impute(extracted_features)
12. # 用 select_features 选择与 y 相关性最高的特征
13. features_filtered = select_features(extracted_features, y)
14. print(extracted_features)
```

表 1-10　使用 tsfresh 提取的特征（extracted_features 部分示例）

日期	val__has_duplicatemin	val__abs_energy	val__mean_abs_change	val__mean_change
2019/1/1	5911.71	3038465	131.09	-7.82
2019/2/1	5842.97	2958236	128.05	-9.54
2019/3/1	5849.13	2964182	113.97	14.30
2019/4/1	6078.54	3235157	117.84	-21.89
2019/5/1	6501.71	3760757	189.69	-27.67
2019/6/1	6789.54	4099286	141.22	-44.97
…	…	…	…	…
2019/7/1	7010.24	4431484	173.72	-24.58

1.2.3　预测实践

在模型预测环节，我们需要基于业务背景知识和前期的探索性分析，选择适合的模型来完成预测任务。在本节的实践案例中，我们将介绍三种较为通用的经典模型，分别是指数平滑模型、ARIMA 和 XGBoost 模型，通过代码快速完成一次时间序列的建模和预测。需要注意的是，在实践中没有哪种模型是普遍适用的，这就要求我们对模型的原理和特点有一定的了解，根据预测任务的实际情况选择最合适的模型。在深入学习模型原理之前，让我们先对如何应用这些模型有一个直观的感受，而有关模型的数学原理将在后面的章节中系统地讲解。

在本次快消品 SKU 预测实践中，我们将使用 2018 年 1 月 1 日至 2021 年 12

月 1 日的数据作为模型训练数据，预测 2022 年 1 月 1 日至 2022 年 12 月 1 日每个月的销量情况，并在完成预测后将真实销量与预测销量进行比较，计算预测准确率。选择合适的准确率指标对于需求预测非常重要，常用的准确率指标有 MAPE（Mean Absolute Percentage Error）、SMAPE（Symmetric Mean Absolute Percentage Error）等。在本节的案例分析中，我们使用 MAPE 作为准确率指标，其表达式如式（1-1）所示。通过 MAPE 可以评价预测结果，MAPE 衡量的是预测值与真实值的偏离程度，MAPE 值越小越好。完成准确率指标的选择后，接下来开始建模预测。

$$\text{MAPE} = \frac{1}{n} \sum_{t=1}^{n} \left| \frac{A_t - F_t}{A_t} \right| \tag{1-1}$$

式（1-1）中，A_t 为 t 时期销量的真实值，F_t 为 t 时期销量的预测值。

1. 指数平滑模型

指数平滑模型的原理是将过去一段时间的销量加权平均后作为未来预测值。该模型相对简单，因此也具有较强的健壮性，是业界人工预测常用的一种方法。指数平滑的思想认为，越远的信息权重越低，并且权重是随着时间呈指数级衰减的。另外，指数平滑还有一些拓展模型，例如三次指数平滑（Holt-Winters），可以进一步对销量数据的趋势性和季节性进行拓展，从而实现更加有效的预测。具体的模型原理将在第 2 章中详细介绍，本节我们先快速实现其应用。通过 Python 的 statsmodels 包中的 ExponentialSmoothing 模块，我们可以实现模型拟合和销量预测。模型相关参数如表 1-11 所示。

表 1-11　ExponentialSmoothing 的参数列表

参数	数据类型	备注
endog	array-like	时间序列，即销量数据
trend	{"add", "mul", "additive", "multiplicative", None}	趋势类型，需判断模型是乘性还是加性
demped	bool	趋势分量是否要被抑制，默认为否
seasonal	{"add", "mul", "additive", "multiplicative", None}	季节类型，需判断模型是乘性还是加性
seasonal_preriods	int	季节的周期长度

通过之前的探索性分析，我们已经对这些模型参数有了基本的了解。在本案

例中，SKU 的增长趋势是线性的，因此我们将 trend 和 seasonal 参数设定为"add"。此外，在季节性分析部分，偏自相关图显示出 4 个季度偏自相关系数变高，因此我们将 seasonal_periods 设定为 12。执行如下代码，即可获得如表 1-12 所示的预测结果。

```
1.  from statsmodels.tsa.holtwinters import ExponentialSmoothing
2.
3.  # 从原始数据中获取用于建模的时间序列数据
4.  y_data = order_df.set_index('order_date').y
5.  # 完成参数设置和模型拟合
6.  es_fit = ExponentialSmoothing(y_data[:-12], seasonal_periods=12,
    trend='add', seasonal='add').fit()
7.  # 输出未来 12 个月的预测结果
8.  ets_y_hat = es_fit.forecast(12)
9.
10. print(ets_y_hat)
```

表 1-12　ExponentialSmoothing 预测结果

日期	预测销量
2022/1/1	735.10
2022/2/1	792.14
2022/3/1	1015.82
2022/4/1	793.45
2022/5/1	1388.50
2022/6/1	1315.66
2022/7/1	877.07
2022/8/1	821.68
2022/9/1	758.86
2022/10/1	636.65
2022/11/1	1193.43
2022/12/1	834.37

在输出预测结果后，我们需要进一步计算准确率来评价预测结果。准确率指标没有绝对的好坏标准，不同行业、不同 SKU 预测任务的准确率标准可能完全不一样。我们可以将历史变异系数作为一种朴素的参照方法，变异系数即历史波

动的统计量标准差占平均值的比例；也可以选择一些简单的方法，例如以移动平均法等作为参照基准对比预测结果的准确率。因为 MAPE 值大多数时候位于 0~1 之间，因此在实践中为了更直观，可以使用 1−MAPE 作为最终展示结果。1−MAPE 越靠近 1 代表预测结果越好。从下面的代码中，我们看到本次预测的准确率指标 1−MAPE 为 0.776。

```
1.  # 准确率指标计算
2.  def mape(y,y_hat):
3.      '''
4.      :param y: 实际销量数据，float
5.      :param y_hat: 预测销量数据，float
6.      :return: 是否为趋势的结果，str
7.      '''
8.      if y == 0 and y_hat ==0:
9.          return 0
10.     elif y==0 or y_hat ==0:
11.         return 1
12.     return np.abs(y-y_hat)/np.abs(y)
13.
14. # 抽取测试集，和预测结果拼接
15. test_df = order_df[['order_date','y']][-12:]
16. test_df['y_hat'] = ets_y_hat.values
17. # 计算准确率
18. print(1-np.mean(test_df[['y','y_hat']].apply(\
19.     lambda x:mape(x[0],x[1]),axis=1)))  # 0.7768992944955736
```

另一种方式是通过折线图查看预测结果。我们可以使用不同的颜色在同一张图上绘制预测结果和实际销量情况，直观地比较预测结果和实际情况的差异，如图 1-8 所示。

```
1.  # 通过绘图查看预测情况
2.  ax = y_data.plot(figsize=(10,6),\
3.   marker='o', color='black', title="Forecasts result" , legend=True)
4.  ax.set_ylabel("quantity")
5.  ax.set_xlabel("date")
6.
7.
8.  es_fit.forecast(12).rename('EMS Forecast').plot(\
```

```
9.                ax=ax, style='--',marker='o', color='blue', legend=True)
```

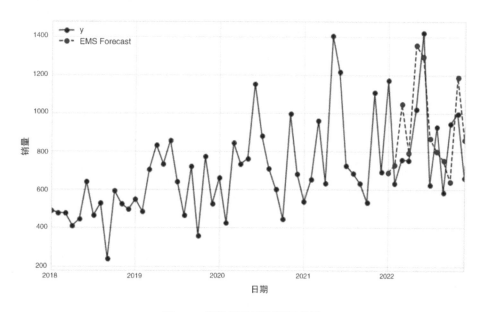

图 1-8   指数平滑模型预测结果

2. ARIMA

差分自回归移动平均模型（Autoregressive Integrated Moving Average model，ARIMA）是时间序列预测领域非常著名的模型。ARIMA 在融合自回归模型 AR 和移动平均模型 MA 的基础上增加了差分处理。该模型可以写为 ARIMA(p, d, q)，其中参数 d 代表差分阶数，比如 $d=2$ 代表在一次差分后的序列上再进行一次差分。p 代表 AR 阶数，q 代表 MA 阶数，都是在差分后的序列上计算。常规的 ARIMA 建模过程需要进行一定的探索性分析，包括差分后的自相关、偏自相关分析等。这些内容将在第 2 章中结合具体的数学原理进行讲解。

ARIMA 的数据准备和参数探索的过程需要一定的时间。在实践中，我们可以使用 pmdarima 包实现 ARIMA 的参数自动搜索。我们需要根据经验设定好初始的参数空间。表 1-13 列举了模型相关的参数。

表 1-13   auto_arima 的部分参数

参数	数据类型	备注
y	array-like	非周期的差分阶数，默认为 None，如果是 None，则自动选择

参数	数据类型	备注
exogenous	array-like	自定义的外部特征
start_p	int	算法自动选择自回归阶数 p 的下界，默认为 2
d	int	算法自动选择非周期差分阶数 d，默认为 None
start_q	int	算法自动选择移动平均阶数 q 时的下界，默认为 2
max_p	int	算法自动选择自回归阶数 p 时的上界，默认为 5
max_d	int	算法自动选择非周期差分阶数 d 时的上界，默认为 2
max_q	int	算法自动选择移动平均阶数 q 时的上界，默认为 5
start_P	int	周期模型自动选择自回归阶数 P 时的下界，默认为 1
D	int	周期差分的阶数，默认为 None
start_Q	int	周期模型自动选择移动平均阶数 Q 的下界，默认为 1
max_P	int	周期模型自动选择自回归阶数 P 时的上界，默认为 2
max_D	int	周期差分阶数的最大值，默认为 1
max_Q	int	周期模型自动选择移动平均阶数 Q 时的上界，默认为 2
max_order	int	如果 $p+q\geq$max_order，则该组合对应的模型不会被拟合，默认为 10
m	int	周期数，例如季度数据 m=4，月度数据 m=12；如果 m=1，则 seasonal 会被设置为 False，默认为 1
seasonal	bool	是否进行周期 ARIMA 拟合
information_criterion	str	可选'aic'、'bic'、'hqic'、'oob'之一，默认为'aic'
alpha	float	模型评价指标，test 的显著性水平，默认为 0.05
method	str	似然函数的类型，{'css-mle','mle','css'}之一
trend	str 或 iterable	多项式趋势的系数
maxiter	int	计算的最大次数，默认为 50
disp	int	收敛信息的打印控制。disp<0 表示不打印任何信息，默认为 0

在本次建模中，我们使用了默认参数，让算法自行搜索参数。具体执行的代码如下所示。使用 ARIMA 预测未来销量后，准确率指标 1−MAPE 为 0.84。模型参数搜索的结果表明，模型的最佳参数是自回归阶数和差分阶数均为 1，移动

平均阶数为 2。预测结果如表 1-14 所示。从图 1-9 中可以看出，在预测未来 12 个月销量时，预测结果呈现逐渐收敛的趋势，这也是 ARIMA 预测的一个特点。

```python
1.  from pmdarima.arima import auto_arima
2.  # 截取 12 个月前的数据作为训练数据
3.  arima_model = auto_arima(y_data[:-12])
4.  print(arima_model) # ARIMA(1,1,2)(0,0,0)[0] intercept
5.  # 预测未来 12 个月的销量，置信度选择 0.05
6.  arima_y_hat, conf_int = arima_model.predict(n_periods=12,
7.                                      return_conf_int=True,
8.                                      alpha=0.05)
9.  # 抽取测试集和预测结果拼接
10. test_df = order_df[['order_date','y']][-12:]
11. test_df['y_hat'] = arima_y_hat.values
12. # 计算准确率
13. print(1-np.mean(test_df[['y','y_hat']].apply(\
14. lambda x:mape(x[0],x[1]),axis=1))) # 0.830
15. print(test_df['y_hat'])
16. # 通过绘图查看预测情况
17. ax = y_data.plot(figsize=(10,6), marker='o', color='black', title=
    "Forecasts result" , legend=True)
18. ax.set_ylabel("quantity")
19. ax.set_xlabel("date")
20. # 绘制预测的曲线
21. arima_y_hat.rename('auto_arima Forecast').plot(ax=ax, style='--',
    marker='o', color='blue', legend=True)
```

表 1-14　预测结果

日期	预测销量
2022/1/1	790.22
2022/2/1	792.17
2022/3/1	790.67
2022/4/1	789.57
2022/5/1	788.76
2022/6/1	788.16
2022/7/1	790.22

续表

日期	预测销量
2022/8/1	787.72
2022/9/1	787.40
2022/10/1	787.17
2022/11/1	786.99
2022/12/1	786.87

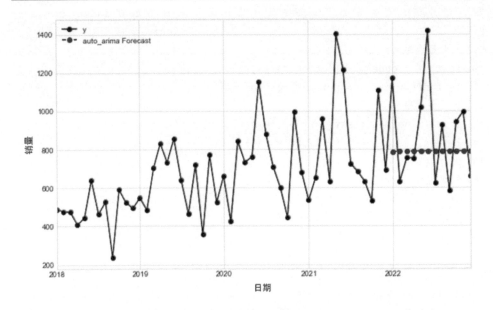

图 1-9   预测结果

3. 机器学习方法——XGBoost模型

机器学习方法也经常被应用于需求预测，本次实践主要介绍销量预测案例中 XGBoost 模型的应用。在后续模型进阶篇的相关章节中，我们会介绍机器学习中更流行的多模型集成、融合策略，这些策略在当前业界提高模型预测准确率和健壮性方面具有重要地位。在机器学习的快速预测实践中，XGBoost 模型是一个较为通用的选择，它通过并行树进行梯度提升，具备优良的预测能力和健壮性。我们将以 XGBoost 模型作为机器学习的示例进行实践。

在使用 XGBoost 模型进行建模前，需要先进行有监督学习特征相关的处理，即将预测目标与相应特征按日期拼接，并通过窗口等形式获取序列内部的特征。

在完成拼接后，我们使用便捷的特征工具 tsfresh 批量生成特征。在训练 XGBoost 模型时，我们使用基础设定参数，在训练集中随机切分 20%作为验证集。在训练模型的过程中，我们通过观察日志中验证集上误差的下降程度来确定最终参数。在完成模型训练后，我们得到的预测结果准确率指标 1–MAPE 为 0.842，其可视化结果如图 1-10 所示。在本次预测实践中，XGBoost 模型的表现略好于指数平滑模型和 ARIMA。

```
1.  import XGBoost as xgb
2.
3.  # extracted_features 为之前探索性分析中使用 tsfresh 生成的特征
4.  # y 为每个月的销量数据
5.  # 最后 12 个月为验证集，选取之前的数据作为训练集
6.  train_x, test_x, train_y, test_y = train_test_split(extracted_features
    [:-12], y[:-12], random_state=0)
7.  dtrain = xgb.DMatrix(train_x, label=train_y)
8.  dtest = xgb.DMatrix(test_x, label=test_y)
9.
10. # 封装常用的参数
11. params = {'max_depth': 10,
12.          'eta': 0.1,
13.          'subsample': 0.7,
14.          'colsample_bytree': 0.7,
15.          'verbosity': 0
16.          }
17. watchlist = [(dtrain,'train'), (dtest,'test')]
18. model = xgb.train(params,
19.              dtrain,
20.              num_boost_round = 50 ,
21.              early_stopping_rounds =10 ,
22.              evals=watchlist)
23. # 预测所用特征
24. pred_features = xgb.DMatrix(extracted_features[-12:])
25. xgb_y_hat = model.predict(pred_features)
26. # 抽取测试集, 和预测结果拼接
27. test_df = order_df[['order_date','y']][-12:]
28. test_df['y_hat'] = xgb_y_hat
29. # 计算准确率
30. print(1-np.mean(test_df[['y','y_hat']].apply(lambda x:mape(x[0],x[1]),
    axis=1))) # 0.8427231638070866
```

```
31. # 绘制原始销量折线图
32. ax = y_data.plot(figsize=(10,6), marker='o', color='black', title=
    "Xgb Forecasts result" , legend=True)
33. ax.set_ylabel("quantity")
34. ax.set_xlabel("date")
35.
36. # 把预测结果转化为 series 格式，通过绘图查看预测情况
37. xgb_y_hat_series =pd.Series(xgb_y_hat,index = pd.date_range('2022-01-
    01','2022-12-01',freq='MS'))
38. xgb_y_hat_series.rename('xgb Forecast').plot(ax=ax, style='--',
    marker='o', color='blue', legend=True)
```

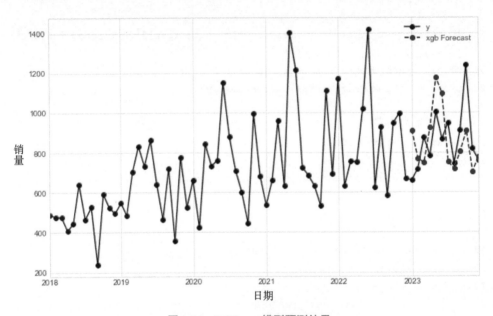

图 1-10   XGBoost 模型预测结果

1.2.4   总结

完成上述的需求预测任务并不难。许多先行者开发了非常便捷易用的工具，我们可以相对轻松地实现供应链需求预测。随着机器学习和深度学习的发展，上述模型的预测能力很可能已经不能满足目前的工作场景。基础模型通常只能作为方法评价的基准，即准确率的下限。但我们还是建议读者对基础的单模型进行系统学习，了解其背后的原理和模型细节。只有悟透简单模型，才能针对业务场景和模型特点设计更加复杂的模型。我们会在基础模型篇中对时间序列模型、统计

模型、机器学习模型、神经网络模型进行系统介绍。

　　充分了解简单模型后，为了进一步提升预测的准确率和健壮性，我们需要掌握一些进阶的预测方法，包括高阶统计模型、深度学习模型和模型集成融合策略等。模型进阶通常是在简单模型的基础上通过一些数学方法进行提升，或者基于不同基础模型的特点进行组合和融合，这就需要我们对复杂模型和集成策略有一定的了解。这些内容将在模型进阶篇中介绍。

　　除了在模型上的进阶，我们也需要对业务知识有一定的了解。对业务知识的认知将贯穿包括数据处理、特征工程、模型训练、预测评价在内的完整预测流程，也将伴随供应链算法工程师的整个职业生涯。供应链需求预测涉及众多行业，笔者整理了不同行业的实践经验，这部分内容将在行业实践篇中介绍。

1.3 智能供应链全景概览

1.3.1　企业供应链智能决策六阶理论

　　笔者总结了企业发展过程中数字化、智能化的不同阶段，认为企业智能决策优化发展分为六个阶段，如图 1-11 所示。本节主要介绍第三阶段的预测模型，当前的技术生态为第三阶段提供了成熟的基础技术和广阔的挖掘空间。对第三阶段的深入探索和积累沉淀，也将为后续阶段建立更加扎实的基础。

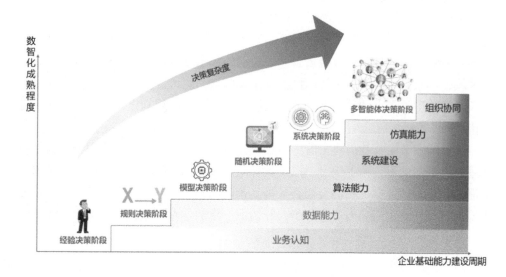

图 1-11　企业供应链智能决策六阶理论

- 经验决策阶段（Experience-Based）
  基于业务经验和简单数据，通过"拍脑袋"进行决策。

- 规则决策阶段（Rule-Based）
  基于业务逻辑、数据分析、启发式方法，通过规则进行决策。

- 模型决策阶段（Model-Based）
  基于大数据挖掘、运筹学、机器学习等方法，通过模型进行决策。

- 随机决策阶段（Uncertainty-Based）
  基于来自外部环境和系统内生的不确定性，通过随机模型进行决策。

- 系统决策阶段（System-Based）
  基于系统内部的多主体关系和运作流程，通过复杂模型进行决策。

- 多智能体决策阶段（Decentralization-Based）
  基于单智能体的运作原理和多智能体之间的复杂关系，通过仿真、博弈等去中心化模型方法进行决策。

1.3.2　智能供应链算法全景

智能供应链系统涵盖了许多方面，其中预测作为起始环节和其他供应链算法模块息息相关。在正式学习预测算法之前，感兴趣的读者可以浏览一下本书提供的供应链算法学习全景图（见本书配套折页），了解和学习其他模块的供应链算法，这将有助于我们更好地进行预测结果的价值输出。

供应链算法学习全景图展示了智能供应链系统不同算法模块之间的关系及学习路线，如果读者在实践场景中需要和其他系统模块进行交互，则可参考路线图规划学习路线。在日常供应链运营中，短期的需求预测作为智能供应链系统的起始模块，其结果将被应用于智能供应链系统的选品定价、库存优化、仿真优化；而长时间跨度的需求预测，则服务于智能供应链系统的规划设计、分仓布局、排产作业等方面。

在后续章节中，我们将沿着学习路线探索需求预测相关的算法理论，包括时间序列、机器学习、深度学习，以及各种应用于不同场景的算法策略等。在供应链需求预测的实践中，我们会面临各种复杂的问题，提升预测准确率是一个永无止境的过程。让我们向前迈进一步，开始下一章的学习，正式踏上预测算法殿堂的台阶。

基础模型篇

第 2 章

时间序列模型

2.1 指数平滑模型

2.1.1 简单移动平均

在介绍指数平滑模型之前，需要先了解简单移动平均（Simple Moving Average）是什么，我们可以先看下面这个公式。直观上，最简单的平滑时间序列的方法是对历史需求实现一个无权重的移动平均。目前已知的方法是使用窗口函数，平滑统计量 S_t 就是最近 k 个观察值的均值，公式如下：

$$S_t = \frac{1}{k}\sum_{n=0}^{k-1} x_{t-n} = \frac{x_t + x_{t-1} + x_{t-2} + \cdots + x_{t-k+1}}{k} = S_{t-1} + \frac{x_t - x_{t-k}}{k}$$

对于简单移动平均来说，当 k 较小时，预测的数据平滑效果不明显，而且突出反映了数据最近的变化；当 k 较大时，虽然有较好的平滑效果，但是预测的数据存在延迟。

2.1.2 加权移动平均

接下来介绍加权移动平均（Weighted Moving Average），与简单移动平均不同的是，前者对于历史需求并不是单纯求平均，而是先选择一组权重因子，然后计算加权移动平均。

权重因子的具体公式如下：

$$\{w_1, w_2, \ldots, w_k\} \text{满足} \sum_{n=1}^{k} w_n = 1$$

加权移动平均的具体公式如下：

$$s_t = \sum_{n=1}^{k} w_n x_{t+1-n} = w_1 x_t + w_2 x_{t-1} + \cdots + w_k x_{t-k+1}$$

在选择权重因子时，通常赋予时间序列中最新的数据更大的权重，并减少旧数据的权重。这个方法最少需要 k 个值，并且计算复杂。

2.1.3　简单指数平滑

了解完简单移动平均和加权移动平均，我们可以进入简单指数平滑（Simple Exponential Smoothing，也叫一次指数平滑）的学习。指数平滑是把过去一段时间销量的加权平均作为未来的预测值。试想一下，两周前的销量对于明天销量的影响肯定不如今天销量的影响大，所以指数平滑认为越远的记录权重越低，且权重是随着时间呈指数级衰减的，这就是最简单的指数平滑思想，它是移动平均方法中的一种。

接下来我们使用数学公式进行推导。从最朴素的方法出发，即明天的预测值 $\hat{y}_{T+1}$ 等于今天的真实值 y_T：

$$\hat{y}_{T+1|T} = y_T$$

这是一种简单朴素的想法，我们进一步放宽今天这个时间限制，假设明天的预测值等于过去一段时间销量的均值：

$$\hat{y}_{T+1|T} = \frac{1}{T} \sum_{t=1}^{T} y_t$$

上述的预测方式在预测明天时总结了一段历史信息，用平均的方式代表过去每一天的信息都是同样重要的。通常而言，最近的信息比久远的信息更重要，所以进一步迭代便是调整权重，明天的预测值等于过去的加权平均：

$$\hat{y}_{T+1|T} = a y_T + (1-a)\hat{y}_{T|T-1}$$

上式中 α 为权重参数（$0<\alpha<1$），虽然只用了当前的真实值和上一期的预测值，但实际上是综合了历史所有时期的真实值，并且距离当前时间越远的真实值权重越小。这是因为上一期的预测值包含了更早之前的真实值和预测值的总结。我们通过递归将 $\hat{y}_{T|T-1}, \hat{y}_{T-1|T-2}, \cdots, \hat{y}_{2|1}$ 进行展开：

$$\hat{y}_{T|T-1} = \alpha y_{T-1} + (1-\alpha)\hat{y}_{T-1|T-2}$$

$$\hat{y}_{T-1|T-2} = \alpha y_{T-2} + (1-\alpha)\hat{y}_{T-2|T-3}$$

$$\cdots$$

$$\hat{y}_{2|1} = \alpha y_1 + (1-\alpha)y_0$$

将历史预测公式从下往上代入每一个公式中，我们会发现当前的预测值实际上是历史所有时期的真实值的加权平均，并且距离当前时间越远的真实值权重越小：

$$\hat{y}_{T+1|T} = \alpha y_T + \alpha(1-\alpha)y_{T-1} + \alpha(1-\alpha)^2 y_{T-2} + \cdots$$

所以目前的加权平均是如下的表达方式：

$$F_{t+1} = \alpha A_t + (1-a)F_t$$

其中 A_t、F_t 分别是第 t 期的真实值、预测值，对公式做一下变化，$F_{t+1} = F_t + \alpha(A_t - F_t)$，这里可以理解成一种滞后性，未来的预测是对历史预测的一种修正，即使用历史误差进行修正。当 $\alpha=1$ 时，该模型是朴素预测的方式，也就是把所有权重都放在最近的一个观测值上面；当 $\alpha=0$ 时，模型完全忽略了近期观测值的重要性，把所有权重都放在了历史第一个观测值上面。α 越大，历史观测权重衰减得越快。表 2-1 描述了在 $\alpha=0.8$ 时的一个推导实例。

表 2-1   加权平均模型预测方式

时期	A_t（真实值）	F_t（预测值）
1	10	/
2	18	10
3	23	$0.8 \times 18 + 0.2 \times 10 = 16.4$
4	22	$0.8 \times 23 + 0.2 \times 16.4 = 21.68$

在简单指数平滑中，α 是平滑因子，范围为[0,1]。如果说数据波动不大，则一般 α 的值取较小一些，比如 0.1 ~ 0.5 之间，如果数据波动比较大，则 α 的值会

取得较大一些，比如 0.6 ~ 0.8 之间，α 也可通过最小二乘法进行寻找。

2.1.4　指数平滑拓展模型

简单指数平滑的特点在于有两个观察值即可计算，适用于没有总体趋势的时间序列。如果用来处理有总体趋势的序列，则平滑值往往滞后于原始数据。相比于简单指数平滑，二次指数平滑（Holt's Exponential Smoothing）增加了趋势项，三次指数平滑（Winter's Exponential Smoothing）增加了趋势项和季节项，而三次指数平滑也有另外一个名字，也就是我们熟知的 Holt-Winters 法，三者的具体的对比如表 2-2 所示。

表 2-2　指数平滑模型对比

指数平滑模型	长期趋势	季节效应
简单指数平滑	无	无
二次指数平滑	有	无
三次指数平滑	有	有

在进一步讲解二次指数平滑之前，我们需要明白什么是"趋势性"，因此这里需要明确"趋势"的概念。斜率大家都很熟悉，$b = \dfrac{\Delta y}{\Delta x}$，当 $\Delta x = 1$ 的时候，$b = \Delta y = y(x) - y(x-1)$，这就是点的增量，也叫可加性（additive），所有的可加性也可以转化为可乘性（multiplicative）。例如，既可以说 A 比 B 贵 20 元，也可以说 A 比 B 贵了 5%。在实际应用中，乘性模型的预测稳定性相对好一些。

以加性模型为例，简单指数平滑给出的是水平基线（level）：

$$\hat{y}_{t+h|t} = l_t$$

那么二次指数平滑会在水平基线的基础上添加一个趋势项，其公式为：

$$\hat{y}_{t+h|t} = l_t + hb_t$$

h 代表预测周期。接下来就是更新水平基线值和趋势值，包含两个成分，一是水平基线，需要在历史最近的水平基线预测的基础上再加上趋势项，从而更新为最新的水平基线预测：

$$l_t = \alpha y_t + (1 - \alpha)(l_{t-1} + b_{t-1})$$

二是趋势项，与简单指数平滑类似，这里是取最近的两个水平基线之间的差值来作为趋势项进行平滑处理，而且趋势项可以随着时间的变化而变化：

$$b_t = \beta(l_t - l_{t-1}) + (1 - \beta)b_{t-1}$$

由上可知，在二次指数平滑中，多了一个趋势平滑因子，其决定了对趋势学习的速度，其范围在[0，1]之间。

接下来讲解三次指数平滑，这里需要明确什么是"季节性"。季节性不同于周期性，季节性是固定长度的变化，就像春夏秋冬的温度变化一样，而周期性的不同之处在于，它波动的时间频率是不固定的。比如某个事物跌落谷底之后又反弹，这种往复的运动，被称为周期性。而像日出日落、春夏秋冬、周六日放假这种固定的往复变化就被称为季节性。

以加性模型为例，三次指数平滑是在二次指数平滑的基础上添加了一个季节项，如下面的公式所示，其中，m代表季节周期，比如季度是4，月份是12。

$$\hat{y}_{t+h|t} = l_t + hb_t + s_{t+h-m(k+1)}$$

因此，三次指数平滑方法包含以下三个成分：一是水平基线，需要对最近的历史观测值进行去季节性的处理，其他与二次指数平滑一致。

$$l_t = \alpha(y_t - s_{t-m}) + (1 - \alpha)(l_{t-1} + b_{t-1})$$

二是趋势项，与二次指数平滑一致：

$$b_t = \beta(l_t - l_{t-1}) + (1 - \beta)b_{t-1}$$

三是季节项，需要对最近的历史观测值进行去趋势性的处理，结合最近的季节值，其他与简单指数平滑类似，季节项具体公式如下：

$$s_t = \gamma(y_t - l_{t-1} - b_{t-1}) + (1 - \gamma)s_{t-m}$$

由上可知，在三次指数平滑中，多了一个季节平滑因子，其决定了对季节效应学习的速度，范围在[0，1]之间。

2.1.5 知识拓展

本节介绍了加性模型，感兴趣的读者可以进一步了解乘性模型。图 2-1 和图 2-2 分别是加性模型和乘性模型的折线图，可以直观地看到加性模型和乘性模型的区别。

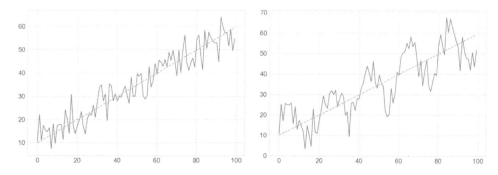

图 2-1　加性模型下的趋势和季节性

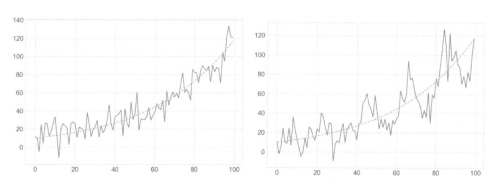

图 2-2　乘性模型下的趋势和季节性

2.2　ARIMA

指数平滑模型及其扩展的核心是对数据中的趋势和季节性的捕捉，而 ARIMA 旨在描绘数据的自回归性（autocorrelation），下面讲解具体涉及的概念和推导过程。

2.2.1　模型相关基础概念

1. 平稳性

在学习自回归模型之前需要先明确平稳性的概念。平稳时间序列最显著的特征就是均值和方差固定，不随观测时间的变化而变化，且一个平稳的时间序列从长期来看不存在可预测的特征，比如白噪声序列（white noise series）是平稳的——不管观测的时间如何变化，它看起来都应该是一样的，如图 2-3 所示。一部分周期性序列也可能是平稳的，因为周期并不固定，无法预知。

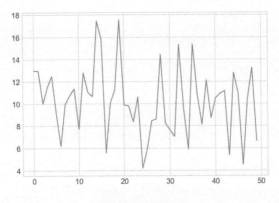

图 2-3   平稳序列

反过来说，均值不固定、方差也不固定的序列就是非平稳序列，比如趋势、季节性的时间序列都是不平稳的，如图 2-4 所示。

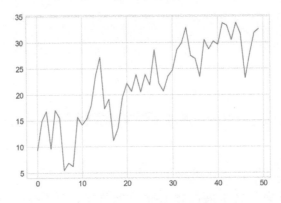

图 2-4   非平稳序列

一般判断平稳序列有三类方法：第一类是可视化，根据图像判断趋势；第二类是局部或全局测试，比如将某部分的均值与全局的均值进行比较；第三类是具体的量化方法，即平稳性相关的检验。通常不平稳的模型是因为其存在自相关，而 ARIMA 中最重要的部分便是对自相关的分析，后面我们会继续介绍相关的内容。

2. ACF&PACF

在介绍自相关函数（Autocorrelation Function，ACF）和偏自相关函数（Partial Autocorrelation Function，PACF）之前，我们先介绍一个小例子，y_{t-2}、y_{t-1}、y_t分别是 1 月、2 月和 3 月的平均销量。通常情况下，我们认为历

史的销量对于预测未来的销量是有重要意义的，比如上个月畅销，则会认为这个月大概率也畅销。那么一月份的销量对于三月份的影响是怎么传导的呢？不难想象有两种途径，一种是直接影响，即 $y_{t-2} \rightarrow y_t$；另一种是间接影响，也就是通过 y_{t-1} 进行影响，即 $y_{t-2} \rightarrow y_{t-1} \rightarrow y_t$。简单来说，ACF 包含了间接影响和直接影响，而 PACF 只包含直接影响。

　　因此，ACF 描述的是时间序列数据在一个时刻的数值与另一个时刻的数值之间存在的依赖关系，具体的计算公式即皮尔森相关系数：

$$\text{ACF} = \text{Corr}(y_{t-i}, y_t)$$

　　该计算公式用于计算第 t 期与滞后 i 期的时间序列数据之间的相关性。以销量时间序列数据为例，ACF 的计算方式如表 2-3 所示。

表 2-3　自相关计算方式

y_{t-2}	y_t
1 月销量	3 月销量
2 月销量	4 月销量
3 月销量	5 月销量
4 月销量	6 月销量

　　上述案例是滞后 2 期的自相关，实际上不同滞后阶数 Lag 所计算的 ACF 也有很大的差异，对于不同的 Lag，ACF 有正有负，如图 2-5 所示。

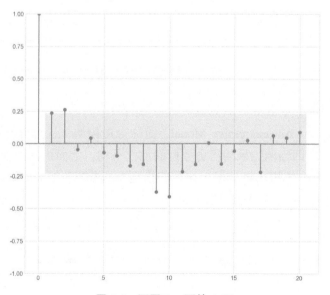

图 2-5　不同 Lag 下的 ACF

而 ACF 的缺点在于，尽管相关系数很高，但其中掺杂了很多其他因素，更常见的情况是直接联系的可能性很低，因为被其他因素掩盖了。这时我们需要找到最直接的联系，也就是偏自相关要处理的事情，当Lag = 2时，y_t和y_{t-2}之间的偏自相关系数就是φ_2：

$$y_t = \varphi_1 y_{t-1} + \varphi_2 y_{t-2} + e_t (\text{Lag} = 2)$$

通过图 2-6 我们可以看到，对于不同的 Lag，PACF 可能会有正有负，超出虚线的部分是比较显著的预测因子，也就是y_{t-5}、y_{t-8}可以在模型中重点考虑。

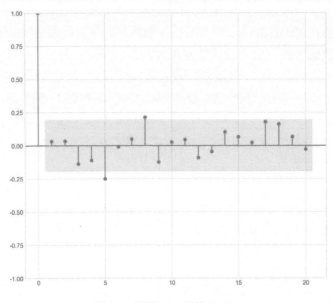

图 2-6　不同 Lag 下的 PACF

3. 自回归模型

自回归模型（Autoregressive Model，简称 AR 模型）认为当前的结果x_t与之前的结果相关，即当前结果为历史数据的加权平均。上面讲到的 PACF 就是在 AR 模型中筛选有效的 Lag 点位。自回归模型中的参数包括滞后阶数 p、自回归系数φ，以及残差ε_t，具体公式如下：

$$x_t = \varphi_0 + \varphi_1 x_{t-1} + \varphi_2 x_{t-2} + \cdots + \varphi_p x_{t-p} + \varepsilon_t$$

其中滞后阶数可以通过 PACF 检测进行定阶检验。在图 2-7 中，可以明显看到 PACF 图像在 2 阶后骤然下降，这种情况被称为截尾。截尾是样本自相关/偏自相关系数在最初的 p 阶明显大于 2 倍标准差，而后几乎 95%的自相关/偏自相关系数都在 2 倍标准差以内，且由非零系数衰减为小值的波动过程非常突然，像被"截断"一样，此时就可以将截断位置 p 作为 AR 模型的参数。

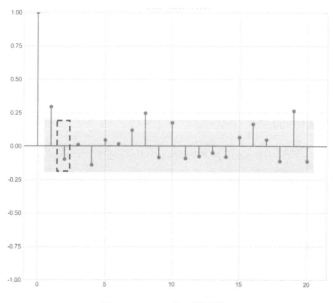

图 2-7　PACF 的"截尾"

4. 移动平均模型

1）移动平均（Moving Average，MA）

顾名思义，移动平均就是在平均值上下来回波动，认为当前的结果 x_t 会围绕均值 μ 上下波动，波动的尺度依赖的是历史误差，θ 即控制误差的加权，ε_t 服从标准正态分布 $N(\mu_\varepsilon = 0, \sigma_\varepsilon = 1)$，该方法能有效地消除预测中的随机波动。

$$x_t = \mu + \theta_1\varepsilon_{t-1} + \theta_2\varepsilon_{t-2} + \cdots + \theta_q\varepsilon_{t-q} + \varepsilon_t$$

以 MA(1)模型为例，如果 $\theta = 0.5$、$\mu = 10$，则 $x_t = 10 + 0.5\varepsilon_{t-1} + \varepsilon_t$。表 2-4 展示了预测过程，而且我们发现预测值 f_t 一直在 μ 的上下波动，这就是移动平均的体现。而每一次预测都会根据历史的误差进行一些修正，如果上一轮高估，那么下一轮就相应地把预测值压低。

表 2-4　MA(1)模型预测示例

t	$f_t(f_1 = \mu)$	y_t	$\varepsilon_t = y_t - f_t$
1	10	8	-2

续表

t	$f_t(f_1 = \mu)$	y_t	$\varepsilon_t = y_t - f_t$
2	10+0.5×(−2)=9	10	1
3	10+0.5×(1)=10.5	10.5	0
4	10+0.5×(0)=10	9	−1
5	10+0.5×(−1)=9.5	10	0.5

2）MA 与 ACF 的关系

$$MA(q)：x_t = \mu + \theta_1\varepsilon_{t-1} + \theta_2\varepsilon_{t-2} + \cdots + \theta_q\varepsilon_{t-q} + \varepsilon_t$$

$$ACF：Corr(x_t, x_{t-k}) = E(x_t x_{t-k}) - E(x_t)E(x_{t-k})$$

$$E(x_t) = \mu, \quad E(x_{t-k}) = \mu$$

得出 $E(x_t)E(x_{t-k}) = \mu^2$，因此计算 $Corr(x_t, x_{t-k})$ 的难点在于计算 $E(x_t x_{t-k})$，而

$$x_t：\left[\mu, \varepsilon_{t-1}, \varepsilon_{t-2}, \cdots, \varepsilon_{t-q}, \varepsilon_t\right]$$

$$x_{t-k}：\left[\mu, \varepsilon_{t-k-1}, \varepsilon_{t-k-2}, \cdots, \varepsilon_{t-k-q}, \varepsilon_{t-k}\right]$$

通过交叉相乘，$E(x_t x_{t-k})$ 中出现一项 μ^2 与 $E(x_t)E(x_{t-k})$ 抵消，所以只有 $E(x_t x_{t-k})$ 中出现相同项的平方项才会导致 $Corr(x_t, x_{t-k})$ 的结果不为 0，比如 $E(\varepsilon_{t-1}^2)$，因为 $Var(\varepsilon_{t-1}) = E(\varepsilon_{t-1}^2) - \left(E(\varepsilon_{t-1})\right)^2 = 1$，即 $E(\varepsilon_{t-1}^2) = 1$。

所以接下来，我们要考虑以下两种情况。

情况一：$k \leqslant q$。

如图 2-8 所示，如果 $(t-q) \leqslant (t-k)$，即当 $k \leqslant q$ 时，$E(x_t x_{t-k})$ 不为零，因为这种情况下两个序列会产生交集，所以会有相同项相乘的情况，这样就会产生非零值。

$$Corr(x_t, x_{t-k}) = E(x_t x_{t-k}) - E(x_t)E(x_{t-k}) > 0$$

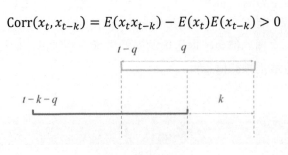

图 2-8　$k \leqslant q$ 图示

情况二：$k > q$。

如图 2-9 所示，如果$(t - q) > (t - k)$，即当$k > q$时，$E(x_t x_{t-k})$等于零，因为这种情况下两个序列没有交集，各误差项之间是独立同分布的，相乘后的期望依然为 0，也就是超过 q 阶后，就会归零截尾。

$$\text{Corr}(x_t, x_{t-k}) = E(x_t x_{t-k}) - E(x_t)E(x_{t-k}) = 0$$

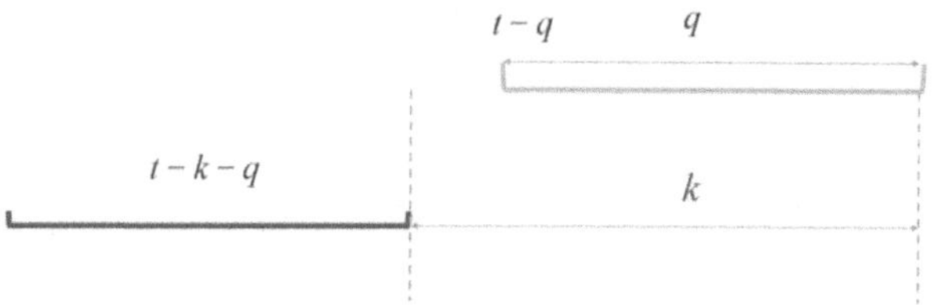

图 2-9　$k > q$图示

2.2.2　差分自回归移动平均模型

1. 自回归移动平均模型

自回归移动平均模型（Autoregressive Moving Average model，ARMA）是对预测的一种修正思路，从模型名称我们可以看到，这是由自回归和移动平均两个模型组合而成的，其中自回归（AR）是预测，移动平均（MA）是对预测的修正，其数学公式如下：

$$x_t = \varphi_0 + \varphi_1 x_{t-1} + \varphi_2 x_{t-2} + \cdots + \varphi_p x_{t-p} + \theta_1 \varepsilon_{t-1} + \theta_2 \varepsilon_{t-2} + \cdots + \theta_q \varepsilon_{t-q} + \varepsilon_t$$

通过前期对 ACF、PACF 与 MA、AR 之间关系的分析，我们知道，可以通过 ACF 图像确定 MA 的阶数，通过 PACF 图像确定 AR 的阶数。加权平均真实值与预测值的对比如表 2-5 所示。

表 2-5　加权平均真实值与预测值的对比

	AR(*p*)	MA(*q*)	ARMA(*p*,*q*)
ACF	拖尾	q 阶后截尾	拖尾
PACF	p 阶后截尾	拖尾	拖尾

以 ARMA(3,3)模型为例，进行如下推导：

$$x_t = \varphi_1 x_{t-1} + \varphi_2 x_{t-2} + \varphi_3 x_{t-3} + \theta_1 \varepsilon_{t-1} + \theta_2 \varepsilon_{t-2} + \theta_3 \varepsilon_{t-3} + \varepsilon_t$$

$$x_t - \varphi_1 x_{t-1} - \varphi_2 x_{t-2} - \varphi_3 x_{t-3} = \varepsilon_t + \theta_1 \varepsilon_{t-1} + \theta_2 \varepsilon_{t-2} + \theta_3 \varepsilon_{t-3}$$

我们将滞后算子 Lag 定义为 L，即：

$$L x_t = x_{t-1}, \ L x_{t-1} = x_{t-2}, \ L^2 x_t = x_{t-2}$$

那么：

$$x_t - L\varphi_1 x_t - L^2 \varphi_2 x_t - L^3 \varphi_3 x_t = \varepsilon_t + L\theta_1 \varepsilon_t + L^2 \theta_2 \varepsilon_t + L^3 \theta_3 \varepsilon_t$$

接下来：

$$(1 - L\varphi_1 - L^2 \varphi_2 - L^3 \varphi_3) x_t = (1 + L\theta_1 + L^2 \theta_2 + L^3 \theta_3) \varepsilon_t$$

简化表达式，可以得到：

$$\Phi(L) x_t = \Theta(L) \varepsilon_t$$

这部分的推导会在 SARIMA 的介绍中用到。

2. Integrated(I)：非平稳性➔平稳性

1）确定型趋势

从下面这个公式可以抽象出一个确定性的随时间变化的函数。

$$x_t = \alpha + \beta t + e_t$$

而差分后的时间序列 Δx 是符合平稳性序列要求的，均值和方差均为常数，这类模型也被称为 TS（Trend Stationary）Model，其中 e_t 是白噪声，如下面的推导所示。

$$\Delta x = x_t - x_{t-1} = \beta\big(t - (t-1)\big) + e_t - e_{t-1} = \beta + e_t - e_{t-1}$$
$$E(\Delta x) = \beta(\text{Constant})$$
$$V(\Delta x) = 0 + 2k^2 = 2k^2(\text{Constant})$$

（e_t 服从均值为 0、方差为 k^2 的分布，此处直接取方差和即可，e_t 和 e_{t-1} 相互独立）

2）随机型趋势

以 AR(1)为例，其公式如下：

$$x_t = \phi x_{t-1} + e_t$$

从公式可以看出，$x_t = f(x_{t-1})$，而 x_{t-1} 是不确定的，所以这是一个随机的趋势，接下来继续推导。

$$x_t = \phi x_{t-1} + e_t = \phi(\phi x_{t-2} + e_{t-1}) + e_t = \phi^t x_0 + \sum_{i=0}^{t-1} \phi^i e_{t-i}$$

$$e_t \sim N(0, \sigma_e^2)$$
$$E(x_t) = E(\phi^t x_0) = \phi^t x_0$$
$$\mathrm{Var}(x_t) = \sigma_e^2\big(\phi^0 + \phi^2 + \cdots + \phi^{2(t-1)}\big)$$

基于期望和方差的公式，ϕ 有以下几种情况。

如果 $|\phi| < 1$，方差和期望都是定值，则序列是平稳的。

$$E(x_t) \longrightarrow 0 : \mathrm{Constant}$$
$$\mathrm{Var}(x_t) \longrightarrow \frac{\sigma_e^2}{1 - \phi^2} : \mathrm{Constant}$$

如果 $|\phi| > 1$，则序列是极不平稳的，现实中基本不存在这种情况。

$$E(x_t) \longrightarrow +\infty$$

如果 $|\phi| = 1$，期望为定值，但方差不是定值，则为不平稳序列。

$$E(x_t) = x_0 : \mathrm{Constant}$$
$$\mathrm{Var}(x_t) = t\sigma_e^2 : \mathrm{Non-Constant}$$

当 $|\phi| = 1$ 时，也是典型的随机游走（Random Walk）过程：

$$x_t = x_{t-1} + e_t = (x_{t-2} + e_{t-1}) + e_t = x_0 + \sum_{i=1}^{t} e_i$$

如图 2-10 所示，该过程的缺陷在于，最好的预测值就是当前的值。而且随机游走的均值是确定的，而方差不是常数，所以不是平稳序列。典型的随机游走的案例有股票市场、布朗运动、醉酒的人走路、有限制的 AR(1) 模型。

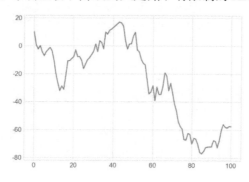

图 2-10　随机游走过程

对于$|\phi| < 1$的情况，序列本身就是平稳的，而对于另外两种情况，只有当$|\phi| = 1$时，差分后的序列才可以转化为平稳序列。所以我们需要进行一个检验——Dickey-Fuller(DF) Test，也叫单位根检验，检验单位根是否存在，即ϕ是否为1，来判断差分后的序列是否平稳。

$$x_t = c + \phi x_{t-1} + e_t$$

其中$e_t \sim N(0, \sigma_e^2)$，$c$是截距。

$$H_0: |\phi| = 1 \Rightarrow x_t \sim I(1)$$
$$H_1: |\phi| < 1 \Rightarrow x_t \sim I(0)$$
$$x_t - x_{t-1} = c + (\phi - 1)x_{t-1} + e_t$$
$$\Delta x = c + \delta x_{t-1} + e_t$$

如果$\delta = 0$，则存在单位根：

$$H_0: \delta = 0$$
$$H_1: \delta = 1$$

H_0代表原假设（null hypothesis），H_1代表备择假设（alternative hypothesis）。

3. ARIMA

对于一组不平稳序列x_t，需要先进行差分平稳化处理：

$$z_t = x_{t+1} - x_t$$

$$z_t = \varphi_1 z_{t-1} + \theta_1 \varepsilon_{t-1} + \varepsilon_t$$

假设原序列是$[x_0, x_1, \cdots, x_l]$，我们要预测的是$x_k(k > l)$，如何通过对z_t序列的预测进行还原呢？可以参考下面的公式。

$$x_k = z_{k-1} + x_{k-1} = z_{k-1} + z_{k-2} + x_{k-2} = \sum_{i=1}^{k-l} z_{k-i} + x_l$$

4. SARIMA

SARIMA 中的 S 指的是 Seasonality，即季节性。一般如何剔除季节性呢？假设我们有一组冰激凌售卖的销量序列y_t，通常情况下，每年夏天会有销量峰值，是以年为粒度的季节性变化，如下面的公式所示，但是我们会损失一年的数据，因为第一年之前是没有数据的。

$$z_t = y_{t+365} - y_t$$

SARIMA 的模型表达式为SARIMA$(p,d,q)(P,D,Q)_m$，其中，(p,d,q)代表模型中的非季节部分；$(P,D,Q)_m$ 代表模型中的季节部分；m代表在一个季节周期内有几个阶段。如图 2-11 所示为冰激凌每个月的销量，周期为"年"，即每一周期有 12 个阶段。

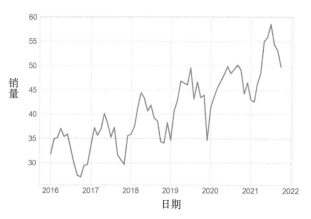

图 2-11　季节性

以SARIMA$(1,1,1)(1,1,1)_4$为例，通过 Lag 算子的推导，该模型的公式推导如下：

$$(1 - \varphi_1 L)(1 - \gamma_1 L^4)(1 - L)(1 - L^4)x_t = (1 + \theta_1 L)(1 + \eta_1 L^4)\varepsilon_t$$

其中，$(1 - \varphi_1 L)$项指代的是非季节部分的p项；$(1 - L)$项指代的是非季节部分的d 项，即$x_t - Lx_t = x_t - x_{t-1}$；$(1 + \theta_1 L)$项指代的是非季节部分的$q$项；$(1 - \gamma_1 L^4)$指代的是季节部分的 P 项；$(1 - L^4)$项指代的是季节部分的 D 项，即$x_t - x_{t-4}$；$(1 + \eta_1 L^4)$指代的是季节部分的 Q 项。

下面也可以看一个更简单的例子，SARIMA$(1,0,0)(0,1,1)_4$：

$$(1 - \varphi_1 L)(1 - L^4)x_t = (1 + \eta_1 L^4)\varepsilon_t$$
$$(1 - \varphi_1 L - L^4 + \varphi_1 L^5)x_t = \varepsilon_t + \eta_1 \varepsilon_{t-4}$$
$$x_t - x_{t-4} = \varphi_1 x_{t-1} - \varphi_1 x_{t-5} + \varepsilon_t + \eta_1 \varepsilon_{t-4}$$

令$z_t = x_t - x_{t-4}$：

$$z_t = \varphi_1 z_{t-1} + \varepsilon_t + \eta_1 \varepsilon_{t-4}$$

由这个公式我们可以看到 SARIMA 中的所有成分，z_t体现了D项，$\varphi_1 z_{t-1}$体现了p项，$\eta_1 \varepsilon_{t-4}$体现了Q项。

2.2.3 条件异方差模型

1. ARCH

ARCH（Autoregressive Conditional Heteroskedasticity model）的全称是自回归条件异方差模型，在一些时间序列中，数据经常出现波动性聚集的特点，但从长期来看数据是平稳的，即长期方差是定值，但从短期来看方差是不稳定的，我们称这种异方差为条件异方差。传统的时间序列模型如 ARMA 是无法识别出这一特征的。图 2-12 展示的就是比较适合 ARCH 的时间序列。

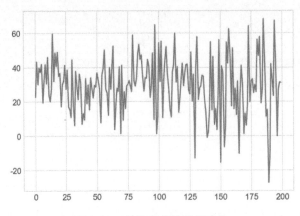

图 2-12　条件异方差数据形态

在 ARCH(p)的推导中，主要是对残差进行建模：

$$\text{Var}(x_t) = \sigma_t^2 = \alpha_0 + \alpha_1 \sigma_{t-1}^2$$

这个表达式的含义是，如果今天的方差很大，那么大概率昨天的方差也比较大。ε_t 代表白噪声，下面这个公式就是 ARCH(1)：

$$x_t = \varepsilon_t \sqrt{\alpha_0 + \alpha_1 x_{t-1}^2}$$

类推下来，下面的公式就是 ARCH(p)：

$$x_t = \varepsilon_t \sqrt{\alpha_0 + \alpha_1 x_{t-1}^2 + \cdots + \alpha_p x_{t-p}^2}$$

在 ARCH(p)的定阶检验中：

$$x_t = \varepsilon_t \sqrt{\alpha_0 + \alpha_1 x_{t-1}^2}$$

$$x_t^2 = \varepsilon_t^2(\alpha_0 + \alpha_1 x_{t-1}^2) = \varepsilon_t^2 \alpha_0 + \varepsilon_t^2 \alpha_1 x_{t-1}^2$$

从上式可以看出 Autoregressive 的成分，也就是误差平方的自回归。基于此，可以根据 PACF 图像检验 Lag 点位，从而决定 p 值的大小。

2. GARCH

GARCH 是 ARCH 的推广形式（Generalized ARCH），能更好地描述波动聚集情况，不会出现陡升或陡降的突发情况。

如下式所示，对于 ARCH(1)来说：

$$x_t = \varepsilon_t \sqrt{\alpha_0 + \alpha_1 x_{t-1}^2} = \varepsilon_t \sigma_t$$

这类模型很擅长拟合突然的波动，而不是聚集性的波动（持续几天或几周的波动），所以需要 GARCH。

$$x_t = \varepsilon_t \sqrt{\alpha_0 + \alpha_1 x_{t-1}^2 + \beta_1 \sigma_{t-1}^2} = \varepsilon_t \sigma_t$$

可以发现，上式中多了一项 $\beta_1 \sigma_{t-1}^2$，类似于 ARMA 对于 AR 的优化，同理，除了受过去观测的影响，也会受过去的波动影响，更好地描绘聚集性的波动。

那么，GARCH(p,q)就可以表示为：

$$x_t = \varepsilon_t \sqrt{\alpha_0 + \alpha_1 x_{t-1}^2 + \cdots + \alpha_p x_{t-p}^2 + \beta_1 \sigma_{t-1}^2 + \cdots + \beta_q \sigma_{t-q}^2} = \varepsilon_t \sigma_t$$

2.3　Croston 模型及其变体

间断性需求的稀疏性给预测带来了很大的挑战，由于间断性时间序列中存在大量的零值，使得常规的预测方法难以应用，因此很多针对间断型需求预测的方法被学者提出，本节中会出现很多学者的名字，因为这些变体方法的名称大多由学者名字的首字母组成。

Croston 模型及其变体在间断性预测方面是典型的代表。Croston 提出了一种组合式的预测方案，这种方案将时间序列分割为两部分，也就是将销量间隔和销量相互独立计算，通过预测出的间隔与销量，形成最终的时间序列预测结果。具体方法如下：

$$若 X_t > 0，则 \begin{cases} Z_{t+1} = \alpha X_t + (1-\alpha)Z_t \\ V_{t+1} = \alpha Q_t + (1-\alpha)V_t \\ Y_{t+1} = Z_{t+1}/V_{t+1} \end{cases}$$

$$若 X_t = 0，则 \begin{cases} Z_{t+1} = Z_t \\ V_{t+1} = V_t \\ Y_{t+1} = Y_t \end{cases}$$

其中，Z_t 表示 t 时非零销量的估计值，V_t 表示非零销量间隔的估计值，X_t 表示 t 时的真实需求量，Q_t 表示当前的零需求周期，Y_t 表示考虑零需求后的需求量估计。

而原始 Croston 方法的预测估计是有偏的，Synetos 和 Boylan 提出了非偏估计方法 SBA，通过 $(1-\alpha/2)$ 的平滑系数进行修正，即令 $Z_t=\mu$、$V_t = p$。由下方公式的推导过程可以看出，新的预测值会接近无偏，该方法已经被很多研究者证实在提升需求预测效果方面有着一定的优势。

$$E\left[\left(1-\frac{\alpha}{2}\right)\left(\frac{Z_t}{V_t}\right)\right] = \left(1-\frac{\alpha}{2}\right)E\left[\left(\frac{Z_t}{V_t}\right)\right] = \left(1-\frac{\alpha}{2}\right)\left(\frac{\mu}{p} + \frac{1}{2}\frac{\partial^2\left(\frac{\mu}{p}\right)}{\partial p^2}\mathrm{Var}(p)\right)$$

$$= \left(\frac{2-\alpha}{2}\right)\left(\frac{\mu}{p} + \frac{\alpha}{2-\alpha}\mu\frac{p-1}{p^2}\right) = \frac{\mu}{p}\left(\frac{2-\alpha}{2} + \frac{\alpha}{2}\frac{p-1}{p}\right) \approx \frac{\mu}{p}$$

但上述方法并没有考虑到某个产品下市的可能性，Teunter、Synetos 和 Babai 等人提出了一种不同于 Croston 和 SBA 的方法，叫作 TSB，这种方法并不是估计非零需求间隔，而是估计非零需求概率，并且每个周期都会更新，而不是等到需求发生了才更新。D_t 表示在 t 时是否为非零需求，P_t 表示 t 时的需求概率估计，α 和 β 分别代表需求量和需求概率的平滑系数，如下面的公式所示。

$$若 D_t = 1，则 \begin{cases} P_{t+1} = \beta(1) + (1-\beta)P_t \\ Z_{t+1} = \alpha X_t + (1-\alpha)Z_t \\ Y_{t+1} = P_{t+1}Z_{t+1} \end{cases}$$

$$若 D_t = 0，则 \begin{cases} P_{t+1} = (1-\beta)P_t \\ Z_{t+1} = Z_t \\ Y_{t+1} = P_{t+1}Z_{t+1} \end{cases}$$

这个方法的关键优点在于每个时间周期都会更新需求概率估计，如果有很长一段时间都是零需求，那么 P_t 就会不断接近于 0。相反，Croston 方法的需求间隔估计在零需求时保持不变。在实际场景中，TSB 方法可以决定该产品是否需要继续留存，一个思路就是设置需求概率的阈值，通过阈值来判断产品是否会继续售卖。Prestwich、Tarim、Rossi 等人提出了另一种处理产品下市问题的双曲指数平滑方法 HES（Hyperbolic Exponential Smoothing），该方法通过将 Croston 方法和贝叶斯方法结合来得到预测值。TSB 和 HES 之间的主要区别是 HES 随着零需求的增多而呈双曲式递减，而 TSB 是指数级递减。

常规的 Croston 方法默认需求的发生服从伯努利分布，而当需求的发生服从泊松分布时，Shale、Boylan 和 Johnston，以及 Syntetos、Babai 和 Luo 提供了这类情况下对于预测偏差的修正系数。Shale、Boylan 和 Johnston 在计算需求间隔和需求量时不再采用简单指数平滑的方法，而是采用简单移动平均或指数加权移动平均的方法。在这种假设下，其平滑系数为$(1 - \alpha/(2 - \alpha))$，这种方法被称为 SBJ（Shale-Boylan-Johnston）。另一个变体 LAS 是由 Leven 和 Segerstedt 提出的，新的估计公式为$Y_{t+1} = \alpha X_t/Q_t + (1 - \alpha)Y_t$。除此之外，Vinh 提出的变体 VINH 与 Croston 最为相似，只不过在指数加权方法中是基于过去的两个记录计算的，即 $Z_{t+1} = \alpha X_t + (1 - \alpha)Z_t + (1 - \alpha)^2 Z_{t-1}$、$V_{t+1} = \alpha Q_t + (1 - \alpha)V_t + (1 - \alpha)^2 V_{t-1}$，这些新变体比原来的 Croston 更高效。

第3章

CHAPTER 3

线性回归模型

3.1 简单线性回归模型

3.1.1 基本概念介绍

简单线性回归是一种用于建立输入特征矩阵和目标之间线性关系的预测函数的方法，其核心是通过找出模型的参数向量来实现预测。在简单线性回归模型中，只有一个特征变量用于预测目标变量。多元线性回归则是指使用多个特征变量来建立输入特征矩阵和目标之间的线性关系。通过训练模型，我们可以找到每个特征变量的回归系数，然后将它们加权组合得到最终的预测结果。多元线性回归的基本表达式如下：

$$y = \theta_0 + \theta_1 x_1 + \theta_2 x_2 + \cdots + \theta_n x_n + \varepsilon$$

其中，$\theta_1 \sim \theta_n$为回归系数，即由 x 引起的 y 变化的程度；ε为误差项，反映了除线性关系外的随机因素对 y 的影响，是不能由线性关系所解释的变异性；θ_0 为截距。线性回归的示意图如图 3-1 所示。

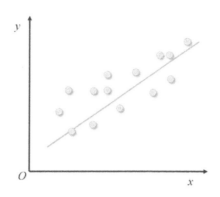

图 3-1　线性回归的示意图

如何训练出最优的回归系数组合呢？首先我们需要一个训练目标。因为随机误差项符合高斯分布，所以可以通过最大似然估计得到线性回归的目标函数。然后将最小化该目标函数作为目标，通过梯度下降的方法寻找极值点，得到最后的回归系数。下面详细描述上述步骤。

目标函数如下：

$$J(\theta) = \min \frac{1}{2}\sum_{i}^{n}(y_i - \hat{y}_i)^2 = \min \frac{1}{2}\sum_{i}^{n}(y_i - \boldsymbol{\theta}^{\mathrm{T}}\boldsymbol{x}^{(i)})^2$$

其中，y_i 是真实值，$\hat{y}_i$ 是样本 i 在参数 $\boldsymbol{\theta}$ 下的预测值。

这个目标函数是怎么推导出来的呢？推导的核心在于最大似然估计，因为 $\varepsilon(i)$ 作为随机误差项，服从高斯分布，所以我们可以得到：

$$p\big(\varepsilon^{(i)}\big) = p\big(y^{(i)}\big|\boldsymbol{x}^{(i)};\boldsymbol{\theta}\big) = \frac{1}{\sqrt{2\pi}\sigma}\exp\big(-\frac{(y^{(i)} - \boldsymbol{\theta}^{\mathrm{T}}\boldsymbol{x}^{(i)})^2}{2\sigma^2}\big)$$

对于每一个样本，我们都希望 $p\big(y^{(i)}\big|\boldsymbol{x}^{(i)};\boldsymbol{\theta}\big)$ 越大越好，这样预测才会准确。所以将 n 个样本的概率相乘，就可以得到一个似然函数，我们的目标是让下面这个似然函数最大。

$$L(\boldsymbol{\theta}) = \prod_{1}^{n}p\big(y^{(i)}\big|\boldsymbol{x}^{(i)};\boldsymbol{\theta}\big) = \prod_{1}^{n}\frac{1}{\sqrt{2\pi}\sigma}\exp\big(-\frac{(y^{(i)} - \boldsymbol{\theta}^{\mathrm{T}}\boldsymbol{x}^{(i)})^2}{2\sigma^2}\big)$$

但是很明显，乘法不太好操作，为了方便计算，我们对等式的两边进行对数操作，将该似然函数转化为对数似然函数：

$$\log L(\boldsymbol{\theta}) = n\log\frac{1}{\sqrt{2\pi}\sigma} - \frac{1}{\sigma^2}\cdot\frac{1}{2}\sum_{1}^{n}(y^{(i)} - \boldsymbol{\theta}^{\mathrm{T}}\boldsymbol{x}^{(i)})^2$$

现在我们最初的最大化似然函数的目标就转变为最小化下面的函数，这就是目标函数的由来。

$$J(\boldsymbol{\theta}) = \frac{1}{2} \sum_{1}^{n} (y^{(i)} - \boldsymbol{\theta}^{\mathrm{T}} \boldsymbol{x}^{(i)})^2$$

3.1.2　最优参数求解

基于我们推导出来的目标函数，接下来就可以进行最优参数的求解了。对于简单线性回归，目标函数如下：

$$J(\boldsymbol{\theta}) = \frac{1}{2} \sum_{1}^{n} (y_i - \theta_1 x_i - \theta_0)^2$$

我们只需要对目标函数求导即可，导数为零，就能找到相应的最优点：

$$\frac{\partial J(\boldsymbol{\theta})}{\partial \boldsymbol{\theta}_0} = -\sum_{i=1}^{n} (y_i - \widehat{\theta_0} - \widehat{\theta_1} x_i)^2 = 0$$

$$\frac{\partial J(\boldsymbol{\theta})}{\partial \boldsymbol{\theta}_1} = -\sum_{i=1}^{n} x_i (y_i - \widehat{\theta_0} - \widehat{\theta_1} x_i)^2 = 0$$

对上面两个公式进行处理，可以得到：

$$\widehat{\theta_1} = \frac{n \sum_{i=1}^{n} x_i y_i - (\sum_{i=1}^{n} x_i)(\sum_{i=1}^{n} y_i)}{n \sum_{i=1}^{n} x_i^2 - (\sum_{i=1}^{n} x_i)^2}$$

$$\widehat{\theta_0} = \bar{y} - \widehat{\theta_1} \bar{x}$$

3.1.3　线性回归拟合优度R^2

英国统计学家 F.Galton 研究父亲身高和其成年儿子身高的关系时发现，即便父亲身高相同，其成年儿子身高也不尽相同。这说明成年儿子身高的差异会受到两个因素的影响：一个是其父亲身高的影响，另一个是其他随机因素的影响。因此，在回归分析中，被解释变量 y 的各观测值之间的差异也会受到两个方面的影响：一是解释变量 x 的不同取值，二是其他随机误差或扰动因素。

在统计学上，我们把解释变量 x 的不同取值对被解释变量 y 的影响所产生的 y 的变差平方和称为"回归平方和"（regression sum of squares，SSR）：

$$SSR = \sum_{i=1}^{n} (\hat{y}_i - \bar{y})^2$$

由随机因素产生的 y 的变差平方和被称为"残差平方和"（errors sum of squares，SSE）：

$$SSE = \sum_{i=1}^{n} (y_i - \hat{y}_i)^2$$

那么，y 的总变差平方和（total sum of squares，SST）就等于其"回归平方和"与"残差平方和"之和：

$$SST = SSR + SSE = \sum_{i=1}^{n} (y_i - \bar{y})^2$$

对于拟合的目标来说，回归平方和占总误差平方和的比例越大越好。如图 3-2 所示，SSR 越高，代表回归预测越准确，观测点越靠近直线，即 SSR/SST 越大，直线拟合度越高。因此，拟合优度的定义就自然引出来了，其被称为 R^2，定义如下：

$$R^2 = \frac{SSR}{SST} = \frac{\sum_{i=1}^{n}(\hat{y}_i - \bar{y})^2}{\sum_{i=1}^{n}(y_i - \bar{y})^2} = 1 - \frac{\sum_{i=1}^{n}(y_i - \hat{y}_i)^2}{\sum_{i=1}^{n}(y_i - \bar{y})^2}$$

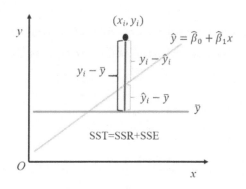

图 3-2　拟合优度示意图

R^2 反映了回归直线的拟合程度，取值范围在[0, 1]之间。$R^2 \to 1$ 代表回归方程拟合度越高，$R^2 \to 0$ 代表回归方程拟合度越低。

3.1.4　线性回归基本假定

如果需要使用线性回归进行模型的搭建，则需要遵循独立同分布的假定，如图 3-3 所示。具体有 5 个基本假定：

- 自变量和因变量之间应满足线性关系。
- 自变量与误差项之间不相关，误差项（ε）之间应相互独立。
- 自变量（x_1, x_2）之间应相互独立。
- 随机误差项的方差是常数：同方差性。
- 随机误差项（ε）服从均值为 0 的正态分布。

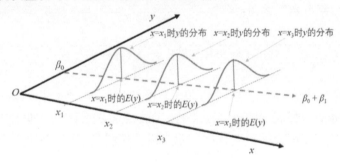

图 3-3　独立同分布示意图

下面逐一对以上 5 个假定进行简单的解释。

1. 自变量和因变量之间应满足线性关系

对于图 3-4 中左一的图来说，房屋面积 x 每提高 1 个单位，房屋价格 y 会相应提高 θ 个单位。如果变量之间不满足线性的关系，比如图 3-4 中右二和右三的图，出现了 x^2、x^3 等多项式，则简单的线性模型将无法很好地描述变量之间的关系，极有可能导致很大的泛化误差。所以，自变量和因变量之间要满足线性关系。

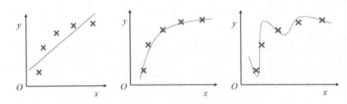

图 3-4　房屋价格与房屋面积之间的关系

2. 自变量与误差项之间不相关，误差项（ε）之间应相互独立

举一个小例子，在研究大学生考试成绩与出勤率或 IQ 水平之间的关系时，随机误差项可能是天气状况。

如图 3-5 所示，随机误差中的天气状况与出勤率之间存在明显的相关关系，随着出勤率的变化，误差项也在变化，这就造成了误差项之间并不独立，违背了误差随机的要求。而在图 3-6 中，随机误差中的天气状况与 IQ 水平之间并没有明显的相关关系，即没有自相关性。所以我们需要保证自变量与误差项之间不相关，误差项（ε）之间应相互独立。

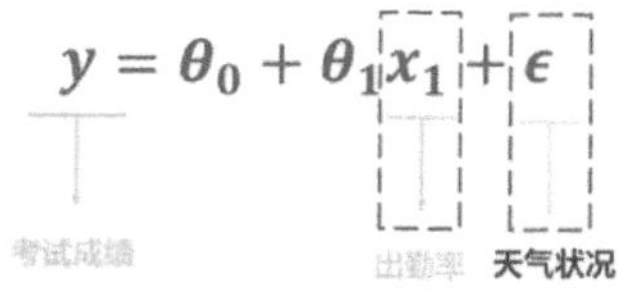

图 3-5　自相关示例图 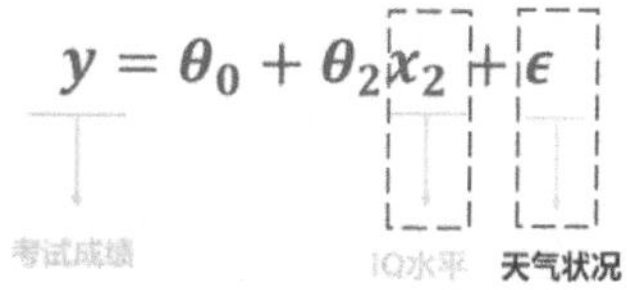　　　　　　　　图 3-6　无自相关示例图

3. 自变量（x_1, x_2）之间应相互独立

如果原本应该是独立的自变量之间出现了一定程度（甚至高度）的相关性，则很难确定自变量与因变量之间的真正关系。如图 3-7 所示，当 IQ 水平提高一个单位时，考试成绩也会提高 θ_1 个单位，而且 IQ 水平与出勤率之间没有显著的相关性，不会影响出勤率的变化。因此，IQ 水平与考试成绩的关系非常明确。然而，在图 3-8 中，当 IQ 水平提高时，我们发现考试成绩也在提高。但是，由于 IQ 水平与答题速度之间存在强相关性，提高 IQ 水平也会导致答题速度的提高，因此我们难以确定考试成绩的提高是由 IQ 水平的提高导致的，还是由答题速度的提升导致的，这就出现了一个非常棘手的问题——多重共线性。在使用线性回归时，必须确保自变量（x_1, x_2）之间相互独立，否则就会出现很大的误差问题。

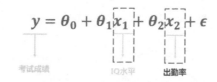

图 3-7　无多重共线性示例图

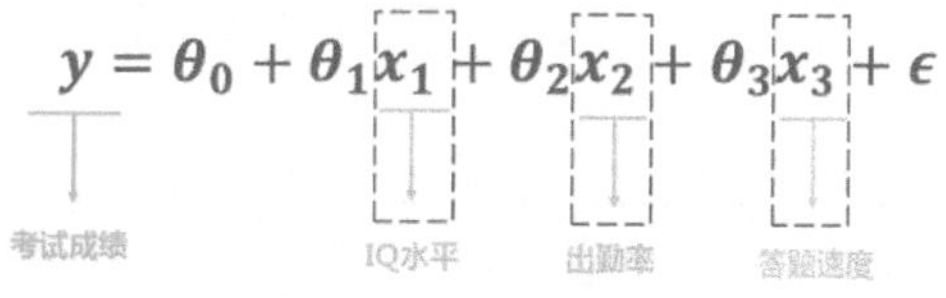

$$y = \theta_0 + \theta_1 x_1 + \theta_2 x_2 + \theta_3 x_3 + \epsilon$$

图 3-8　多重共线性示例图

4.随机误差项的方差是常数：同方差性

同方差性是指在各次观测中所受随机误差的影响程度应该保持相同。我们都知道著名的比萨斜塔实验，伽利略将两个大小相同的实心铁球和空心铁球同时从高塔上抛下，研究铁球落地时间和铁球重量之间的关系，此时风作为随机误差对于每次实验的影响应该是相同的，因此称随机误差项的方差是常数。图 3-9 展示了同方差和异方差在分布上的不同。在同方差的情况下，误差的方差相等，呈现出一致的形态。而在异方差的情况下，误差的方差是不相等的，呈现出不一致的形态，这种情况会影响模型的准确性和精度。因此，在进行回归分析时，需要对同方差性进行检验，以确保模型的可靠性。

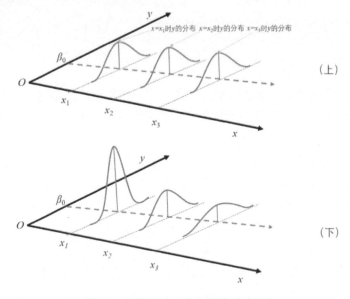

图 3-9   同方差（上）与异方差（下）

异方差现象通常由以下一些原因导致，例如：数据集中存在明显的异常值，这些异常值会对模型的预测产生较大的影响，从而导致方差发生变化；模型中缺失了某些重要的自变量（解释变量），这些自变量可能对因变量（预测变量）的方差产生重要影响；变量间本来为非线性的关系被设定为线性，从而导致方差发生变化。

异方差表现的种类包括递增方差、递减方差及复杂型方差。如图 3-10 所示，递增方差指随着自变量增大，因变量的方差也随之增大；递减方差指随着自变量增大，因变量的方差反而减小；复杂型方差则指方差随着自变量变化呈现一定的

非单调形态。在面对异方差问题时，需要采取相应的处理措施，比如使用加权最
小二乘法或者进行方差稳定化的处理。

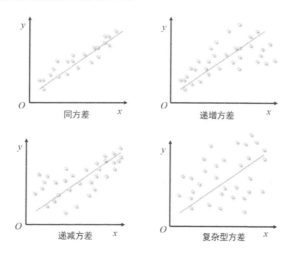

图 3-10 不同种类的方差

5. 随机误差项（ε）服从均值为 0 的正态分布

从直观上理解，正态分布在自然科学和社会科学中适用于很多情况，比如成
人身高、智商、白噪声和测量误差等。在自然条件下，如果误差是真正的随机误
差，那么它一定是正态分布的，否则它可能受到其他因素的影响。对于精确的线
性回归，误差的均值必须为 0。这是因为回归越好，拟合线恰好能以无偏的方式
穿过样本点，从而导致误差无偏（零均值）。此外，通过回归拟合，可以将误差
方差限制在一个较小的范围内，这是为了实现最大熵：

$$p(\varepsilon^{(i)}) = p(y^{(i)}|\boldsymbol{x}^{(i)};\boldsymbol{\theta})$$

即条件概率最大化，最大限度地达到均匀分布。通过推导，在均值和方差给
定的条件下，正态分布即最大熵分布。

3.2 正则化相关的回归

在实际应用中，有时自变量的个数可能超过样本量，或者自变量之间存在高
度相关性，这时就无法通过标准的线性回归公式计算回归系数，需要采用正则化
方法进行改进，如岭（Ridge）回归和套索（Lasso）回归等，以适应更广泛的应
用场景。

3.2.1　正则化

首先，我们需要了解正则化的概念。正则化是在回归模型的目标函数中添加一个正则项，通过控制正则项的大小，使模型的复杂度适当降低，防止模型过拟合。根据添加的正则项不同，线性回归可以衍生出三种不同的回归模型：套索（Lasso）回归、岭（Ridge）回归和弹性网络（ElasticNet）回归。其中，套索回归对应 L1 正则化，岭回归对应 L2 正则化，弹性网络回归对应 L1 和 L2 正则化的组合。正则项对于那些特别大的参数进行惩罚，让它们缩小到一个合理的水平，从而提高模型的泛化能力。在实际应用中，当自变量个数多于样本量或者自变量之间存在多重共线性时，传统的线性回归模型的表现可能会受到限制。这时，我们可以使用正则化方法来改进模型。通过引入正则化项，模型会更加倾向于选择重要的特征，并将那些不重要或多余的特征的系数缩小甚至归零。这样，模型的复杂度就得以降低，过拟合的风险也会相应减小。

3.2.2　套索（Lasso）回归

套索回归其实非常简单，就是给线性回归模型的目标函数添加 L1 正则项。假设线性回归模型的预测值如下：

$$f(x) = \boldsymbol{\theta}^{\mathrm{T}}\boldsymbol{x} + b$$

前面我们提及，线性回归模型的优化目标函数如下：

$$J(\boldsymbol{\theta}) = \frac{1}{2}\sum_{i=1}^{n}(\boldsymbol{\theta}^{\mathrm{T}}\boldsymbol{x}_i + b - y_i)^2$$

套索回归模型的优化目标函数如下：

$$J(\boldsymbol{\theta}) = \frac{1}{2}\sum_{i=1}^{n}(\boldsymbol{\theta}^{\mathrm{T}}\boldsymbol{x}_i + b - y_i)^2 + \lambda\sum_{j=1}^{m}|\theta_j|$$

其中，λ 为控制正则项大小的参数（下同），λ 越大，正则项 $\sum_{j=1}^{m}|\theta_j|$ 的惩罚越狠。正则项为所有回归系数的绝对值之和，同时也是回归系数的 1-范数，因此也被称为 L1 正则项。L1 正则化可以使一些回归系数变小，甚至可以直接把绝对值较小的回归系数变为 0，意味着该特征实际上没有参与到回归方程中，直接被剔除了，这也就揭示了套索回归能够实现特征选择的原理。

如图 3-11 所示，套索回归相当于对回归方程的系数做了一个限制。

$$|\theta_1| + |\theta_2| \leqslant t$$

在可视化的目标函数优化过程中，上式实现的效果即图中的黑色矩形框，限制回归系数 θ 只能在这个矩形框里取值；灰色椭圆为目标函数等值线，当它与黑色矩形框相切时，即为目标函数的最优解。由于套索回归的参数取值范围是一个矩形框，因此椭圆很容易切到坐标轴上，这意味着某个系数 θ 取值为 0，该系数对应的特征也就被"踢出"回归方程。由此，套索回归在缩减参数规模，防止过拟合的同时，还起到了特征选择的作用，对于特征数量较多的回归问题，套索回归非常合适。

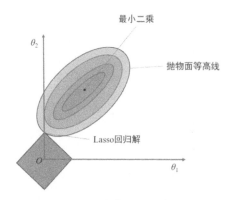

图 3-11　套索回归示意图

3.2.3　岭（Ridge）回归

岭回归与套索回归类似，不同点在于岭回归添加的正则项为 L2 正则项。

岭回归模型的优化目标函数如下：

$$J(\boldsymbol{\theta}) = \frac{1}{2}\sum_{i=1}^{n}(\boldsymbol{\theta}^{\mathrm{T}}\boldsymbol{x}_i + b - y_i)^2 + \lambda\sum_{j=1}^{m}\theta_j{}^2$$

其中，$\sum_{j=1}^{m}\theta_j{}^2$ 为回归系数的二阶范数，因此被称为 L2 正则项。由于小于 1 的数值平方后会更小，大于 1 的数值平方后会更大，所以 L2 正则化更多的是惩罚那些大于 1 的参数，防止参数过大导致过拟合。

岭回归相当于对回归方程的系数做了一个限制：

$$\theta_1{}^2 + \theta_2{}^2 \leqslant t$$

在可视化的目标函数优化过程中，上式实现的效果即图 3-12 中的灰色圆形，限制回归系数 θ 只能在这个圆里取值。而抛物面椭圆为目标函数等高线，当它与灰色圆形相切时，即为目标函数的最优解。由于岭回归的参数取值范围是一个圆形，椭圆相对没那么容易切到坐标轴上，因此岭回归较难实现特征选择。但是岭回归可以很好地限制参数规模大小，防止参数过大导致过拟合。

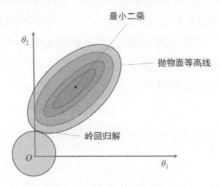

图 3-12　岭回归示例图

3.2.4　弹性网络（ElasticNet）回归

弹性网络回归结合了 L1 和 L2 正则项，为套索回归和岭回归的集大成者。弹性网络回归的优化目标函数如下：

$$J(\boldsymbol{\theta}) = \frac{1}{2}\sum_{i=1}^{n}(\boldsymbol{\theta}^{\mathrm{T}}\boldsymbol{x}_i + b - y_i)^2 + \lambda\left(\rho\sum_{j=1}^{m}|\theta_j| + (1-\rho)\sum_{j=1}^{m}\theta_j^2\right)$$

其中，ρ 为 0 到 1 之间的数，用于控制 L1 正则项所占的比例，一般默认为 0.5。当 $\rho = 1$ 时，弹性网络回归退化为套索回归；当 $\rho = 0$ 时，弹性网络回归退化为岭回归。弹性网络回归吸收了套索回归和岭回归的优点，既能实现特征选择，又能防止参数规模过大导致过拟合。

3.3　分位数回归

分位数回归被提出的原因是，在实际应用中，我们往往不仅关注因变量的期望，还需要了解因变量的完整分布情况，或者是因变量的某个特定分位数。例如在需求预测中，当需求高估和需求低估的风险不对称时，使用分位数回归可以更好地控制风险。如果需求异常高，则可能会导致缺货和客户不满意；如果需求异常低，则会导致库存积压和成本高昂的库存作废。因此，在企业管理中，需要提高风险管理意识，分位数回归为定量平衡风险提供了有效的途径。

如图 3-13 所示，普通均值回归得到的是条件期望函数，即使 y 的分布在变大，平均来说 y 还是以同样的斜率稳定上升。相比普通均值回归，0.9 分位数回归就能进一步显示出 y 的分布范围在增大。所谓的 0.9 分位数回归，就是希望回归曲线之下能包含 90%的数据点，这也是分位数的概念，分位数回归是把分位数的概念融入普通的线性回归而已。当然，这时仅仅得到 0.9 分位数回归曲线是不够的，进一步还可以画出不同的分位数回归曲线，这样才能更加明显地反映出，随着 x 的增大，y 的不同范围的数据是不同程度变化的，而这个结论通过以前的回归分析是无法得到的，这就是分位数回归的作用。相应地，$\alpha=0.1,0.2,0.3,\cdots,0.9$，所谓的 α 分位数回归，就是希望回归曲线之下能包含($\alpha \times 100$) %的数据点。

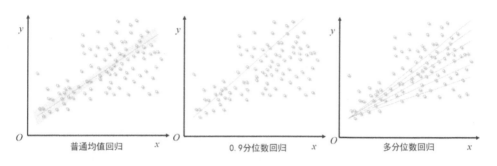

图 3-13　不同分位点回归

分位数回归的目标函数被称为弹球损失（pinball loss），弹球损失最小的函数所提供的分位数预测最佳，公式如下：

$$\rho_\alpha(y, \hat{y}) = \begin{cases} \alpha(y - \hat{y}), & 若 y - \hat{y} > 0 \\ (1 - \alpha)(\hat{y} - y), & 否则 \end{cases}$$

从上式可以看出，目标为最小化加权绝对残差。之所以叫弹球损失，是因为损失函数的图像像是弹球撞击到墙面后的反射，如图 3-14 所示。横坐标为 Error，Error $= (\hat{y} - y)$，当 Error 大于 0 时，说明是高估，当 Error 小于 0 时，说明是低估。绿色的那条线是 $\alpha = 0.9$时的损失图像，也就是 0.9 分位数回归，我们可以发现 Error 大于 0 时的损失远小于 Error 小于 0 时的损失。换句话说，0.9 分位数回归对于低估的惩罚要大于高估。我们再看蓝色的那条 0.1 分位数回归的损失函数，明显对于高估的惩罚要大于低估，从直观上来看，分位数回归就是通过这种方式进行优化的。

从本质上来看，这与加权最小二乘法类似，它给不同的 y 值分配不同的权重。举个例子，假设我们有一个数据集，其中包含从 1 到 10 的所有整数，我们希望求解 0.7 分位数。首先，假设这个 0.7 分位数是 q，然后将大于 q 的所有数赋予 0.7 的权重，小于 q 的数赋予 0.3 的权重。最终，我们通过最小化弹球损失函数来求解分位数，经过简单验证可以发现，7 就是我们所要求解的分位点。因此，从本质上讲，分位数回归与加权最小二乘法相似，并且我们可以通过最小化这个函数来求解分位点。

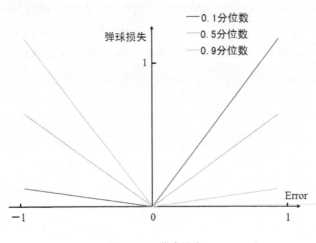

图 3-14　弹球损失

线性回归通常使用最小二乘法来得到均方误差作为回归模型的损失函数，从而得到条件期望函数。如果我们将损失函数改为这里提到的加权最小二乘函数，那么得到的结果也应该符合分位数的定义。例如，如果我们将 α 设为 0.8，那么通过最小化损失函数来求解参数，得到的回归曲线 f 应该在其下方包含 80% 的数据。因此，分位数回归是一类回归模型，或者说是一种改进思想，我们可以将其应用于线性回归、多项式回归等，最根本的是将损失函数从最小二乘法改为加权最小二乘法，通过不同的分位数得到不同的结果，进而进行分析。

第4章

CHAPTER 4

机器学习模型

机器学习模型是时间序列预测任务常用的工具之一，相较于时间序列模型，机器学习模型在高维数据的处理、特征的挖掘、预测的健壮性等多个方面具有优势。首先，机器学习模型对数据的广度和质量的包容性更胜时间序列模型一筹，一些机器学习模型在对销量序列数据与其他特征数据的学习、缺失值的自动化处理等方面上有较好的表现。其次，机器学习模型能够自动化地深度挖掘数据特征。在传统的时间序列预测中，数据的滞后相关性、周期性等特征往往需要结合业务经验进行人工计算。例如，使用 ARIMA 时需要通过计算 ACF、PACF 等获取特征来完成建模，这些计算可能不够精确。对于机器学习模型，这些特征可以由模型自主从数据中学习，从而提供更准确的预测。最后，健壮性也是机器学习模型的优点，尤其是集成模型。例如，一些集成模型可以通过使用大量并行子模型进行时间序列预测，从而降低模型的过拟合风险。因此，在供应链需求预测实践中，学习常见的机器学习模型及其应用非常重要。

本章将介绍机器学习中的经典基础模型，包括决策树模型、Logistic 回归模型、集成模型等。这些模型具有丰富完备的公开工具库，简单调用即可快速输出预测结果。然而，在实践中要求我们根据实际情况选择和改进模型来解决具体问题。本章将介绍这些内容，帮助读者更好地应用机器学习模型进行时间序列预测任务。

4.1 决策树模型

4.1.1 模型介绍

本节将介绍人工预测销量的任务来解释如何通过决策树模型模仿这个预测过程。我们以商品销量预测为例，假设数据集中包含两个特征：上个月销量均值和是否包邮。接下来，让我们设想人工预测的过程，并以此为基础了解决策树模型的工作原理。

以下是一个典型的人工预测过程。首先，观察历史数据，分析哪些因素和未来销量存在联系，可能会发现上个月销量均值和是否包邮两个特征与未来销量有关联。具体表现为，如果商品在上个月的销量均值较高，那么该商品在当月的销量很可能也会较高；在相同条件下，人们更倾向于选择包邮的商品，因此满足包邮条件的商品更可能有较高的销量。所以人工预测的过程是利用这两个特征对商品进行分类：将销量均值高且包邮的商品归为第一类；将销量均值高但不包邮的商品归为第二类；将销量均值低但包邮的商品归为第三类；最后，将销量均值低且不包邮的商品归为第四类，这种分类方法的优势在于可以利用分类结果进行预测。通过上述操作，所有商品被分为四个类别。我们可以采用这四个类别中商品销量的均值作为各类别的预测值。对于未来任意一个商品，只需判断它上个月销量均值是否大于阈值和是否包邮，便可将其归入第一到第四类中的某一类，然后以该类别的预测值作为商品的预测值，从而完成预测。决策树模型示意图如图 4-1 所示。

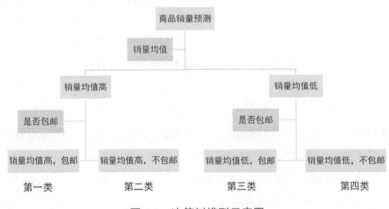

图 4-1　决策树模型示意图

决策树模型在进行销量预测任务时内部逻辑与上述思考逻辑是一致的，即根据特征对样本进行分类。每遇到一个特征，就做一次判断，即"分裂"。通过对多个特征的判断，最终将样本分到不同的类别中，然后以每个类别的销量均值作为预测值，从而完成预测。

通过上述过程可以看出，特征在预测中起到了关键作用。针对特征有两个核心问题，即如何选择特征作为类别划分的依据，以及何时停止选择特征。下面将分别对这两个问题展开讨论。

4.1.2　特征选择

特征选择对于决策树模型至关重要。通过选择合适的特征，我们可以提高模型的预测准确性，降低过拟合风险，减少计算成本，并使模型更易于理解和解释。具体而言，特征选择是从数据集中挑选出对目标变量预测最具影响力的特征。如果是类别特征，则直接考虑以特征类别作为划分依据；如果是连续型特征，则可以通过对比特征数值的大小完成样本类别划分。本节将依次介绍信息增益、信息增益比和基尼指数等特征选择方式，以及不同方式之间的关系。

1. 信息增益

信息增益的含义是，在知道条件 A 以后信息熵下降了多少，或者说信息的不确定性下降了多少。对于特征选择的情况，我们会选择信息增益最大的特征，因为选择该特征会使不确定性下降最多、使集合分得最纯粹。基于这种分裂方式构造决策树，就是 ID3 分裂算法。

首先介绍信息熵的概念。对于给定集合 D，假设其中有 Y 个类，用 p_k 表示第 k 个类的占比，定义一个集合 D 上的信息熵：

$$E(D) = -\sum_{k=1}^{Y} p_k \log P_k$$

定义条件熵：

$$E(Y|X) = \sum_{i=1}^{m} p_i E(Y|X = x_i)$$

可见，条件熵本质上是对条件期望再取概率平均。基于信息熵，便可以定义出信息增益的概念：对于给定集合 D，集合 D 的熵记为 $E(D)$，在条件 A 下的条件熵记为 $E(D|A)$，那么它们的差值 $E(D)-E(D|A)$ 被称为信息增益，记为 $G(D, A)$。

2. 信息增益比

信息增益的分裂方式在一些场景中存在问题，这种方式倾向于选取类别更多的特征进行分裂。例如，某一特征为样本按自然序列随机编号，这个特征下的信息增益很高，因为它的分类数目众多，然而这种特征没有什么用处，因为它并没有提供和预测对象相关的信息。为了解决此问题，需要用"比值"代替"差值"，即定义信息增益比的概念：对于数据集 D 及特征 A，在特征 A 下的数据集的信息增益比如下：

$$G_R(D, A) = \frac{G(D, A)}{E_{A(D)}}$$

其中：

$$E_{A(D)} = -\sum_{i=1}^{n} \frac{|D_i|}{|D|} \log_2 \frac{|D_i|}{|D|}$$

这样，我们可以利用信息增益比来分裂样本数据集。基于信息增益比构造决策树是 C4.5 算法的核心。

3. 基尼指数

对比上述特征选择方式，基尼指数的优势在于其对类别不平衡问题具有较好的处理能力，生成的决策树结构更加稳定。同时，基尼指数计算相对简单，使得算法在实际应用中的计算效率更高。

对于集合 D，假设其样本有 k 个类，样本属于第 k 类的概率为 C_k，那么该集合的基尼指数可以定义为：

$$\text{Gini}(D) = 1 - \sum_{k=1}^{K} \left(\frac{|C_k|}{|D|} \right)^2$$

如果数据集 D 在特征 $A=x$ 下分裂成 D_1 和 D_2 两部分，那么在条件 A 下，定义数据集 D 的基尼指数如下：

$$\text{Gini}(D, A) = \frac{D_1}{D} \text{Gini}(D_1) + \frac{D_2}{D} \text{Gini}(D_2)$$

利用基尼指数来构造决策树就是 CART 算法的核心。

4.1.3　决策树剪枝

决策树剪枝是决策树学习过程中的另一种重要技术，旨在解决过拟合问题。过拟合问题指的是模型在训练数据上表现优秀，但在未知数据上的泛化能力却较差。这种问题通常出现在模型过于复杂的情况下，我们可以通过剪枝简化决策树的结构，降低模型复杂度，部分解决过拟合问题。

　　决策树剪枝分为两大类：预剪枝和后剪枝。预剪枝是在决策树构建过程中进行的，主要是通过设定停止条件，如最大深度、最小样本量或最小信息增益等，以避免过拟合。预剪枝的优点是计算效率高，但可能会导致欠拟合，因为模型可能在达到最佳复杂度之前就停止了生长。后剪枝是在决策树构建完成后进行的，通常涉及树的子树替换或子树折叠。子树替换是将某个子树替换为最佳的叶子节点，而子树折叠是将一棵子树的多个叶子节点合并为一个。后剪枝过程通常采用成本复杂度度量、误差率或交叉验证等方法来评估模型性能，从而决定剪枝效果。相较于预剪枝，后剪枝往往能够得到更精确的模型，但计算成本较高。但由于预剪枝存在模型欠拟合的风险，所以实践中目前主要使用后剪枝。

4.1.4　构建决策树

　　构建决策树意味着生成一个树形结构，其中每个内部节点代表一个特征判断条件，而每个叶子节点代表一个预测值。通过递归的方式将数据集划分为越来越纯净的子集，决策树能够从数据中学习潜在的规律并进行预测。基于上一节不同的特征分裂方式，可以得到三种不同的树模型构建算法。下面将介绍这几种算法：基于信息增益的 ID3 算法，基于信息增益比的 C4.5 算法，基于基尼指数的 CART 算法。

1. ID3 和 C4.5

　　ID3 的核心思想是对所有特征计算信息增益，然后选择信息增益最大的特征进行分裂。分裂时，根据该特征的取值将数据划分为不同的子集。如果某个节点的分裂增益小于某个阈值 ϵ，那么此节点停止分裂。用 D 标记全体样本所在的集合，并视为根节点，用 A 标记所有特征的集合。具体算法流程如下：

　　（1）设定流程完成条件：在将集合 D 视为根节点的情况下，若集合 D 中所有样本为同一类别，那么此时的决策树是单节点树，该类别即为节点标记。若集合 D 中样本不为同一类别但已无可用于分裂的特征，则在集合 D 中取样本数最多的类别作为节点标记。

　　（2）在不满足流程完成条件的情况下，对每一个特征计算信息增益，取出信息增益最大的特征记为 A_g。

　　（3）如果此特征下的分裂增益已经小于阈值 ϵ，那么停止分裂，将此时集合中占比最多样本的标签作为节点分类标签。

　　（4）否则，对于特征 A_g 的每一个取值 x，将样本按此取值划分到不同的集合 D_x 中。

（5）对每个D_x使用特征集合$A - A_g$，重复流程（1）～（4）进行分裂即可。

C4.5 算法和 ID3 最大的区别是在分裂的时候评价的是信息增益比，除此之外，其他流程完全相似。评价信息增益比主要是为了解决信息增益偏向选择取值较多的特征的问题。

2. CART

CART 算法的全称是 Classification And Regression Tree，也就是分类回归树的意思。此处先介绍 CART 分类树，它以基尼指数作为节点分裂的依据，优势在于能处理类别不平衡问题，并且减少计算量。记样本集合为 D，样本特征集合为 A，则算法整体流程如下：

（1）设定流程完成条件：在将集合 D 视为根节点的情况下，若集合 D 中所有样本为同一类别，那么此时的决策树就是单节点树，该类别即为节点标记。若集合 D 中样本不为同一类别，但已无可用于分裂的特征，则在集合 D 中取样本数最多的类别作为节点标记。

（2）在不满足流程完成条件的情况下，对于每一个特征 a 和它的取值 a_i，根据$a = a_i$将节点分裂成D_1和D_2两部分，然后按照前述基尼指数的计算公式进行计算。

（3）取基尼指数最小的特征和特征对应数值进行分裂。

（4）对分裂形成的新节点继续迭代流程（1）～（3），直至满足停止条件。

接着介绍 CART 回归树。CART 回归树的核心思想在于，将特征空间划分为 M 个区域，第 m 个区域记为R_m，每个区域上有一个输出权值c_m，那么 CART 回归树的模型就可以写为：

$$f(x) = \sum_{m=1}^{M} c_m I(x \in R_m)$$

这里的 f 就是训练的回归树，x 是样本。对于这样的模型，训练的目标仍然是最小化均方误差。然而作为一个优化问题，c_m的最优解是有解析表达式的：

$$\widehat{c_m} = \text{average}(y_i | x_i \in R_m)$$

剩下的问题即如何划分特征空间，其划分方式仍然使用最优化理论的框架。对第j个特征x_j及其取值s定义区域：

$$R_{1(j,s)} = \{x \mid x^j \leqslant s\}$$
$$R_{2(j,s)} = \{x \mid x^j > s\}$$

然后求解：

$$\min_{j,s}\left[\min_{c_1}\sum_{x_i\in R_1(j,s)}(y_i-c_1)^2+\min_{c_2}\sum_{x_i\in R_2(j,s)}(y_i-c_2)^2\right]$$

求解出的 j 和 s 即最优特征和最优划分点。通过对所有区域递归地重复以上操作，最终就可以得到想要的 CART 回归树。算法的流程描述如下：

（1）从整个特征空间开始，利用前述方法，找到第一个最优特征 j 和最优划分点 s。

（2）通过 j 和 s 将特征空间划分成两个区域。

（3）对新生成的两个区域分别使用前述方法寻找最优特征和最优切分点。

（4）继续递归，直至满足停止条件。

（5）满足停止条件后，根据所划分的区域和每个区域的 c_m 生成最终的 CART 回归树。

$$f(x)=\sum_{m=1}^{M}c_mI(x\in R_m)$$

4.2　Logistic 回归模型

4.2.1　模型介绍

Logistic 回归模型是一种广义线性回归模型，广泛应用于数据挖掘和预测等领域。它主要用于解决二分类问题，可应用于供应链实践中对解释性要求较高的动销预测场景。在集成模型中，Logistic 回归模型还可以用于策略选择。

在深入了解 Logistic 回归模型之前，我们可以先从补货需求预测这个实际问题出发，思考人工如何做预测。通常，预测会涉及多个特征，比如是否为节假日、历史近期订单量和库存货物数量等。人工预测时，会根据经验为这些特征分配权重，并据此进行判断。例如，我们可能认为在节假日前补货需求较大，因此给"是否为节假日"分配较高的权重；同样，近期订单量激增或当前库存不足时，补货的可能性也较大。通过考虑这些因素和对应权重，我们可以大致预测出是否需要补货。

Logistic 回归的逻辑与上述人工预测过程相似。它的目标是从数据集中学习特征与补货需求之间的关系，并自动调整各特征的权重。经过训练后，Logistic 回归模型可以根据特征的加权求和结果来预测补货需求。这样，在大部分情况下，

Logistic 回归模型能够更准确地预测补货需求，并为实际业务提供支持。

接下来我们更具体地描述 Logistic 回归模型的组成部分，主要包括线性部分、与 Sigmoid 函数复合的部分。线性部分主要是为每个特征分配权重，然后进行加权求和。一旦确定了特征的加权系数，任何一组特征都可以直接计算加权求和后的数值。通过 Logistic 回归模型发现，如果选择合适的权重，那么在大部分需要补货的日期里，特征加权求和的数值会较大；而在不需要补货的日期里，特征加权求和的数值会较小。因此，对于任意一组特征，只需进行加权求和并判断这个数值的大小，就可以确定是否需要补货。这便是 Logistic 回归模型的核心思想。

接下来，我们介绍与 Sigmoid 函数复合的部分。这部分的作用是使 Logistic 回归模型的输出值在 0～1 之间（即在加权求和后嵌套一个 Sigmoid 函数）。Sigmoid 函数的特点是能将任意数值映射到 0～1 之间，并且数值越大，映射值越接近 1；数值越小（例如较大的负数），映射值越接近 0。这样做的优点在于，我们可以用 0～1 之间的数值表示概率：数值越接近 1，表示补货的需求越大；数值越接近 0，表示补货的需求较小。为了严格区分是否需要补货，我们可以设定一个阈值（如 0.5）：当模型输出数值大于 0.5 时，认为需要补货；否则认为不需要补货。

Logistic 回归模型通过线性加权求和及 Sigmoid 函数，实现了对补货需求的预测。它从历史数据中学习特征与补货需求之间的关系，并利用这些规律为新的数据提供预测。这种方法不仅适用于补货需求预测，还可广泛应用于其他二分类问题。

4.2.2　Logistic 回归模型原理

1. 基础模型

将特征记为向量 $\boldsymbol{x}$，将特征系数记为向量 $\boldsymbol{w}$，将特征加权求和记为 $\boldsymbol{w} \cdot \boldsymbol{x}$。模型通常还会考虑一个常数项 b，此时加权求和变为 $\boldsymbol{w} \cdot \boldsymbol{x} + b$，而一旦记 $\boldsymbol{w} = (w_1, \dots, w_n, b)$，记 $\boldsymbol{x} = (x_1, \dots, x_n, 1)$，那么仍然可以将加常数项 b 后的式子记为 $\boldsymbol{w} \cdot \boldsymbol{x}$，也可以使用内积的符号，将这个加权求和记为 $\langle \boldsymbol{w}, \boldsymbol{x} \rangle$。

前文提到的 Sigmoid 函数的数学定义如下：

$$\phi_{\text{sig}}(z) = \frac{1}{1 + \exp(-z)}$$

它的图形很像 S，因此得名 Sigmoid 函数，其图像如图 4-2 所示。

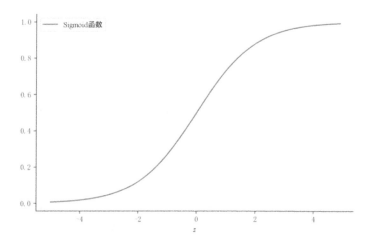

图 4-2　Sigmoid 函数图像

完整写出加权求项和与 Sigmoid 函数复合的式子，这也是 Logistic 回归的一般形式：

$$\phi_{\text{sig}}(\langle \boldsymbol{w}, \boldsymbol{x} \rangle) = \frac{1}{1 + \exp(-\langle \boldsymbol{w}, \boldsymbol{x} \rangle)}$$

当内积 $\langle \boldsymbol{w}, \boldsymbol{x} \rangle$ 非常大的时候，Sigmoid 函数的值是非常接近于 1 的，反过来，当内积 $\langle \boldsymbol{w}, \boldsymbol{x} \rangle$ 非常小的时候，Sigmoid 函数的值是非常接近于 0 的。

2. 损失函数

前面提到过加权求和需要确定系数 $\boldsymbol{w}$，那么怎么选取合适的 $\boldsymbol{w}$ 呢？我们一般会选择一个函数来刻画这一点，此函数被称为损失函数，这里记为 loss：

$$\text{loss} = \log(1 + \exp(-y\langle \boldsymbol{w}, \boldsymbol{x} \rangle))$$

使用损失函数好处是，当模型的预测效果越好时，损失函数值就越小，当模型的预测效果越差时，损失函数值就越大。所以，我们只需要选择一个使损失函数值较小的 $\boldsymbol{w}$ 即可。Logistic 回归是一个关于 $\boldsymbol{w}$ 的凸函数，所以能用标准的极值方法求解 $\boldsymbol{w}$。另外，这个求解方法和极大似然估计方法也是等价的，如果用极大似然估计，则往往用牛顿法、梯度下降法等求解 $\boldsymbol{w}$。

4.3　XGBoost 相关模型

从本节开始，我们将介绍著名的集成模型 XGBoost。集成模型的核心思想是将多个较弱的模型组合成一个更强大的模型，从而提高预测性能。在这个过程中，较弱的模型被称为"弱学习器"或"基模型"，而组合后的模型被称为"强学习器"或"集成模型"。集成模型有很多种框架，XGBoost 模型采用的是 Boosting框架。在 Boosting 框架下，基模型之间存在紧密的联系，它们通常是按顺序训练的，并在每轮迭代中调整样本权重或者学习残差。相比单个基模型，集成模型通常具有更高的预测准确率，这也是采用集成模型的主要优势。除此之外，它还可以提升模型的泛化能力，降低过拟合风险，从而在实际应用中取得更好的预测效果。

为了更好地理解 XGBoost 模型的原理和优势，下面将简要介绍 AdaBoost（Adaptive Boosting）和 GBDT（Gradient Boosting Decision Tree）两种基础模型。通过了解这两种模型的基本概念、模型原理，可以为深入探讨 XGBoost 模型做好铺垫。

4.3.1 AdaBoost 模型

1. 模型介绍

我们从具有显著 Boosting 学习特点的 AdaBoost 模型开始介绍。AdaBoost 模型是如何工作的呢？下面通过一个例子详细解释这个模型。

想象一下，我们希望将三个小模型 A、B 和 C 集成为一个大模型 G 来预测销量。我们可以这样操作：首先使用小模型 A 训练处理后的时间序列数据，并观察销量预测结果。可能会发现，在某些时期，小模型 A 的预测效果较好，而在其他时期预测效果不尽如人意。为了改进模型在预测效果不佳时期的表现，我们可以加入小模型 B。由于上一步已经发现小模型 A 在某些时期的预测效果不佳，因此，在这一步中我们需要调整各个时期数据的权重，让预测效果不佳的时期受到更多关注。在训练结束后，我们可以期望小模型 A 和 B 的组合模型在小模型 A 预测效果不佳的时期表现更好。独立观察时，新加入的小模型 B 可能比小模型 A 表现更好，所以，我们希望在预测结果中给予小模型 B 更大的权重。也就是说，我们需要对小模型 A 和 B 的预测结果进行加权求和，使得表现更好的小模型 B 具有更大的权重。

接下来，我们将加入小模型 C，并在新一轮训练中继续关注小模型 A 和 B 在预测中表现不佳的时期。训练结束后，我们将根据小模型 A、B 和 C 各自的表现分配新的权重，并对它们的销量预测结果进行加权求和。这样，我们就将这三个小模型串联起来了。通过加权求和将多个小模型的预测结果串联起来的方法，即所谓的"集成"的概念。最终的预测模型 G 是由这些小模型组成的。小模型集成为大模型的过程如图 4-3 所示。

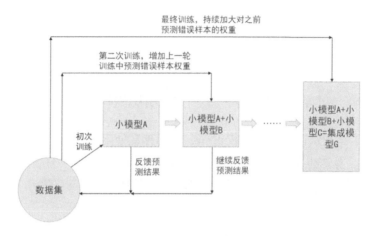

图 4-3　小模型集成为大模型的过程

AdaBoost 模型的核心思想，一是关注训练效果不佳的数据，二是在小模型之间进行加权求和。每次重新训练时，总是更关注那些预测表现较差的数据。每一个小模型都是在之前小模型的基础上追加训练的。随着小模型数量的不断增加，预测效果通常会逐渐提高。在对各个小模型的预测结果进行加权求和时，预测表现更好的小模型将获得更大的权重，并以加权求和结果作为最终预测结果。这个加权求和的过程，就是集成模型预测的过程。

2. 模型原理

如前所述，AdaBoost 模型原理的核心问题有两个，一是如何设定训练样本重要性，二是如何计算每个基模型的权重。对此，AdaBoost 模型的解决方法相对朴素，以分类问题为例：训练样本的权重取决于样本是否被充分学习，学习得越差的样本权重越大；而基模型的权重则取决于基模型分类的准确率，准确率越高的基模型权重越大。AdaBoost 模型的算法流程如下所述。

假设现有 N 个样本的训练集 $D = \{(x_1, y_1), (x_2, y_2), \cdots, (x_N, y_N)\}$，其中 $x_i \in \mathbf{R}^N$，$y \in \{-1, 1\}$。

首先初始化样本权重，由于不知道任何事前信息，所以假设初始时每个样本的权重都是一样的：

$$D_1 = (w_{11}, \cdots, w_{1i}, \cdots, w_{1N}), \quad w_{1i} = \frac{1}{N}, \; i = 1, 2, \cdots, N$$

接下来，选定基模型个数 T，然后从第一个基模型开始，不断加入新的基模型。具体地，对于 $t = 1, 2, 3, \cdots, T$，执行：

（1）用训练样本训练模型得到当前的集成模型 $G_t(x)$，此时的训练样本权重记为 D_t。

（2）对权重分布为 D_t 的训练样本计算训练集上的分类误差。

$$\epsilon_t = P(G_t(x_i) \neq y_i) = \sum_{i=1}^{N} w_{ti} I(G_t(x_i) \neq y_i)$$

其中，I 是指示函数。注意权重 w，它的存在使不同样本对总的分类误差率的贡献不同，算法也是通过对 w 的调整，使学习不充分的样本有更大的权重。

（3）根据上述计算出的分类误差率，计算当前基模型的权重。

$$\alpha_t = \frac{1}{2} \log \frac{1 - \epsilon_t}{\epsilon_t}$$

在这个函数下，基模型分类效果越好权重越大。

（4）对学习不充分的样本，增加它的权重，即重新调整样本权重。

$$D_{t+1} = \left(w_{t+1,1}, \cdots, w_{t+1,i}, \cdots, w_{t+1,N} \right)$$

其中：

$$w_{t+1,i} = \frac{w_{ti}}{Z_t} \exp\left(-\alpha_t y_i G_t(x_i)\right)$$

Z_t 是为做归一化而加入的因子，其值如下：

$$Z_t = \sum_{i=1}^{N} w_{ti} \exp\left(-\alpha_t y_i G_t(x_i)\right)$$

经过以上 T 轮，就得到了基模型前的系数 α_t，从而得出最终的加权线性组合分类器：

$$f(x) = \sum_{t=1}^{T} \alpha_t G_t(x)$$

而集成模型只需再额外复合一个符号函数 sign()，即集成模型最终可写成：

$$G(x) = \text{sign}(f(x)) = \text{sign}\left(\sum_{t=1}^{T} \alpha_t G_t(x) \right)$$

由以上内容可以看到，基模型组合成集成模型的过程是比较直观的，并且为改变样本权重分布和改变基模型权重的函数也引入得恰当。整个算法流程也被称为 AdaBoost 的经典算法。

4.3.2　GBDT 模型

1. 模型介绍

梯度提升决策树（GBDT）和 AdaBoost 模型都属于 Boosting 框架，但在构建方法上有所不同。GBDT 模型以决策树为基模型，通过学习当前模型的"残差"，即预测值与真实值之间的差值，逐步提升预测性能。以 A、B、C 三个小模型为例，此处将介绍 GBDT 模型如何将这些小模型集成为一个更强大的模型 G。考虑预测销量的场景，假设真实销量为 100。经过单独训练小模型 A 后，模型的预测值可能为 70，与真实值相差 30。接下来，我们使用小模型 B 学习这 30 的差值，使得小模型 A 与 B 组合后的预测值提升至 90。然而，该预测值仍然与真实值 100 相差 10。最后，用小模型 C 学习差值 10，那么小模型 A+B+C 的预测值或许可以达到 95，已接近真实值 100。此时，小模型 A+B+C 即为集成模型 G，这正是 GBDT 模型的核心理念。另外，这种持续增加新模型并让每个新模型学习残差的方法，也是"前向分步算法"的核心思想。

2. 模型原理

GBDT 模型的提出是为了解决 AdaBoost 模型在处理一些损失函数时遇到的困难。虽然 AdaBoost 模型也可以表示为前向分步算法形式，且在使用平方损失函数和指数损失函数时，每一步都比较容易求解，但对于其他损失函数，每一步求解则较为困难。通过学习残差并在每一步使用负梯度方法，GBDT 模型有效地解决了 AdaBoost 模型在处理其他损失函数时的困难。在 GBDT 模型中，基模型是 CART 决策树。如果基模型采用二叉分类树，则该模型被称为 GBDT 模型；如果基模型采用二叉回归树，则该模型被称为 GBRT 模型。GBDT 模型和 GBRT 模型具有较好的预测性能，广泛应用于各种机器学习任务。因此，通过引入 GBDT 模型，我们可以在更多的损失函数下实现有效的集成学习，以提高预测性能。

1）基本模型和前向分步算法形式

记梯度提升树模型为：

$$f_M(x) = \sum_{m=1}^{M} T(x; \Theta_m)$$

其中$T(x;\Theta_m)$就是基模型 CART 决策树，Θ_m表示 CART 决策树的参数，M表示决策树个数。

记初始决策树为$f_0(x)=0$，用递归的方式表达第m步时的模型为：

$$f_m(x)=f_{m-1}(x)+T(x;\Theta_m)$$

其中$f_{m-1}(x)$表示上一轮迭代好的模型，确定上式中参数Θ_m的方法是经典的经验风险最小化：

$$\widehat{\Theta_m}=\arg\min_{\Theta_m}\sum_{i=0}^{N}L\big(y_i,f_{m-1}(x_i)+T(x_i;\Theta_m)\big)$$

这就是前向分步算法的表达形式。

2）以 GBRT 模型和平方损失函数为例

接下来以 GBRT 模型和平方损失函数为例解释上述迭代过程。GBRT 模型以 CART 决策树为基模型，损失函数为平方损失函数。

CART 回归树可以写为：

$$T(x;\Theta)=\sum_{k=0}^{K}C_k\,I(x\in\mathbf{R}_j)$$

初始模型为：

$$f_0(x)=0$$

每一步新加入基模型的过程如下：

$$f_m(x)=f_{m-1}(x)+T(x;\Theta_m)$$

第M步得到的集成模型为：

$$f_M(x)=\sum_{m=0}^{M}T(x;\Theta_M)$$

平方损失函数为：

$$L\big(y,f(x)\big)=\big(y-f(x)\big)^2$$

那么第M步 GBRT 模型的损失函数可以表示为：

$$L\big(y,f_{M-1}(x)+T(x;\Theta_M)\big)=[y-f_{M-1}(x)-T(x;\Theta_M)]^2$$

记：

$$r = y - f_{M-1}(x)$$

注意此时的 r，恰好是真实值与上一轮模型输出值之差，即"残差"。于是损失函数可以表示为：

$$L\big(y, f_{M-1}(x) + T(x; \Theta_M)\big) = [r - T(x; \Theta_M)]^2$$

在这个损失函数中，可以看到新加入的基模型是在对残差做拟合，这也就解释了模型如何利用上一轮的残差来进行训练。

此时因为用的平方损失函数，所以模型的具体损失函数可以方便地求解。然而，对于其他损失函数，可能模型的求解就不是这么简单了。为了解决这个问题，可以使用负梯度代替残差简化模型求解过程：

$$r_{mi} = -\left[\frac{\partial L\big(y_i, f(x_i)\big)}{\partial f(x_i)}\right]_{f(x)=f_{m-1}(x)}$$

这就是 GBRT 算法的核心优化点。

4.3.3　XGBoost 模型

1. 模型介绍

本节将介绍在业界颇受欢迎的预测模型 XGBoost。从 AdaBoost 模型到 GBDT 模型再到 XGBoost 模型，是一个完整的集成模型理解过程，AdaBoost 模型和 GBDT 模型为 XGBoost 模型奠定了基础。在集成方式上，XGBoost 模型与 GBDT 模型相同，都在学习当前模型尚不完善的部分（即"残差"），但 XGBoost 模型在 GBDT 模型的基础上进行了多方面的改进：首先，在损失函数方面，XGBoost 模型采用损失函数的近似表达式（二阶泰勒展开式），虽然实际数值差异不大，但却大幅减少了计算量。其次，在工程实现方面，通过引入缓存优化和并行计算技术，XGBoost 模型提高了算法执行的速度。最后，在分裂方式方面，XGBoost 模型创新性地发展了一种独特的树节点分裂方法，使得树节点在尽可能最优的情况下分裂。通过这些改进，XGBoost 模型在各个方面都优于传统的 GBDT 模型。也正是由于这些优化，XGBoost 模型的性能远优于前面介绍的其他集成算法。因此，XGBoost 模型在许多机器学习任务中表现出色，成为业界广泛使用的高效预测模型。

2. 数学原理

1）基础表达式

XGBoost 模型的表达式是加性模型：

$$\widehat{y_i} = \sum_{k=1}^{K} f_k\left(x_i\right)$$

按照之前介绍的前向分步算法，设第 t 轮的基模型是 $f_t(x)$，那么第 t 轮的预测值可以表述为：

$$y_i^{(t)} = y_i^{(t-1)} + f_t(x_i)$$

为了防止过拟合，XGBoost 模型在目标函数中加入了正则化项，因此可以将损失函数的基本形式表述为：

$$L = \sum_{i=1}^{N} l\left(y_i, \widehat{y_i}\right) + \sum_{i=1}^{t} \Omega\left(f_i\right)$$

其中第一个求和项就是传统的损失函数项，第二个求和项即新添加的正则化项。注意看此时的正则化项，它包含了每一个基模型 f_i，意味着整体模型的复杂度是由每一个基模型的复杂度累加起来的。

继续考虑前向分步算法，仍然假设在第 t 轮训练中，第 i 个样本 x_i 的预测值记作：

$$\widehat{y_i^{(t)}} = \sum_{k=1}^{t} \widehat{y_k^{(t-1)}} + f_t\left(x_i\right)$$

其中 $\widehat{y_i^{t-1}}$ 是上一轮模型训练完成后的预测结果，在这一轮里是一个已知的常量，这是因为前向分步算法总是在训练完上一轮模型后再开始下一轮模型的训练。$\widehat{y_i^t}$ 为第 t 轮模型的预测值，利用这个符号，进一步改写之前的损失函数表达式：

$$L^{(t)} = \sum_{i=0}^{n} l\left(y_i, \widehat{y_i^{(t-1)}} + f_t\left(x_i\right)\right) + \Omega\left(f_t\right) + \text{constant}$$

注意这里的常数项，由于上一轮（即 $t-1$ 轮）的模型已经是确定的，所以 $t-1$ 轮的模型复杂度也是确定的，此时 $t-1$ 轮的模型复杂度只是一个常数项。实际上，t 轮以前的模型复杂度都是常数项，此时真正非常数项的只有第 t 轮的模型复杂度。

一般而言，直接求解这个损失函数是困难的，所以利用函数二阶泰勒展开式做逼近，减少模型的求解复杂度。对损失函数采用二阶泰勒展开式：

$$l\left(y_i, \widehat{y_i^{(t-1)}} + f_t(x_i)\right) = l\left(y_i, \widehat{y_i^{(t-1)}}\right) + g_i f_t(x_i) + \frac{1}{2} h_i f_t^2(x_i)$$

注意这里是将第一项 $\widehat{y_i^{(t-1)}}$ 视为变量，将 $f_t(x_i)$ 视为增量进行的泰勒展开。其中 g_i 表示一阶导数项，h_i 表示二阶导数项。

将损失函数 l 的二阶泰勒展开式代入 $L^{(t)}$，可以得到以下式子：

$$L^{(t)} \approx \sum_{i=1}^N \left[l\left(y_i, \widehat{y_i^{(t-1)}}\right) + g_i f_t(x_i) + \frac{1}{2} h_i f_t^2(x_i) \right] + \Omega(f_t) + \text{constant}$$

由于常数项不影响求解损失函数的最小值，所以可以去掉常数项以简化损失函数表达式：

$$L^{(t)} \approx \sum_{i=1}^N \left[g_i f_t(x_i) + \frac{1}{2} h_i f_t^2(x_i) \right] + \Omega(f_t)$$

到这里，就得到了一个相对简单的损失函数表达式，此时损失函数只涉及一阶导数和二阶导数的求解计算。

2）XGBoost模型的树节点分裂方式

基于决策树的 XGBoost 模型在节点分裂时使用的目标函数计算方式是经过设计与优化的。对一棵决策树做拆解，其核心部分是叶子节点的权值 w 和样本到叶子节点的映射关系 q。一棵决策树表达为如下形式：

$$f_t(x) = w_{q(x)}$$

基于这个表达式，便可以清楚地描述模型的正则化项：

$$\Omega(f_t) = \gamma T + \frac{1}{2} \lambda \sum_{j=1}^T w_j^2$$

这里 T 是叶子节点个数，w 是权值，模型的复杂度主要关乎叶子节点的个数及权值的平方和，正则化项抑制了树模型的叶子节点个数及权值的复杂度。

接着，定义符号 $I_j = \{i | q(x_i) = j\}$，这个符号的含义是，将所有属于叶子节点 j 的样本 x_i 的下标记为 I_j，损失函数表达式简化为：

$$L^{(t)} \approx \sum_{j=1}^{T} \left[\left(\sum_{i \in I_j} g_i \right) w_j + \frac{1}{2} \left(\sum_{i \in I_j} h_i + \lambda \right) w_j^2 \right] + \gamma T$$

其中 g_i 与 h_i 表示 I_j 中样本的一阶导数项和二阶导数项，由于这两个值在上一轮模型训练完后就已确定，所以在这一轮训练中可以直接视为常数值。这样，通过这两个新引入的符号，记 $G_j = \sum_{i \in I_j} g_i$，$H_j = \sum_{i \in I_j} h_i$，可重写损失函数 $L^{(t)}$：

$$L^{(t)} = \sum_{j=1}^{T} \left[G_j w_j + \frac{1}{2} (H_j + \lambda) w_j^2 \right] + \gamma T$$

如果将求和式中的每一项单独拿出来看，则得到：

$$G_j w_j + \frac{1}{2} (H_j + \lambda) w_j^2$$

注意此时目标变成了一个二次函数，可以进行独立的最优权值求解。当然也可以将所有 w_j 视为一个整体的向量 $\boldsymbol{w}$，然后对 $\boldsymbol{w}$ 这个向量进行求解。对 $\boldsymbol{w}$ 求导并令其等于 0，此时求解出的 $\boldsymbol{w}$ 为：

$$\boldsymbol{w}_j^* = -\frac{G_j}{H_j + \lambda}$$

这样便可以求解出最优叶子节点权值的值。因此，损失函数也可以简化为：

$$L = -\frac{1}{2} \sum_{j=1}^{T} \frac{G_j^2}{H_j + \lambda} + \gamma T$$

到这里，已经将损失函数简化得非常简单了。特别地，如果某个节点分裂成了左子树和右子树，那么分裂前的损失函数可用如下简单式子表示：

$$L_{\text{before}} = -\frac{1}{2} \left[\frac{(G_L + G_R)^2}{H_L + H_R + \lambda} \right] + \gamma$$

分裂后的式子可以表示为：

$$L_{\text{after}} = -\frac{1}{2} \left[\frac{G_L^2}{H_L + \lambda} + \frac{G_R^2}{H_R + \lambda} \right] + 2\gamma$$

根据这两个式子，可以定义分裂增益：

$$\text{Gain} = \frac{1}{2} \left[\frac{G_L^2}{H_L + \lambda} + \frac{G_R^2}{H_R + \lambda} - \frac{(G_L + G_R)^2}{H_L + H_R + \lambda} \right]$$

使用此分裂增益，便可以判断节点是否需要进行分裂。如果分裂增益大于 0，则进行分裂，否则不分裂。

3）XGBoost 模型的分裂特性

在前面的推导中，我们已经看到了不少 XGBoost 模型的特性。这里再介绍两个与分裂有关的特性，分别是特征预排序和特征切分点。

特征预排序

在 XGBoost 模型中，特征预排序用于减少在寻找最优特征和最优切分点时的计算量和内存消耗。具体的特征预排序过程如下：

（1）在构建决策树之前，对数据集中的每个特征进行排序，并保存排序后的索引。

（2）从深度为 0 的树即根节点开始，对每个叶节点枚举所有可能的特征。

（3）对于每个特征，利用之前保存的排序索引，在特征值已排序的情况下，遍历每个切分点，并计算相应的收益。

（4）选择收益最大的切分点进行节点分裂，分裂出左右两个新的节点。

在构建决策树的过程中，以上步骤将不断重复，直到达到预设的树的最大深度或满足其他停止条件。通过这种预排序方法，XGBoost 模型可以在遍历特征和切分点时减少计算量，并且在寻找最优特征和切分点时更加高效。

特征切分点

虽然以上算法可以得到最优解，但在处理大量数据时，其计算量和内存消耗仍然十分巨大。因此，还有一些近似分裂算法，它们只考虑每个特征的部分切分点。

这些近似算法根据每个特征分布的分位数提出分位点，然后将连续的特征划分到这些分位点组成的桶中。通过遍历这些分位点得到最终的分裂特征和切分点。具体而言，有两种类型的策略可以使用，分别是 global 和 local 类型。global 类型在一开始就固定好每个特征的切分点，每次按照这些切分点进行切分。而 local 类型在每次分裂之前都重新计算切分点，根据这些部分切分点判断最优切分点。

4.4　LightGBM 模型

4.4.1　模型介绍

LightGBM 模型也属于 Boosting 集成框架，其集成方法与 XGBoost 模型类似。XGBoost 模型是对 GBDT 模型的改进，LightGBM 模型则在 XGBoost 模型的基础上进行了重要改进。例如，LightGBM 模型的计算速度更快，内存需求更低，这使得 LightGBM 模型能够轻松快速地处理大数据量的数据集，在大规模数据预测任务上具有训练时间短的优势。此外，LightGBM 模型可以直接使用类别变量，例如在商品销量预测任务中，常见的特征如是否包邮就可以直接使用，而无须像 XGBoost 模型那样必须使用独热编码等方式才能训练类别变量。

4.4.2　模型原理

LightGBM 模型与 XGBoost 模型在原理上的差异并不显著，主要体现在各方面的优化上。因此，在介绍模型原理时，我们将主要关注 LightGBM 模型相比 XGBoost 模型所做的优化，这些优化包括 LightGBM 模型的直方图算法、单边梯度抽样、互斥捆绑特征和 leaf-wise 生长策略等。

1. 直方图算法

LightGBM 模型在寻找最优特征分裂点时进行计算量简化，并没有像 XGBoost 模型使用特征预排序的方式，而是利用直方图的方式寻找最优切分点。

其核心思想是将连续数据离散化，如将数据离散化为 k 个整数，从而构建一个宽度为 k 的直方图。这样在寻找最优切分点时，只需考虑离散化的 k 个整数，而无须考虑所有可能的节点，从而降低了计算复杂度。虽然离散化后的 k 个点可能不是非常精确，但实验表明这种离散化处理对结果精确性的影响并不大。原因包括每个基模型都是弱模型，单个模型上的误差是可以接受的；较为粗糙地划分连续数据为离散值也可以在一定程度上防止过拟合。

此外，通过简单的父节点、子节点及其他兄弟节点的直方图的关系，发现一个叶子节点的直方图可通过父节点和其他兄弟节点进行简单的差值计算得到，这进一步减少了计算量并提升了模型的计算速度。

2. 单边梯度抽样

之前我们介绍了 AdaBoost 算法，其核心之一是每轮训练会改变每个样本的训练权重，通过不断改变这些权重，最终形成合适的集成模型。然而在 GBDT 模型和 XGBoost 模型中并没有这一过程，在 LightGBM 模型中引入了类似 AdaBoost 的样本权重，使用梯度作为样本的权重。为了进一步优化这个运算过程，LightGBM 模型使用了单边梯度抽样算法（GOSS），它的本质仍然是关注学习不足的样本。通过这种方法，我们既保留了对学习不足的样本的关注，又避免了改变数据分布的问题。具体算法描述如下：首先根据梯度绝对值将样本从大到小进行排序，然后取最大的前 A 个数据，设总样本量为 N，从剩下 $N-A$ 中再随机选取 B 个样本，并将这 B 个样本乘以系数$(N-A)/B$。最终，使用 $A+B$ 个数据来计算增益。

3. 互斥特征捆绑

互斥特征捆绑主要用于处理高维稀疏特征的情况。互斥特征是指两个特征不会同时为非零值的特征。互斥特征捆绑是将互斥特征捆绑成一个特征输入模型，从而减少要处理的特征数量。它的核心问题包括：哪些特征应该被捆绑？如何进行捆绑？

对于问题一，核心想法是将其转化为着色问题；对于问题二，我们可以对某个特征加上一个偏置量，使其偏移一定的位置。例如，假设特征 A 的取值范围为 $[1，2]$，特征 B 的取值范围为$[1，3]$，我们可以将特征 B 加上一个偏置量 2，这样它的取值范围就变为$[3，5]$，从而实现对特征 A 和特征 B 的区分。

4. leaf-wise 生长策略

这一策略主要是为了与 XGBoost 模型的按层生长策略进行区分。XGBoost 模型采用了逐层生长子树的方式，虽然这种方式有利于多线程优化，但在每一层中可能会产生许多不必要的子树，导致资源浪费。相较之下，LightGBM 模型采用了基于深度的叶子生长策略，称为 leaf-wise 算法。该策略会根据叶子节点来生长子树，这大大减少了计算量。此外，在加入生长深度限制后，该策略还可以有效地防止过拟合。因此，LightGBM 模型的 leaf-wise 生长策略在提高计算效率的同时，还能保持模型的泛化能力。

4.5　随机森林

4.5.1　模型介绍

随机森林是一种集成模型，它的集成框架为 Bagging。在 Bagging 框架下，各个子树相互独立地训练，最终预测结果是通过对这些子树的预测结果进行平均或投票等方式融合得到的。这种集成方式与 Boosting 框架下的模型训练方式有明显区别。

在随机森林模型中，大量决策树被用于训练和预测。对于分类任务，随机森林模型采用投票法，预测结果由大多数子树的选择决定。例如，随机森林模型训练了 100 棵树，其中 90 棵树预测需要补货，10 棵树预测无须补货，那么这 100

棵树集成的随机森林模型最终预测结果为需要补货。这样的预测方式，加之随机森林中的模型彼此独立且数量众多，使得随机森林模型在处理各种机器学习任务时具有较好的泛化能力。

对于回归任务，随机森林模型将各子树的平均值作为预测值。为了说明随机森林模型的集成预测思路，我们仍以销量预测为例。假设现在有三个小模型 A、B、C，预测任务的真实值是 100。此时，小模型 A 的预测结果为 105，小模型 B 的预测结果为 96，小模型 C 的预测结果为 98。随机森林的方法是取这些小模型的预测结果的均值作为集成模型的预测值，即预测值为(105+96+98)/3=99.7。在这样的组合方式下，集成模型与真实值 100 的差距仅为 0.3%，而其他小模型与真实值的差距分别为 5%、4%和 2%，单一小模型的误差比集成模型预测的误差大。通常在实践中集成模型的预测结果会优于多数单一模型。

4.5.2　模型原理

随机森林作为一种集成学习方法，它通过构建多个决策树并组合它们的预测结果来提高预测的准确性和稳定性。随机森林的关键思想是利用随机性和多样性，其核心算法思路如下：

（1）对一个包含 M 个样本的数据集进行 M 次有放回的随机采样，从而得到一个包含 M 个样本的新数据集。这个过程被称为自助采样（bootstrap sampling）。重复这个过程 T 次，得到 T 个新数据集。

（2）根据这 T 个数据集分别训练 T 个决策树。对于每棵决策树，当需要对节点进行分裂时，从全部特征中随机选择一个特征子集，然后从这个子集中选取最优特征进行分裂。这种随机选择特征的方式增加了模型的多样性。

（3）在构建每棵决策树时，允许节点分裂直到不能再分裂为止，即不进行剪枝。这样可以让每棵决策树都能在训练数据上产生较低的偏差。

（4）在输出预测结果时，对于分类任务，随机森林模型采用投票法（majority voting）来确定最终预测结果。每个基模型对样本进行预测，预测结果中出现次数最多的类别被选为最终预测类别；对于回归任务，随机森林模型采用平均值法来确定最终预测结果。每个基模型对样本进行预测，最终预测结果为所有基模型预测值的均值。

通过这种集成方式，随机森林模型提高了预测准确率。同时，随机森林模型具有较好的抗过拟合能力，因为多个决策树间的独立性和多样性有助于减少模型在训练集上过拟合的风险。

第 5 章
CHAPTER 5

神经网络模型

神经网络作为一种重要的预测模型，在业界受到广泛关注，在智能供应链需求预测场景中，我们通常更关注神经网络在时间序列预测任务中的应用。本章首先介绍神经网络的基本概念和模型的构建、训练、优化，然后介绍经典的循环神经网络等具体应用模型。更多的前沿模型将在第 7 章进一步介绍。

5.1 神经网络基础

本节将介绍神经网络相关的基本概念和原理，为后续的深入探讨奠定基础。首先，讨论感知机和 S 型神经元，它们是构建神经网络的基本单元。接着，介绍如何通过组合基本单元构建出复杂的神经网络结构。最后，简要介绍神经网络训练过程的基本概念。本节是对神经网络的基本原理的初步介绍，是后续章节学习的基础。

5.1.1 感知机与 S 型神经元

感知机是一种基础的机器学习模型，其输入可以用一串二进制数 $x_1, x_2, \cdots, x_n$ 表示。在预测是否需要补货的场景下，输入是一串由 0 和 1 组成的数据，其中每个 0 或 1 表示相关特征是否满足条件。例如，对于是否为节假日这个特征，有节假日用 1 表示，无节假日用 0 表示；对于历史近期订单量这个特征，用 0

表示近期订单量较少，用 1 表示近期订单量较多；对于库存货物数量这个特征，用 1 表示库存货物数量较多，用 0 表示库存货物过少。最终输出一个二进制数 0 或 1，其中 0 表示无须补货，1 表示需要补货。感知机模型示意图如图 5-1 所示。

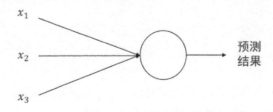

图 5-1　感知机模型示意图

感知机也可以用数学模型来表示，用代数形式描述如下：

$$\sum_j w_j x_j = \begin{cases} 0, & \sum_j w_j x_j - b_j \leqslant 0 \\ 1, & \sum_j w_j x_j + b_j > 0 \end{cases}$$

其中 w_j 为每个输入项 x_j 的权重，b_j 为偏置。权重和偏置是感知机最重要的参数。这里的权重看起来是人为设置的，后面会讲解如何设计学习算法让神经元自己决定权重参数。

当输入保持固定时，预测值由每个神经元的参数决定。在感知机中，为了让预测值接近实际值，可以通过算法调整 w 和 b 的大小。这是一个优化 w 和 b 的过程，也就是预测模型学习的过程。然而，在实际应用中，使用感知机进行预测可能会出现一个严重问题，即 w 和 b 的微小变化可能导致预测结果的巨大变化，例如输出结果直接从 0 变为 1。为了解决这个问题，人们提出了 S 型神经元的概念，它相当于在感知机的输出上，再复合第 4 章介绍过的 Sigmoid 函数：

$$\sigma(z) = \frac{1}{1 + e^{-z}}$$

考虑输入为 $x_1, x_2, \cdots$、权重为 $w_1, w_2, \cdots$、偏置为 b 的 S 型神经元，此时的预测结果可以表示为

$$\frac{1}{1 + \exp\left(-\sum_j w_j x_j - b\right)}$$

这刚好是 4.2 节 Logistic 回归的公式。实际上，这种和神经元输出复合的函

数，被称为激活函数，Sigmoid 函数也是本书介绍的第一个激活函数，后续还会介绍更多适用于不同场景的激活函数。回顾 Sigmoid 函数的几个重要特性：当它取值很小时，其函数值趋近 0；当它取值很大时，函数值趋近 1。此外，当它在 0 附近时，函数值不会出现像感知机那种从 0 到 1 或从 1 到 0 的巨大变化。

　　另外，在使用 S 型神经元的情况下，输出变成了一个 0 到 1 之间的取值，为判定此时的输出是二进制中的 1 还是 0，选定了一个标准值 0.5，即 S 型神经元输出大于 0.5 的被判定为 1，小于 0.5 的被判定为 0。这样就再次得到了和感知机一样的二进制输出。

5.1.2　神经网络框架

　　以图 5-2 的神经网络框架为例，最左边的层被称为输入层，对应神经元被称为输入神经元，输入可以是特征或者时间序列数据；最右边的层被称为输出层，对应神经元被称为输出神经元，输出我们的预测结果。中间层被称为隐藏层。输入/输出层的设计往往比较简单直观，而隐藏层的设计却有丰富的方法和众多的设计法则。目前我们提到的网络都是将上一层的输出当作下一层的输入，这样的网络被称为前馈神经网络，并且上一层的神经元和下一层的神经元全部相连，这种层被称为全连接层，这就是一般的神经网络框架的结构。

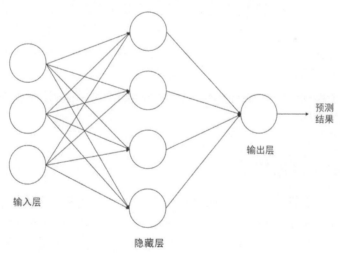

图 5-2　神经网络框架

　　为了更好地理解神经网络的这种框架，我们来看一个实际例子。假设我们使用神经网络来判断一张图片里是否有人脸。为了解决这个问题，我们可以构建不同层次的网络，每一层网络识别一种脸部特征，比如第一层网络识别图片里是否有眼睛、鼻子等，下一层网络识别眼睛时又细分为识别是否有眉毛等特征。这样一直拆分下去，直至最后的层只需要识别几个很小的像素点。这样，通过网络，将一个复杂的人脸识别问题变成了识别几个像素点的问题。这种具有多层的结构的正是深层神经网络名称中"深层"的由来。

5.1.3 神经网络训练的基本概念

在了解了神经网络的结构之后，我们可以探讨如何在网络中训练权重和偏置。本节只是简要提及以下概念，后面的章节会有更详细的介绍。通常，直接在网络中计算权重和偏置相对复杂，因此会采用一些学习算法来训练神经网络。20 世纪八九十年代的研究者已经开始使用随机梯度下降法和反向传播算法来训练深度神经网络。

然而，在训练过程中，神经网络可能会遇到过拟合、梯度消失等问题。为了解决这些问题，自 2006 年起，研究者发明了一系列用于学习算法的新技术。例如，Hinton 引入了 Dropout、预训练等技术，Dropout 有助于缓解神经网络训练中的过拟合问题，使得神经网络能够更好地学习数据特征；预训练则有助于缓解梯度消失问题。

有了如此众多的神经网络技术，深度学习得以在更复杂的网络结构中发挥作用。实际上，这些深度学习技术是建立在随机梯度下降和反向传播算法基础上的，并引入了一些新概念，以便训练更深层的网络结构。如今，拥有众多隐藏层的神经网络很常见，而且在很多问题上，深层网络的表现往往优于浅层网络。这是因为深度网络能够构建一个复杂的体系，类似于使用模块化设计和抽象思维来创建复杂的计算机程序。

5.2 深度神经网络

本节将以深度神经网络（Deep Neural Network，DNN）为例，详细介绍神经网络的基本组成和工作原理。首先讨论模型的一般结构，包括激活函数和损失函数等关键组件。接下来探讨和模型训练相关的算法，如梯度下降、反向传播等，并讨论在训练过程中遇见的问题，如梯度消失、梯度爆炸等。最后关注模型优化的内容，包括模型训练缓慢、参数初始化、超参数调优，以及过拟合问题等。本节介绍深度神经网络的设计、训练和优化方法，为后续学习神经网络在时间序列预测上的应用做好更充分的准备。

5.2.1　模型结构

在神经网络结构中，激活函数和损失函数是两个核心组件。激活函数负责将神经元的输入信号转换为输出信号，为网络引入非线性关系，从而使神经网络能够学习复杂的数据模式。损失函数则用于衡量神经网络预测结果与真实值之间的差异，指导网络权重和偏置的优化过程。通过调整激活函数和损失函数，可以优化神经网络的学习效果和性能。

1. 激活函数

1）Tanh 函数

在此之前，我们已经接触过 Sigmoid 函数。除此之外，常用的激活函数还有 Tanh 函数，它的定义如下：

$$\text{Tanh}(z) \equiv \frac{e^z - e^{-z}}{e^z + e^{-z}}$$

复合带权输入后可表示为

$$\text{Tanh}(w \cdot x + b)$$

Tanh 函数的图像如图 5-3 所示。

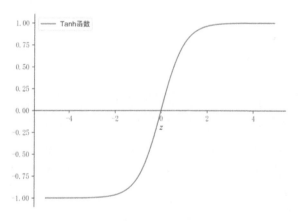

图 5-3　Tanh 函数的图像

对比 Sigmoid 函数，Tanh 函数有取值为负数的部分。实际上，这也是 Tanh 函数在某些实验中表现优于 Sigmoid 函数的原因。例如，对于 Sigmoid 函数，可能所有权重 w 在梯度下降时都是同向变化的，但是 Tanh 函数可以使权重 w 朝多个方向变化。

与 Sigmoid 函数一样，Tanh 函数在取值很大或者很小时，都会趋于平稳，这其实就是神经元饱和的现象。此时，函数输出接近其上下限值，导致梯度变得很小或几乎为零。神经元饱和会导致梯度消失问题，从而影响神经网络的学习和训练效果。为了解决这一问题，我们可以使用 ReLU（线性整流单元）等激活函数来减轻神经元饱和现象。

2）ReLU 函数

ReLU 函数的表达式如下：

$$\max(0, w \cdot x + b)$$

ReLU 函数的图像如图 5-4 所示。

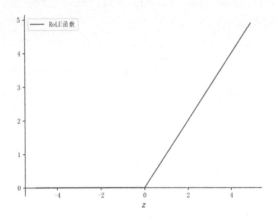

图 5-4　ReLU 函数的图像

Sigmoid 和 Tanh 函数都会在带权输入特别大或者特别小的时候趋于饱和，但是 ReLU 函数的正向部分斜率一直为 1，从而减轻了神经元饱和的现象。

实际上，激活函数的选择有很多，如 Leaky ReLU 等，激活函数的数目甚至是无穷的。一般情况下可以使用 Sigmoid 函数。在其他特殊情况下，可以进一步考虑使用不同的激活函数。

2. 损失函数

1）平方损失函数

最常见的损失函数即平方损失函数：

$$C(w, b) \equiv \frac{1}{2N} \sum_x |y(x) - a|^2$$

因为神经网络的主要参数是 w 和 b，所以这里用 $C(w,b)$ 表示损失函数。在销量预测场景中，损失函数用于衡量实际销量和模型预测销量之间的差异。在此式子中，$y(x)$ 表示数据 x 对应的真实销量，a 表示模型的预测销量。

2）交叉熵损失函数

用于二分类任务的 S 型神经元如图 5-5 所示。

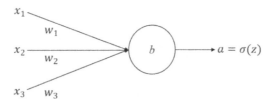

图 5-5　S 型神经元

其中 $z = \sum_j w_j x_j + b$，其交叉熵损失函数定义为

$$C = -\frac{1}{N}\sum_x [y \ln a + (1-y)\ln(1-a)]$$

其中 N 表示总的训练样本，y 仍然是样本 x 的标签，a 是神经元的激活输出。对于多分类任务，交叉熵公式定义为

$$C = -\frac{1}{N}\sum_x \sum_j [y_j \ln a_j^L + (1-y_j)\ln(1-a_j^L)]$$

这个公式的本质含义是，对于多分类任务，将输出层对应的每个类别神经元的交叉熵损失函数求和。

3）对数似然函数

在介绍对数似然函数之前，先介绍与之密切相关的 Softmax 函数，它的定义如下：

$$a_j^L = \frac{e^{z_j^L}}{\sum_k e^{z_k^L}}$$

从这个式子可以看出，Softmax 函数使得多分类任务的输出层每个神经元的输出都限制在 0~1 且它们的和为 1，所以这时可以将模型的输出视为一种概率分布。例如，在是否有补货需求的预测任务中，对"有补货需求"的预测值可能是 0.9，而对"无补货需求"的预测值为 0.1。这种函数最大的特点在于，一旦某个输出神经元的输出值增加，必然对应着其他输出神经元的输出值减少。这样在补货需求预测问题中，就可以假设每个输出神经元的输出值的含义为预测有补货需求和无补货需求的概率。

目前，Softmax 函数在需要对输出进行概率解释的情况下非常适用，例如在预测是否有补货需求的时候。此时的损失函数常用对数似然函数表示，定义如下：

$$C \equiv -\ln a_y^L$$

在补货需求预测问题中，这里的 y 取值为 1 或者 0，分别代表是否有补货需求的含义，这个式子相当于对神经元输出取了负对数。这么做很直观，如果补货需求被正确预测，那么此激活值在 Softmax 函数下会很接近于 1，从而使整个对数似然函数接近于 0；反之，如果补货需求没被正确预测，那么这个值会接近于 0，从而导致 C 的取值非常大，并且越接近于 0 越是以指数形式增大损失函数。

5.2.2　模型训练

本节将介绍神经网络模型训练的关键概念和核心过程。模型训练的目的是通过不断调整网络权重和偏置，使模型在给定的任务中表现得更好。在供应链预测等实际应用场景中，这通常意味着使模型能够更准确地预测与未来需求相关的关键指标。

针对模型训练，本节主要介绍以下几个部分：首先是梯度下降法，这是一种常用的优化算法，用于最小化损失函数，从而实现对网络权重和偏置的优化；其次是反向传播算法，这是一种用于计算损失函数梯度的高效方法，为梯度下降法提供了必要的梯度信息；最后讨论梯度消失和梯度爆炸的问题，这些问题一旦在深度神经网络的训练过程中出现，将影响模型的收敛速度和最终性能。

1. 梯度下降法

在神经网络模型训练过程中，我们需要寻找一组权重 w 和偏置 b，使模型预测结果与真实值之间的差异 $C(w, b)$ 最小。为了衡量这种差异，我们引入损失函数，例如之前介绍的平方损失函数：

$$C(w,b) \equiv \frac{1}{2N} \sum_x |y(x) - a|^2$$

寻找能使损失函数 $C(w, b)$ 最小化的权重和偏置的方法有很多，梯度下降法是一种常用的方法。接下来，我们将详细介绍梯度下降法及其变体的原理，以及它们在神经网络模型训练中的应用。

1）基于梯度的基础优化算法

假设实际销量和模型预测销量之间的差异 C 是一个关于 v_1、v_2 的二元函数。当 v_1、v_2 发生微小变化时，C 会有什么变化呢？计算以下全微分便可近似得到这一变化：

$$\triangle C \approx \frac{\partial C}{\partial v_1}\Delta v_1 + \frac{\partial C}{\partial v_2}\Delta v_2$$

其中 Δv_1、Δv_2 表示变量 v_1、v_2 的微小变化。为使损失函数下降，要选择 Δv_1、Δv_2 使 ΔC 的取值为负。用 ∇C 表示梯度向量：

$$\nabla C \equiv \left(\frac{\partial C}{\partial v_1}, \frac{\partial C}{\partial v_2}\right)^{\mathrm{T}}$$

那么可以重新表述损失函数的变化，公式如下：

$$\triangle C \approx \nabla C \cdot \triangle v$$

对于 ∇C 而言，当选定了损失函数 C 的时候，它每一点的梯度向量也已经确定了。想要使 C 减小，主要方法就集中在对 Δv 的选取上。例如，选取 Δv 如下：

$$\triangle v = -\eta\nabla C$$

公式中的 η 是一个大于 0 的很小的数，被称为学习率，用来描述学习的速度。由此，重写 ΔC 将得到

$$\triangle C \approx -\eta\nabla C \cdot \nabla C = -\eta|\nabla C|^2$$

注意，此时的 ΔC 变成了负数。因为 η 是正数，并且模长 $\|\nabla C\|$ 也是正的，所以选取的 Δv 使损失函数减小了，于是可以如此来更新变量 v：

$$v \rightarrow v' = v - \eta\nabla C$$

由上可见，使用这种更新方式，损失函数一定是减小的。在更新完一次以后，再次计算下一个点的梯度，再用上式更新 v，持续下去。这个更新规则就是梯度下降法。从优化理论的角度来说，这样的下降方法并不一定能找到全局最小的 C 值，很有可能陷入局部最优解。有一系列方法能解决这个问题，但本质上梯度下降法的算法流程如上所述。

梯度下降法还存在其他问题，其中最大的问题便是计算量较大。为了解决这个问题，接下来介绍几种梯度下降法的变体。

2）随机梯度下降法

这种方法随机选取一个样本梯度来代替整体样本梯度均值。这种做法极大地减少了计算量，并在实践中表现出较好的损失函数下降效果，因为随机梯度下降法实际上是梯度下降法的无偏估计器。

3）小批量梯度下降法

这种方法会随机选取小批量的数据，然后用小批量的梯度均值代替整体的梯度均值，即：

$$\frac{\sum_{j=1}^{M} \nabla C_{x_j}}{M} \approx \nabla C$$

使用此梯度下降法进行一次梯度更新后，再使用另一批新的样本进行梯度更新，当遍历完整个样本集后，这个过程就被称为一个训练的迭代期。

4）其他方法

以上两种方法本质上都是用更少的样本量取代全量样本进行梯度下降。不过，这两种方法也存在问题，那就是虽然计算量减少，但是参数在梯度下降过程中的方差变大，导致损失函数的下降次数增加。为了解决这个问题，研究人员提出了VRG 和 VR-SGD 等更快的梯度下降法，这种梯度下降法能够有效降低方差，以更快的速度实现梯度的下降。

除此之外，还有 Momentum 梯度下降法，此方法给参数一个"动量"，以避免参数陷入局部最优解。Momentum 梯度下降法的本质在于引入了速度变量来更新权重。以下为该方法的数学表达式：

$$v \rightarrow v' = \mu v - \eta \nabla C$$
$$w \rightarrow w' = w + v'$$

可以看到，参数 w 在梯度下降的过程中引入了速度变量 v，它的好处在于，当参数陷入局部最优解的时候，因为速度变量 v 的存在，参数解可能不会停留在局部最优解，就像有一个物理上的"Momentum（动量）"帮助它离开局部最优解。这里的参数 μ 用来控制速度变量 v 对参数 w 影响的大小。

各种梯度下降法的集大成者被称为 Adam 方法，它具有以上提到的多种优势，也是目前深度学习中最常用的梯度下降法。

2. 反向传播算法

前面介绍了梯度下降法，那么如何在实际的神经网络中计算所有的梯度呢？

尤其是当网络变得十分复杂时，计算量也会变得非常大。这里介绍一种快速计算梯度的方法，即反向传播算法。使用反向传播算法的神经网络要比传统的神经网络训练速度更快，从而能使用神经网络解决更多的问题。目前，反向传播算法已成为神经网络训练的一个关键部分。

它的核心解释需要许多的数学推导，但本质上是基于微积分的链式法则。这里将通过一个简单的输入/输出模型形象化地展示其核心过程，如图 5-6 所示。

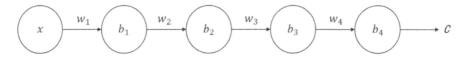

图 5-6　简单网络模型

传统的梯度计算要计算损失函数 C 对每个权重和偏置参数的偏导才能进行梯度更新，但是反向传播算法的神奇之处在于，损失函数对b_3的偏导依赖损失函数对b_4的偏导，损失函数对b_2的偏导依赖损失函数对b_3的偏导，损失函数对b_1的偏导依赖损失函数对b_2的偏导，即上一层神经网络参数的偏导依赖下一层神经网络的偏导！所以只需要从最后一层神经网络偏导开始计算，然后计算倒数第二层偏导，再依靠倒数第二层偏导计算倒数第三层偏导，这样一层一层"反向"地计算偏导，就可以计算整个网络中的所有偏导。这就是反向传播算法的核心思想。

3. 梯度消失与梯度爆炸

梯度下降法和反向传播算法在推动神经网络发展的同时，也引发了梯度消失和梯度爆炸等问题。这些问题在深度神经网络的训练过程中很常见，对模型的训练效果和稳定性产生了较为严重的影响。

梯度消失问题是指在训练深度神经网络的过程中，梯度在反向传播时逐渐变小，导致权重更新缓慢，最终使得网络训练停滞。这种现象在深层神经元中尤为明显。梯度消失可能导致供应链预测模型的性能受限，使得深层网络在解决复杂预测问题时变得不那么有效。

梯度爆炸问题与梯度消失问题相反，表现为在训练深度神经网络过程中，梯度在反向传播时变得非常大，以至于网络权重更新过快，导致模型不稳定。这种情况可能导致模型在供应链预测任务中产生过拟合或不收敛的现象，从而影响模型的预测准确性。

下面是梯度消失原因的一个简单解释：实际上，通过链式法则计算导数时可以发现，最前面层的梯度是通过多个 Sigmoid 函数和权重累计相乘得到的，例如

在图 5-6 每层只有一个神经元的网络中，偏置梯度的算式为

$$\frac{\partial C}{\partial b_1} = \sigma'(z_1) \times w_2 \times \sigma'(z_2) \times w_3 \times \sigma'(z_3) \times w_4 \times \sigma'(z_4) \times \frac{\partial C}{\partial a_4}$$

当权重初始化符合方差为 1、均值为 0 的分布，而 Sigmoid 函数的导数又小于 0.25 时，一连串的累乘使偏导变成了一个非常小的数，导致越前面的层梯度越小，这就是梯度消失的根本原因。相反，如果初始设定的权重很大，那么经过累乘，我们将得到一个十分大的梯度，这就是梯度爆炸的由来。

为了解决梯度消失问题，研究人员提出了一些有效的方法，这里介绍其中的几种。

- Hinton 提出的预训练方法通过无监督学习的方式逐层训练神经网络，为后续的有监督学习提供了更好的权重初始化，从而减轻梯度消失问题。
- Glorot 和 Bengio 在 2010 年的研究中发现，使用 Sigmoid 激活函数可能导致训练过程中的梯度消失问题。他们建议使用其他激活函数，如 ReLU，以避免这些问题。
- 2015 年，Kaiming He 等人提出了残差网络（ResNet），这是一种创新的深度神经网络架构。残差网络通过引入残差连接，使得网络激活值能够跳过一层或多层，并在后面的层中与原始激活值相加。这种方法有助于在反向传播过程中更容易地传递梯度，从而降低梯度消失问题的影响，提高模型的性能。

梯度消失问题对神经网络训练过程产生了一定的影响，但通过预训练、选择合适的激活函数、使用新的网络结构等，我们可以在一定程度上缓解这个问题带来的影响。

5.2.3 模型优化

模型优化是神经网络训练过程中至关重要的一个环节，包括模型训练速度、参数初始化、超参数调优和过拟合问题等诸多方面。通过解决这些问题，我们可以有效地提高模型的性能，使其在供应链预测等领域取得更好的结果。本节将详细讨论这些问题及针对这些问题所采取的策略，以帮助读者更好地理解如何优化神经网络模型。

1. 模型训练缓慢

神经网络训练时，常常存在模型训练缓慢的问题。这种现象实际上是由于在模型的预测值与真实值存在显著差异时，权重和偏置参数的更新速度仍然很慢导

致的，或者说由损失函数对权重和偏置参数求导数值较小导致的。通过结合合适的损失函数和激活函数，可以有效地解决模型训练缓慢的问题。下面介绍几种结合损失函数和激活函数的方法，以解决训练缓慢的问题。

1）平方损失函数

回忆之前介绍的平方损失函数：

$$C(w, b) \equiv \frac{1}{2N} \sum_x |y(x) - a|^2$$

线性激活函数可以描述为 $a^L = z^L$，这里的 z^L 即神经元加权求和。在这种情况下，对于单个样本 x，误差可以写为

$$\delta^L = a^L - y$$

在这种情况下，对权重和偏置的偏导可以写为

$$\frac{\partial C}{\partial w_{jk}^L} = \frac{1}{N} \sum_x a_k^{L-1}\left(a_j^L - y_j\right)$$

$$\frac{\partial C}{\partial B_j^L} = \frac{1}{N} \sum_x \left(a_j^L - y_j\right)$$

此时，二次损失函数求导后的值与输出层激活值和目标值之间的差直接相关，预测值和真实值的差异越大，权重和偏置的更新速度越快，从而避免了学习速度缓慢的问题。

2）交叉熵损失函数

回顾之前介绍的交叉熵损失函数：

$$C = -\frac{1}{N} \sum_x [y \ln a + (1 - y) \ln(1 - a)]$$

当交叉熵损失函数和 Sigmoid 函数复合后，对权重和偏置求偏导：

$$\frac{\partial C}{\partial w_j} = \frac{1}{N} \sum_x x_j(\sigma(z) - y)$$

$$\frac{\partial C}{\partial B} = \frac{1}{N} \sum_x (\sigma(z) - y)$$

由此便可以看出，模型输出值和实际预测值相差越大，偏导的数值越大，模型学习的速度越快。而对于"平方损失函数+Sigmoid 函数"而言，当预测值趋

近于 1 时，学习速度会变慢，这是因为其偏导依赖 Sigmoid 函数的导数。然而，交叉熵函数不依赖该函数，因此成功地避免了这个问题的发生。

3）对数似然函数

交叉熵损失函数在很多情况下都可以解决大规模预测数据集下学习速度缓慢的问题，而 Softmax 是另一种解决方法。回顾它的定义如下：

$$a_j^L = \frac{e^{z_j^L}}{\sum_k e^{z_k^L}}$$

Softmax 的技术目前还不能直接看出是怎么解决大规模预测数据集学习缓慢的问题的，因为它还要搭配对数似然函数才能凸显这一点，回顾对数似然函数的定义：

$$C \equiv -\ln a_y^L$$

分析它们对学习速度的影响，只需求偏导：

$$\frac{\partial C}{\partial b_j^L} = a_j^L - y_j$$

$$\frac{\partial C}{w_{jk}^L} = a_k^{L-1}(a_j^L - y_j)$$

从求解结果来看，权重和偏置的变化程度与预测值和真实值之间的差异程度相关，这和交叉熵损失函数可以提高学习速度的原理是一样的。实际上，能够实现这一点的损失函数和激活函数还有很多。目前，Softmax 和对数损失函数比较适合需要用概率解释输出的场景，比如预测是否有补货需求。而在绝大部分情况下，Sigmoid 激活函数和交叉熵损失函数足以满足要求。

2. 参数初始化

在建立神经网络之后，还要对其进行参数初始化，主要是权重和偏置的初始化。经典做法之一是用标准正态分布来选取初始化参数。目前，这种做法的效果还不错，但值得进一步研究，以探索是否能找到更好的方法来初始化参数，从而加快神经网络的学习速度。

实际上，确实有比用标准正态分布随机初始化更好的方法。例如，假设某个神经元此时有 1000 个输入权重，加上偏置总共有 1001 个随机变量。假设它们彼此独立且符合正态分布，那么这时分布的标准差约为 10.05，均值为 0，这使得整个分布非常扁平，并且带权输入可能会变得非常大或者非常小，即|z|趋近于 1，

这种情况下学习速度会非常缓慢，因为这带来了神经元饱和的问题，如图 5-7 所示。

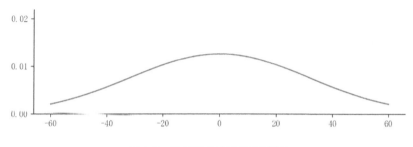

图 5-7　扁平的正态分布示意图

尽管早些时候在输出神经元上使用各种技术解决了饱和问题，但是在隐藏层神经元上，这些技术并不能发挥作用，此时随机初始化方法带来了学习速度降低的问题。解决这个问题的方式是重新修改随机初始化参数的概率分布，比如对一个有 n_{in} 个输入权重的神经元，使用均值为 0、方差为 $1/n_{in}$ 的分布来初始化参数，这样得到的带权输入将符合更加尖锐的正态分布，从而降低神经元饱和的可能性。通过这种技术，实践表明，准确率与原始分布的准确率相差无几，但是训练速度会有比较明显的改善。

3. 超参数调优

超参数调优也是一个复杂的问题，因为使用不同的超参数可能导致完全不同甚至相反的结果。下面将给出一些设置超参数的启发式想法，来保证超参数的良好设置。

1）宽泛策略

这样一种策略首先会减少训练目标和选择的参数。比如在销量预测的任务中，先预测比较平稳的时间序列，并且只针对步长进行调参，然后慢慢扩展训练任务，进行新的参数调整。这种策略的好处在于，每次训练完就可以快速观察调参效果，不用设置全量的学习目标或者一次调整多个参数。在每个步骤中，可以使用 Hold-Out 方法检验模型性能，并使用这个方法来发现更好的超参数。

需要强调的是，在早期要尽快地从试验中得到反馈，从而调整参数。直观上，这种看似简单的问题只会让工作效率下降。不过因为快速反馈可以更快地发现有价值的信息，所以可能会带来效率的提升。一旦得到有用的信息，就可以尝试一下，通过调整超参数迅速提高性能。

2）提前停止

该方法是指，在每轮训练结束时，对预测的准确率进行计算。当准确率没有提高的时候，就放弃迭代，提前停止训练。这使得选择迭代次数变得相对容易，也意味着不必明确了解迭代次数与其他超参数的关系。而且，提前停止也可以防止过拟合。

关于提前停止还有一个很重要的技巧，那就是在一定期数之后再考虑提前停止。因为当准确率趋势下滑的时候，准确率还是会出现波动。如果在准确率开始下滑的时候就停止，那么可能会错失更好的参数。

3）学习速度

之前提到的学习步长一直设定为一个恒定值。一般情况下，在早期的学习中，权重的参数质量往往会很差。因此，最好让学习步长是可变的，随着时间推移，缩小学习步长，以便做出更好的调整。一个可实现的方式就是从比较大的步长开始，逐步衰减这个步长，直到衰减到一个最小值时停止衰减。

4）小批量数据

小批量数据的调整是比较独立的，在这种情况下，只需要在数据集上基于不同小批量数据的大小画出准确率的变化图，然后选择性能最好的参数即可。需要注意的是，小批量数据量的大小也是一个需要权衡的量。小批量数据量太小，无法运用上矩阵加速的能力；小批量数据太大，则不会频繁地更新权重。除此之外，还有网格搜索、Hyperopt 等自动调参的技术，这些技术使得参数调整逐步转为自动调优的方式。

4. 过拟合问题

对于预测问题来说，由于不确定未来数据的分布，所以防止过拟合就愈发重要。当参数很多时，模型可以很好地拟合历史真实数据，比如拟合历史销量数据。虽然模型与历史销量数据吻合，但可能对未来销量数据预测的准确率很低，因为模型可能并没有了解现象的本质，只是由于参数过多容易拟合历史数据而已。这种在训练集上可以很好地拟合数据，而在测试集上无法很好地拟合数据的现象，就是过拟合现象。

对于神经网络来说，网络的参数规模十分巨大，甚至达到百万级别、十亿级别。在这种情况下，怎么保证模型是可信的呢？ 或者说，如何防止大规模参数带来的过拟合问题呢？

解决过拟合的方法有多种，这里主要介绍 4 种，第 1 种是拿出一部分训练集观察是否有过拟合现象，即 Hold-Out 方法；第 2 种是规范化技术，它通过惩罚复杂模型来避免过拟合；第 3 种是 Dropout 技术，通过在训练模型时随机抛弃一部分神经元和连线来避免过拟合，第 4 种是人工扩展训练集数量。

1）Hold-Out 方法

首先介绍经典的 Hold-Out 方法。该方法对训练集进行切分，例如，拿出 20% 的数据作为验证集，再将剩余 80% 的数据用于训练，观测在 20% 的验证集上是否出现模型准确率降低的情况，如果有，则提前停止训练，避免过拟合的产生。

2）规范化技术

L2 规范化技术的核心想法是在损失函数中加一个和参数规模相关的项，这个相关的项被称为规范化项，当参数规模很大时，规范化项也会变大，以此来惩罚过于复杂的网络，使模型倾向于选择更简单的网络。比如交叉熵损失函数加入规范化项的公式为

$$C = -\frac{1}{N}\sum_{x_j}\left[y_j\ln a_j^L + (1-y_j)\ln(1-a_j^L)\right] + \frac{\lambda}{2N}\sum_w w^2$$

其中 λ 是一个常系数，表示对规范化项分配的权重大小，越大的 λ 将使复杂的参数模型受到更大的惩罚。w 项就是权重项。加入偏置项 b 的规范化技术与单独加入权重项的规范化技术效果相差不大，所以一般倾向于仅在规范化项中加入权重。对于更一般的损失函数而言，加入规范化项的表达式如下：

$$C = C_0 + \frac{\lambda}{2N}\sum_w w^2$$

C_0 指原始损失函数。

接下来计算规范化项对损失函数的影响，例如计算损失函数对权重和偏置的偏导：

$$\frac{\partial C}{\partial w} = \frac{\partial C_0}{\partial w} + \frac{\lambda}{N}w$$

$$\frac{\partial C}{\partial b} = \frac{\partial C_0}{\partial b}$$

进而可以看到权重的梯度下降规则变为

$$w \to w - \eta\frac{\partial C_0}{\partial w} - \frac{\eta\lambda}{N}w$$

$$= \left(1 - \frac{\eta\lambda}{N}\right)w - \eta\frac{\partial C_0}{\partial w}$$

对比原来不加入规范项的梯度下降规则，权重 w 前多了一个因子，正是这个因子的存在，让权重不断衰减，从而构建更简单的模型。那会不会所有 w 都衰减到 0 呢？一般来说并不会，因为还有其他原因可能使 w 增加，所以规范化项的加入，只是使 w 的值倾向于更小，而不一定会消失。

除了 L2 规范化技术，还有被称为 L1 的规范化技术：

$$C = C_0 + \frac{\lambda}{N} \sum_w |w|$$

这种规范化技术不再考虑权重的平方和，而是考虑它们绝对值的和。直观上，L1 也是通过权重的绝对值来驱使损失函数在下降过程中选择较小的权重，对权重求偏导可得

$$\frac{\partial C}{\partial w} = \frac{\partial C_0}{\partial w} + \frac{\lambda}{N} \text{sgn}(w)$$

而进行梯度下降规则更新后就有：

$$w \rightarrow w' = w - \frac{\eta\lambda}{N} \text{sgn}(w) - \eta \frac{\partial C_0}{\partial w}$$

此时可以比较清楚地看到，权重以一个常量在减小，而不是像 L2 规范化技术一样按一个系数减小。这样做的影响是，对于大的权重值，L2 减小的速度更快，而 L1 相对缓慢得多，但是对于比较小的权重值，L1 减小的速度更快，L2 下降的速度会慢得多。这里也有一个问题，即 $\text{sgn}(x)$ 函数无法在 $x=0$ 时求导，因此在梯度下降的公式中约定 $\text{sgn}(x)$ 函数在 $x=0$ 处导数为零。

总的来说，规范化技术通过减少过拟合来提高预测准确率。事实上，这并不是规范化唯一的优势。实践证明，在预测过程中，经常会遇到一些存在各种随机性的问题。而不同的随机性，得到的结果可能天差地别。一般认为，加入规范化项的模型可以更稳健，即可以得到更容易重复的结果。从经验上讲，如果一个损失函数没有加入规范化项，则权重矢量就会增加，梯度下降在这个权重上的变化就会很小。这种现象可能使得学习算法难以对权重空间进行有效的挖掘，从而难以寻找出最优的参数。

当发现了一个能解释大量数据的简单模型时，通常倾向于将其视为一条规则，因为一个简单的解决方案只是偶然发生的概率很小。一般认为，简单模型很可能可以概括多数预测对象及其影响因子的一些内部关联。以简单线性模型和复杂的多项式模型在简单任务中的表现为例，简单线性模型在拟合度上可能不如复杂的多项式模型，但通常简单线性模型用于预测时更值得信任，这是因为复杂的多项

式模型拟合了太多的局部噪声。因此，尽管多项式模型能很好地处理这些特殊的噪声数据，但是该模型对未知数据的预测可能会非常困难。从上述角度看神经网络，如果网络中的权重比较小，那么输入发生微小改变时，输出也不会有太大的变化，这样能减小局部噪声的影响。一旦模型的权重都比较大，那么噪声的影响将变得很严重。因此，加入规范化项之后的损失函数，可以有效地降低噪声数据的影响，生成更简单的网络，更稳健地预测未来。

3）Dropout 技术

Dropout 技术又被称为弃权技术，这是一种直接修改神经网络结构的方法，与通过修改损失函数来降低过拟合的方法非常不同。原本的网络结构是，对于输入 x，前向网络传播输入，然后反向传播权重和偏置的变化。但是 Dropout 技术修改了这一过程，在样本输入、前向传播时，保持输入层和输出层的神经元不变，但是随机抛弃一半的隐藏层神经元。在这种情况下，前向传播输入之后，反向传播权重和偏置的变化只对没被抛弃的神经元进行。不断重复这一过程，得到最终的权重和偏置的集合。

为什么 Dropout 技术有效呢？从训练的方式看，它很像每次训练时都在训练不同的神经网络，最后输出众多神经网络的均值，这使得哪怕有一些网络有过拟合，但是通过平均的方式，其过拟合的程度能够被缓解。

有一个与此相关的启发式解释：“由于神经元减轻了对其他神经元的依赖，所以这种技术实际上会降低复杂神经元的数目。”换句话说，可以把弃权后的神经网络看作一种更健壮的网络。从这一点上来说，弃权和 L1、L2 的正则化有异曲同工之妙。而 Dropout 技术的最大价值在于，它在改善模型的表现方面是非常成功的，在训练大规模深度网络时尤为有效，因为在这种网络中，过拟合问题往往非常严重。

4）人工扩展训练集数量

扩展更多的数据集往往能得到更好的结果，但是在实际问题中，如果难以扩展训练集，则往往会通过变化已有数据集来产生更多的样本。例如在经典的手写数字数据集中，可以通过对图片的旋转、手写模拟抖动等方式，从已有数据集中产生更多的样本，从而提高模型的准确率。

这种方法还可以用于除数字识别外的各种学习任务。例如，你要建立一个神经网络进行语音识别，这时可以通过添加背景噪声来扩充训练集，也可以通过加快或减慢语音的速度来得到相应的扩展。

5.3 | 循环神经网络

5.3.1　循环神经网络基础知识

DNN 在进行前向和反向传播计算时，采用的都是前向反馈模型，同时模型的输出和模型本身没有反馈。区别于此，循环神经网络（Recurrent Neural Network，RNN）是一类输出与模型之间有反馈的神经网络，它在基于时间的序列的相关建模中更加常用。这些序列可能比较长，且长度不一，比较难直接拆分成一个个独立的样本来通过 DNN 训练。

循环神经网络更适合处理这种基于时间的序列，例如样本序列 $\{x_1, \cdots, x_T\}$，对于其中的任意观测点 x_t，其隐藏状态 h_t 由观测点 x_t 和隐藏状态 h_{t-1} 共同决定。将这个观测点模型的输出记为 o_t，通过输出 o_t 和真实值 y_t 计算损失函数，再进行前向反馈来更新参数。RNN 结构如图 5-8 所示。

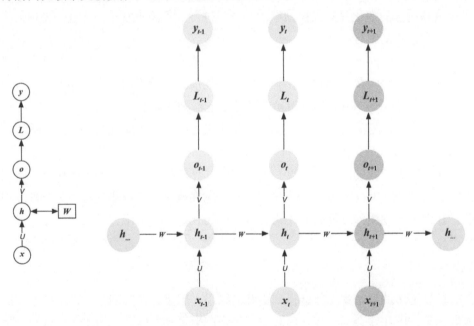

图 5-8　RNN 结构

其中，x_t 表示在序列中 t 时刻的观测值，h_t 表示 t 时刻的模型的隐藏状态，由 h_{t-1} 和 x_t 共同决定，o_t 表示 t 时刻的模型的输出值，L_t 表示 t 时刻的模型的损失函数，y_t 表示 t 时刻输入对应的真实值。U、W、V 代表模型的参数，在 RNN 中共享，这也体现了循环反馈的设计思想。

在计算过程中，对于任意一个观测点 t，其隐藏状态由以下公式决定：

$$h_t = \sigma(z_t) = \sigma(Ux_t + Wh_{t-1} + b)$$

其中 σ 为激活函数，如 Tanh，b 为线性偏置。

那么模型的输出 o_t 和标准化后概率的输出向量 $\widehat{y_t}$ 可以由以下公式计算：

$$o_t = Vh_t + C$$
$$\widehat{y_t} = \sigma(o_t)$$

再通过损失函数 L 计算预测值与真实值之间的差距，使用梯度下降方法多轮迭代，找到合适的参数 W、V、U 和 b。在计算参数矩阵的过程中，假设损失函数使用交叉熵函数，那么最终的损失函数 L 为

$$L = \sum_{t=1}^{T} L_t$$

对 V、C 的偏导计算如以下公式所示。

$$\frac{\partial L}{\partial C} = \sum_{t=1}^{T} \widehat{y_t} - y_t$$
$$\frac{\partial L}{\partial V} = \sum_{t=1}^{T} (\widehat{y_t} - y_t)(h_t)$$

在反向传播中，某一个观测点 t 的梯度损失由当前观测点的输出的梯度损失和 $t-1$ 观测点的输出的梯度损失共同决定。假设这一个观测点 t 的梯度 $\delta_t = \frac{\partial L}{\partial h}$，那么可以推导出：

$$\delta_t = \left(\frac{\partial o_t}{\partial h_t}\right)^{\mathrm{T}} \frac{\partial L}{\partial o_t} + \left(\frac{\partial h_{t+1}}{\partial h_t}\right)^{\mathrm{T}} \frac{\partial L}{\partial h_{t+1}} = V^{\mathrm{T}}(\widehat{y_t} - y_t) + W^{\mathrm{T}}\mathrm{diag}(1 - h_{t+1})^2 \delta_{t+1}$$

可以推导出 W、b 的梯度为

$$\frac{\partial L}{\partial W} = \sum_{i=1}^{T} \mathrm{diag}(1 - h_t)^2 \delta_t (h_{t-1})^{\mathrm{T}}$$

$$\frac{\partial L}{\partial b} = \sum_{t=1}^{T} \mathrm{diag}(1 - h_t)^2 \delta_t$$

5.3.2　LSTM

虽然 RNN 可以处理时间序列，但是在时间序列的长度过长的情况下，RNN

会面临梯度消失的问题，针对这个问题，研究人员提出了类似于条件过滤方法的 RNN 模型——长短期记忆模型（Long Short-Term Memory，LSTM）。LSTM 中引入了门控单元的概念，这些门控单元的形状与隐藏层相同，但其作用不同。例如，控制何时输出数据的门被称为输出门（output gate），控制何时读取数据的门被称为输入门（input gate），控制何时遗忘数据的门被称为遗忘门（forget gate），如图 5-9 所示。

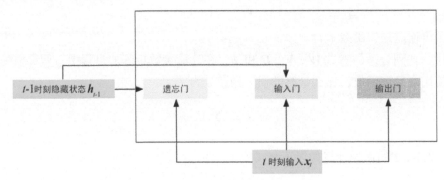

图 5-9   LSTM 的遗忘门、输入门、输出门

对应地，在观测点 t，这些门的计算方法如下：

$$F_t = \sigma(x_t W_{xf} + h_{t-1} W_{hf} + b_f)$$
$$I_t = \sigma(x_t W_{xi} + h_{t-1} W_{hi} + b_i)$$
$$O_t = \sigma(x_t W_{xo} + h_{t-1} W_{ho} + b_o)$$

其中 F_t、I_t、O_t 分别表示遗忘门、输入门、输出门，W_{xf}、W_{xi}、W_{xo}、W_{ho}、W_{hi}、W_{hf} 是可学习的参数，b_f、b_i、b_o 是偏移参数。

之后，引入候选单元的概念，它的作用是先将当前观测点的输入与隐藏层共同计算，得到当前观测点的高维度投影，之后与其他三个门进行交互，候选单元的计算方法如下：

$$\widetilde{C_t} = \sigma(x_t W_{xc} + h_{t-1} W_{hc} + b_c)$$

在加入了候选单元后，通过上述定义的 3 个门来进行门限控制，即输入门 I 控制采用多少来自 $\widetilde{C_t}$ 的新数据，遗忘门 F 控制保留多少历史数据 C_{t-1} 的内容，如图 5-10 所示。

其中 $\odot$ 为按元素乘法，当前观测点的输出可以通过以下公式计算得到

$$C_t = F_t \odot C_{t-1} + I_t \odot \widetilde{C_t}$$

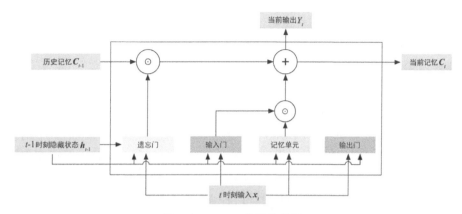

图 5-10　LSTM 的候选单元

引入这种设计即可通过遗忘门来控制输入数据的历史长度，进而缓解梯度消失的问题，并且能更好地捕捉长时间序列中的长距离依赖。

最后，LSTM 的隐藏层和基础的 RNN 一样，也需要进行传递，但是区别于基础的 RNN，LSTM 使用输出门来计算需要传递给下一个观测点的隐藏状态，类似于输出 C_t，隐藏状态 h_t 的计算公式如下：

$$h_t = O_t \odot \mathrm{Tanh}(C_t)$$

这里需要明确，使用的激活函数是 Tanh，这样可以保证 h_t 的输出始终在(-1,1)之间。输出越接近于 1，就越倾向于能传递所有信息，越接近于 0，就只需要保存当前观测点的信息，不需要更新隐藏状态。

综上所述，可以得到完整的 LSTM 结构，如图 5-11 所示。

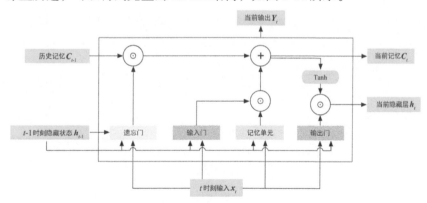

图 5-11　完整的 LSTM 结构

LSTM 是典型的具有重要状态控制的隐变量自回归模型。经过多年发展，已经提出了其许多变体，例如，多层、残差连接、不同类型的正则化、特殊的门控机制等。然而，由于序列的长距离依赖性，训练长短期记忆网络的成本相当高，同时要求数据的时间序列足够长，如果是很短期的时间序列，则 LSTM 的效果和常规 RNN 基本相同，甚至由于参数过多，很容易造成过拟合。

5.3.3 GRU

门控循环单元（GRU）由 Cho 等人在 2014 年提出，可以理解为一个稍微简化的 LSTM 的变体，通常可以提供与 LSTM 等同的效果，但是计算速度更快，结构也更简单。

在 GRU 的设计中，提出了两种门控单元：重置门（reset gate）和更新门（update gate）。重置门用来控制保留多少过去的状态，更新门用来控制对哪些历史状态进行更新，计算方法如下：

$$R_t = \sigma(X_t W_{xr} + h_{t-1} W_{hr} + b_r)$$
$$Z_t = \sigma(X_t W_{xz} + h_{t-1} W_{hz} + b_z)$$

其中 W_{xr}、W_{xz} 是权重参数，由网络学习得到。

同样地，GRU 中也使用了候选状态的概念，每个观测点 t 的候选隐状态由常规隐状态和重置门共同计算得到，公式如下：

$$\widetilde{H_t} = \mathrm{Tanh}(x_t W_{xz} + W_{hh} R_t \odot H_{t-1} + b_h)$$

由上可知，当重置门接近 1 时，GRU 将恢复成一个基本的 RNN 网络；当重置门接近于 0 时，候选隐状态是一个以 x_t 为输入的 MLP（多层感知机）的结果。GRU 的候选状态如图 5-12 所示。

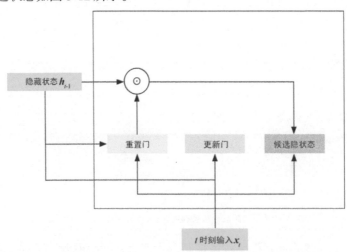

图 5-12　GRU 的候选状态

在得到了候选隐状态后，仍然需要结合更新门对隐状态进行更新，得到传递给下一个时间观测点 $t+1$ 的隐状态 h_{t+1}，计算方法如下：

$$h_t = Z_t \odot h_{t-1} + (1 - Z_t) \odot \widetilde{H}_t$$

当更新门 Z_t 接近 1 时，模型就倾向于只保留旧状态。此时，来自 x_t 的信息基本上被忽略，从而有效地跳过了依赖链条中的时间步 t。相反，当 Z_t 接近 0 时，新的隐状态 h_t 就会接近候选隐状态 $\widetilde{H}_t$，以此来解决梯度消失的问题，同时捕捉长时间序列中的依赖关系。GRU 的结构如图 5-13 所示。

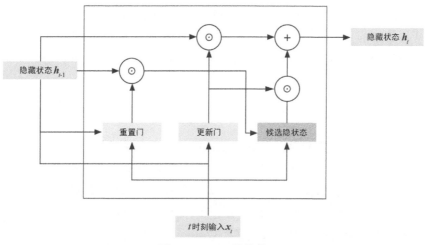

图 5-13　GRU 的结构

5.4　神经网络扩展

除了 DNN、RNN，还可以根据时间序列数据的特点使用 CNN 与其他更加复杂的深度学习模型预测问题。本节简要概述 CNN 与其他复杂模型，第 7 章将进行更深入的介绍。

5.4.1　CNN

卷积神经网络（Convolutional Neural Network，CNN）是基于 DNN 发展起来的另一种神经网络，其结构的主要变化是卷积层和池化层的加入。回顾卷积层的操作，主要是利用滤波器（又称卷积核）逐步扫描输入数据做卷积操作，如将原时间序列数据记为 $x(t)$，滤波器记为 $w(t)$，它们的卷积可表示为 $s(t)$：

$$s(t) = (x * w)(t) = \sum_{a=0}^{T} x(a)w(t-a)$$

池化层则是滤波器在扫描输入数据时输出扫描到的最大值，而不是做卷积。这两种新的结构设计，使得网络拥有更强的特征提取能力及稳定性。

举一个卷积的例子。在一个时间序列中，假设有 3 个时间点T_1、T_2、T_3，其取值为v_1、v_2、v_3，如果使用一个 3×1 的卷积核$[k_1, k_2, k_3]$对这个时间序列进行卷积操作，得到的结果是 $[v_1 k_1, v_2 k_2, v_3 k_3]$，这个过程的本质是在做一个加权平均，权重为卷积核的取值。相较于在结构化数据中的特征工程操作，如果$k_1 = k_2 = k_3 = 1/3$，那么卷积将完全等价于 pandas 中的代码操作 groupby(item)[features].rolling(3).mean()，这也从侧面反映了为什么卷积操作会对时间序列预测产生效果。此外，卷积核中的参数可以通过对神经网络的训练进行学习，因此卷积操作可被认为是一种动态的、基于窗口的自动特征生成方式。这部分的具体介绍将在第 7 章展开。

5.4.2　其他扩展

当前，学术界和产业界已经对用于时间序列预测的深度学习模型进行了广泛的拓展。这些拓展主要关注时间序列预测中长序列数据的时间依赖性和动态变化性等方面。近年来，研究人员提出了许多扩展模型来解决这些问题，包括：

（1）WaveNet：WaveNet 是一种卷积神经网络，通过使用因果卷积解决了循环神经网络中存在的梯度消失问题。WaveNet 具有出色的建模和预测能力，但训练过程中的计算量较大。

（2）Transformer 模型：Transformer 模型利用自注意力机制（Self-attention）捕捉序列中的依赖关系，并通过残差连接和归一化等技术提高模型的训练速度和稳定性。与传统的循环神经网络相比，Transformer 模型能够处理更长的序列，同时支持并行计算，从而实现更快的训练速度。

（3）N-beats 模型：N-beats 模型通过堆叠多个完全相同的模块来预测未来时间序列的趋势。这些模块包括多层全连接神经网络和逆卷积层，通过学习数据中的周期性和趋势性变化来实现时间序列的建模。N-beats 模型不需要循环神经网络或卷积神经网络，可以通过并行计算实现高效的训练和推断。

除了上述模型，还有许多其他复杂模型被应用于时间序列预测。不同模型的扩展方式具有各自独特的优缺点，在不同任务和数据集上的表现也有所差异。对更多拓展方法及其详细介绍感兴趣的读者，可以在第 7 章中进一步学习。

进阶模型篇

第6章

CHAPTER 6

高阶统计模型

在之前的章节中，我们主要介绍了一些经典时间序列方法，这些方法对如何处理时间序列建模中的一般性质的问题给出了通用的处理思路，如指数平滑法、移动平均法、自回归法等。然而，在实际的数据集中，常常存在复杂特征及多种特征叠加的现象，用简单的时间序列方法处理这些问题存在两个主要的缺陷，一是模型建模能力不足，简单的线性关系往往出现欠拟合现象；二是经典模型一般仅适用于处理某些特定特征，仅能在受限的问题边界下得到较好的建模结果。因此在学术界和产业界中，时间序列预测的研究重点常常在于如何基于经典方法，提升模型的处理能力并扩充边界，以提出更加准确、通用的预测模型。

本章主要介绍时间序列领域的高阶统计模型，它们是一些建立在经典时间序列模型之上的进阶模型，通过组合经典时间序列方法中的算法处理模块，或对数据进行预处理及后处理，优化预测模型。要注意的是，高阶统计模型通常依然是单变量模型，仅采用序列自身的历史信息递归地进行预测，无法合并多个时间序列来提取跨时间序列的特征。本章将介绍 4 个具有代表性的高阶模型。

6.1 Theta 模型

Theta 模型是一种基于时间序列分解的预测模型。在之前的章节中，我们介绍了 STL 等分解方法，可以使用分解的序列分别生成预测值并进行组合。此处不同的是，Theta 模型是在更深的模型层次上进行分解，使用参数方法将去季节性后的数据拆分为长期效应或短期效应，并分别给出预测结果。因此，Theta 模型同时关注时间序列的长期效应及短期波动，分别用不同的方式对时间序列的不同成分进行建模，最终给出组合的结果。

　　Theta 模型的主要目的是提高时间序列数据信息的利用效率。时间序列蕴含的信息有长期和短期之分，Theta 模型的原理类似于"放大镜"，在数据分解后"放大"时间序列的波动，针对长期和短期特征分别建模进行预测，组合得到最终的预测结果。

6.1.1　Theta 线与 Theta 分解

　　首先介绍 Theta 模型如何对原始销量序列进行分解。前面说道，Theta 模型需要提取原始序列的长短期特征，这种方式实际上是通过调整时间序列的局部曲率来实现的。直观来看，如果完全忽略局部曲率，那么将得到一个描绘长期趋势的直线；反之，如果放大局部曲率，则将放大近期发生的时间序列波动。在 Theta 模型中，曲率的调整是通过一个系数实现的，我们称之为 Theta 系数（即希腊字母 θ）。该系数直接作用于原始序列的二阶差分 X''_{data}，得到的 Theta 序列 $X''_{Theta}(\theta)$ 如下：

$$X''_{Theta}(\theta) = \theta \cdot X''_{data}$$

$$\text{在} t \text{时刻，} X''_{data} = (X_t - X_{t-1}) - (X_{t-1} - X_{t-2})$$

$$= X_t - 2X_{t-1} + X_{t-2}$$

1. Theta 系数

　　局部曲率刻画的是曲线局部的波动性大小。根据上式，较小的局部曲率意味着时间序列趋向平缓，即当 $\theta < 1$ 时，时间序列的波动性缩小，相邻时间步之间的绝对差异减小，数据更加趋向于刻画长期趋势。在极端情况下，当 $\theta = 0$ 时，时间序列被转换为一个由简单线性回归得到的直线。反之，较大的局部曲率意味着时间序列的波动性更强，即当 $\theta > 1$ 时，时间序列的波动性放大，此时我们得到的 Theta 序列会更加趋向于刻画短期趋势。

　　需要注意的是，Theta 系数也可以取负数值（ $\theta < 0$ ），但此时对时间序列预测任务没有意义，故本书不予讨论。

2. Theta 线

　　根据 Theta 系数的不同变化得到的序列即可组成 Theta 线。Theta 线与原时间序列相比，保留了多个原有性质。首先，Theta 线与原序列的均值相同。其次，若对所有 Theta 线进行最小二乘估计，则所有 Theta 线得到的曲线系数均相同，且与原序列的拟合值保持一致。这些性质为我们进行参数估计提供了理论基础。

　　Theta 线的形态与 Theta 系数的取值直接相关。当 $\theta < 1$ 时，Theta 线趋于平缓；当 $\theta > 1$ 时，Theta 线波动增加。Theta 线的形态与 Theta 系数的取值之间的关系如图 6-1 和图 6-2 所示。

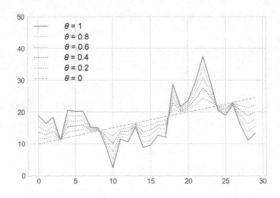

图 6-1　较小的 Theta 系数会减小局部曲率

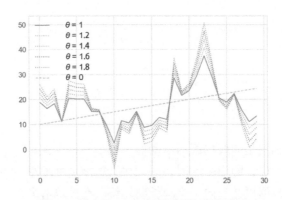

图 6-2　较大的 Theta 系数会增加局部曲率

6.1.2　分解时间序列预测方法

　　本章主要讨论分解为两个 Theta 线的情况。在 Theta 模型中，分解出的每条 Theta 线会进行单独的预测，并通过简单组合得到最终的预测值。我们可以根据时间序列的情况，选择不同的 Theta 线分解方式。在所有的分解和组合方式中，最简单也是最常用的方式是将原序列通过 $\theta = 0$ 和 $\theta = 2$ 分解为两条独立 Theta 线 $L(\theta = 0)$ 和 $L(\theta = 2)$。证明可得，原始时间序列与这两条曲线有以下关系恒成立：

$$X = \frac{1}{2}\big(L(\theta = 0) + L(\theta = 2)\big)$$

在此情况下，第一条 $\theta = 0$ 的 Theta 线即为原序列的简单线性回归，表示序列的长期线性趋势；而第二条 $\theta = 2$ 的 Theta 线将原序列的二阶差分放大两倍，用于增强短期特征。这两条曲线的分解值及预测结果均是关于 $\theta = 1$ 对称的。

在进行预测时，由于第一条 Theta 线 $\theta = 0$ 是对原序列的线性简化，因此直接使用最小二乘法对回归系数进行估计即可；第二条 Theta 线放大了近期的波动性，预测时我们更需要关注短期效应，因此选用指数平滑法进行预测。回顾在介绍指数平滑法时所提到的，指数平滑法中关于历史序列的权重是指数衰减的，此时我们可以着重对被 Theta 分解放大的近期特征进行预测。

至此，我们已经解决了 Theta 分解及预测的大部分问题，但尚未对时间序列中常见的季节性进行处理。事实上，使用 Theta 模型前需要对序列进行季节性统计检验，检验方法为构造关于季节长度的自相关统计变量，并进行 t 检验。其中统计量构造为

$$t = \frac{n \cdot \mathrm{ACF}(s)^2}{\displaystyle\sum_{h=0}^{s-1} \mathrm{ACF}(h)}$$

其中，s 为季节长度，n 为原始序列长度；$\mathrm{ACF}(h) = \frac{\mathrm{Cov}(X_{t+h}, X_t)}{\mathrm{Cov}(X_t, X_t)}$，$\mathrm{Cov}(.)$ 为协方差符号。在给定显著性水平下进行检验，判断时间序列是否存在季节性。

6.1.3 Theta 模型的预测流程

我们已经介绍了 Theta 模型所需的所有组成部分，将其串联起来，Theta 模型的预测流程如下。

步骤 1：季节性检验。构造自相关统计量，并在给定的显著性水平下进行季节性检验。

步骤 2：去季节性。将步骤 1 中存在季节性的序列进行 STL 乘法分解为季节项、趋势项、残差项，并将原序列值除以季节项，用来去除序列中的季节因子。

步骤 3：序列分解。将步骤 2 处理后的序列使用 $\theta = 0$ 和 $\theta = 2$ 分解为两条 Theta 线。

步骤 4：预测。对分解后 $\theta = 0$ 的线性序列使用线性回归预测；对 $\theta = 2$ 序列使用简单指数平滑法预测。

步骤 5：组合。将步骤 4 中得到的两个预测结果通过等权重进行组合。

步骤 6：重新加入季节因子。使用步骤 2 中得到的季节因子，对存在季节性

的序列，在预测结果中重新加入季节项。

以上描述的是经典的 Theta 模型的预测流程，在后续的研究中诸多研究者提出了许多 Theta 模型的优化方向。例如，有的研究者使用 ARIMA 方法对 Theta 线进行预测，并使用极大似然估计法进行参数估计，这种方式增强了 Theta 模型的估计能力，特别是重点扩充了指数平滑部分的预测模型。也有的研究者对 θ 的取值进行探索，经典 Theta 模型中 $\theta = 0$ 和 $\theta = 2$ 的参数选用，实际上只是诸多备选项中的一个，其余系数值的选择同样可以加入模型中，其主要目的是增加原序列的分解项，使得预测方法的健壮性得以提高。

综上所述，Theta 模型在传统时间序列模型的基础上做出了一定的优化，在数据集上可以得到验证。研究者最初提出 Theta 模型主要是依靠示例数据集及其优化经验，在实验中我们发现此模型在一定场景下，相较于传统时间序列模型，同样可以提升预测准确率。具体来说，在全部实验结果中，Theta 模型在波动性较大的时间序列中的表现更好，这是由于 Theta 模型的时间序列分解可以对波动性进行放大，并且单独进行考量、建模、预测。对比传统方法不加区别地对待时间序列的各成分，Theta 模型的这种机制可以结合短期波动与长期趋势给出最终的预测值。同时，Theta 模型一般不涉及超参数，因此调优难度和计算复杂度较小，可以快速得到预测结果。

6.2　TBATS 模型

时间序列常显示出复杂的季节性问题，常见的问题包括两个，一是非整数季节长度，如石油消耗会显示多于一整周的季节性；二是多季节性叠加，如农历新年与公历的叠加。传统方法主要针对的是简单的整数季节性，且季节长度较短。

TBATS 模型是一种将多种模型机制组合的预测方法，它在 ETS（指数平滑）的基础上，增加了 ARIMA 方法的特点，同时融入了其他统计变换逻辑以保证方法的完整性。与传统方法相似的是，此模型依然在状态空间模型框架下，主要解决了复杂季节性的问题，同时对传统方法进行了拓展及修正。TBATS 模型实质上是一个模型框架，它由名称中所构成的几部分组成：三角函数（Trigonometric）、Box-Cox 变换、ARMA 误差建模、趋势及季节项（Trend and Seasonality），用户可根据数据情况配置模型不同的组成形式。

6.2.1　Box-Cox 变换

传统时间序列模型一般对数据有正态性的要求，需要误差是独立同分布的，然而大部分时间序列数据无法满足此要求。Box-Cox 变换是解决这种数据问题的常用手段——将广义幂变换作用于非正态性数据。Box-Cox 变换的另一个好处是增加了原模型的非线性，从而摆脱了基于线性的传统模型的诸多限制。对原序列的值进行 Box-Cox 变换：

$$y_t^{(\omega)} = \begin{cases} \dfrac{y_t^{\omega} - 1}{\omega}, & \omega \neq 0 \\ \log y_t, & \omega = 0 \end{cases}$$

其中，y_t 为原序列在 t 时刻的值，ω 为变换参数，可由极大似然估计得到。Box-Cox 变换中要求序列均为正值，在绝大多数的供应链场景中，该假设是满足的；对于零值，将原序列增加常数即可。注意在整体预测结束后，需要使用 Box-Cox 逆变换，将预测结果重新映射到原区间。

6.2.2　ARMA 误差建模

ETS 模型假设残差 $\{d_t\}$ 在序列中互不相关，很多研究者在诸多数据集上发现指数平滑法的残差无法满足此假设。早期的研究发现，Holt-Winters 方法的残差可以通过一阶自回归过程（即 AR(1)）表示。由此，TBATS 模型在原 ETS 状态转移方程的基础上，增加了残差项在时间序列中的表示。此处选用的表示方法是 ARMA，它与我们在之前章节中提到的 ARIMA 仅相差差分部分，这是由于在另外的部分已经将趋势性、季节性予以表示，残差序列可以被认为是一个平稳序列，无须再进行差分运算。该方法涉及自回归及移动平均的阶数 p、q，由此 ARMA(p, q) 建模的方式如下：

$$d_t = \sum_{i=1}^{p} \varphi_i d_{t-i} + \sum_{i=1}^{q} \theta_i \varepsilon_{t-i} + \varepsilon_t$$

在以上的建模过程中，原本在序列中相互关联的 $\{d_t\}$ 被模型进一步分析，最终得到的 ε_t 是一个高斯白噪声序列，它满足均值为 0、方差恒为 σ^2 的设定。

6.2.3　BATS 模型

在对模型进行 Box-Cox 变换和 ARMA 残差建模后，我们可以基于原始的 ETS 模型结构，建立一个优化后的状态转移模型（State Space Model），它涵盖了 Box-Cox 变换、ARMA、趋势及季节项（Trend and Seasonality），因此被称作 BATS 模型。这个模型结构依然使用指数平滑的原始方法，对时间序列的各分量进行建模，它的形式如下：

$$y_t^{(\omega)} = \begin{cases} \dfrac{y_t^{\omega} - 1}{\omega}, & \omega \neq 0 \\ \log y_t, & \omega = 0 \end{cases}$$

$$y_t^{(\omega)} = l_{t-1} + \phi b_{t-1} + \sum_{i=1}^{T} s_{t-m_i}^{(i)} + d_t$$

$$l_t = l_{t-1} + \phi b_{t-1} + \alpha d_t$$

$$b_t = (1-\phi)b + \phi b_{t-1} + \beta d_t$$

$$s_t^{(i)} = s_{t-m_i}^{(i)} + \gamma_i d_t$$

$$d_t = \sum_{i=1}^{p} \varphi_i d_{t-i} + \sum_{i=1}^{q} \theta_i \varepsilon_{t-i} + \varepsilon_t$$

其中，$m_1, \cdots, m_T$ 分别表示 T 个季节项的季节长度，l_t、b_t、s_t 分别为当前时间点的短期水平项、趋势项、季节项。此模型架构采用了带有阻尼的衰减趋势，通过参数 ϕ 控制衰减强度，b 代表长期趋势，趋势项 b_t 会收敛到 b。d_t 代表的是 ARMA 过程，而 ε_t 是高斯白噪声。BATS 模型由参数 $(\omega, \phi, p, q, m_1, \cdots, m_T)$ 完成定义。例如，BATS$(1, 1, 0, 0, m_1)$ 即为 Holt-Winters 单季节性加法模型。

BATS 模型对于传统方法在多季节性上进行了兼容，同时在线性模型的基础上囊括了 Box-Cox 变换及 ARMA 两个复杂模型元素。然而，BATS 模型在非整数周期长度上较传统方法并没有改进，同时在多重季节性叠加的情况下，BATS 模型存在较大的计算量。

6.2.4　TBATS 模型建模思路

正如前面所述，TBATS 模型最主要解决的问题之一是复杂季节性问题，这个问题也是 TBATS 模型相较于 BATS 模型的主要优化点。在这方面，TBATS 模型着重考虑了方法的灵活性，即 TBATS 模型可以适用于不同特征的季节性序列，同时保持计算的简洁，避免出现大规模的季节性相关的待估参数。

回顾传统方法和 BATS 模型的季节性处理方式，它们主要使用的是累加在原模型基础上的季节因子，因子的估计往往通过以季节长度进行差分得到，并随着时间序列进行更新。这种方式无法处理前面提到的非整数季节长度和多季节性叠加的问题。在 TBATS 模型中，季节性同样作为模型的一部分，作为因子累加到模型的其他成分中，但估计的方式与传统方法有所不同。我们知道，任何周期性序列都可以表示为傅里叶级数的形式。在时间序列模型中，我们使用一个给定阶数的傅里叶函数表示序列的周期性。考虑多周期的情况，此时第 i 个季节项可以表示为

$$s_t^{(i)} = \sum_{j=1}^{k_i} s_{j,t}^{(i)}$$

$$s_{j,t}^{(i)} = s_{j,t-1}^{(i)} \cos \lambda_j^{(i)} + s_{j,t-1}^{*(i)} \sin \lambda_j^{(i)} + \gamma_1^{(i)} d_t$$

$$s_{j,t}^{*(i)} = -s_{j,t-1}^{(i)} \sin \lambda_j^{(i)} + s_{j,t-1}^{*(i)} \cos \lambda_j^{(i)} + \gamma_2^{(i)} d_t$$

上式中，$\gamma_1^{(i)}$ 和 $\gamma_2^{(i)}$ 是平滑参数，$\lambda_j^{(i)} = \frac{2\pi j}{m_i}$。通过这种方法，我们可以使用两个参数分别表示季节项，$s_{j,t}^{(i)}$ 是季节水平项，$s_{j,t}^{*(i)}$ 是季节的增长因子。在这个式子中，第 i 个季节成分所需的简谐项阶数为 k_i，阶数越高，季节性的表示能力越强，但过高的阶数存在过拟合风险。该模型需要 $2(k_1 + k_2 + \cdots + k_T)$ 个季节初始值，将其作为模型表示的一部分，TBATS 模型可以由 $(\omega, \phi, p, q, \{m_1, k_1\}, \cdots, \{m_T, k_T\})$ 表示。

与 BATS 模型相比，TBATS 模型对于季节性有着更少的参数，同时可以支持非整数季节长度的情况，在理论上有更好的预测性能。总体来说，TBATS 模型在传统模型的基础上做出了以下优化：

（1）作为状态空间模型，它可以接收更大的参数空间，提升了模型的预测能力。

（2）适配多重嵌套及非嵌套的季节因子。

（3）增加了非线性特征。

（4）纳入了残差的自相关性。

（5）保持了模型的简洁性，保证较高的预测效率。

在实际使用中，TBATS 模型在对复杂季节性和非线性的刻画上有着较好的能力，Box-Cox 变换可以有效地解决非线性数据在传统方法中的问题。由于整体模型较复杂，尤其是 ARMA 过程的拟合需要多次搜索最优参数，所以 TBATS 模型的计算成本较高，同时有着一定的过拟合风险。

6.3　Bootstrap 和 Bagging

在统计预测方法中，一个常见的提升单变量模型预测效果的机制是 Bootstrap。在时间序列预测中，可以引入一些适用于不同场景的 Bootstrap 方法，主要目的是增加模型样本，扩大样本规模，增加模型的健壮性。Bootstrap 样本所

得到的模型会进一步融合，这有助于得到相比直接对原始时间序列进行预测更好的预测结果，此过程即 Bagging（Bootstrap Aggregating，引导聚集算法）。

6.3.1　时间序列数据的 Bootstrap 方法

Bootstrap 实质上是一个重抽样的过程，但对于时间序列问题，Bootstrap 方法在样本选择上有一定的限制。一般来说，我们要求原始序列是平稳的，且 Bootstrap 序列可以保留原始序列的局部相关性。目前，常用时间序列的 Bootstrap 方法有 MBB、NBB、CBB、AR-Sieve Bootstrap 等。

1. MBB

基于块分割的 Bootstrap 方法是一种常见思路，每个块内的数据相关关系可以较好地保留下来，最传统也是使用最广泛的 MBB（Moving Block Bootstrap）就是其中的一种。对于长度为 n 的时间序列，该方法首先定义时间序列块（下面简称时序块）的长度 l，采用滚动抽样的方式，对时序块进行重复有放回抽样，可以得到 $(n-l+1)$ 个时序块样本。基于这种方法，时序块的划分是有重叠的，如图 6-3 所示。

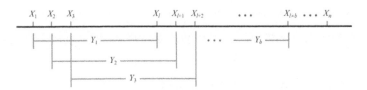

图 6-3　MBB 下的样本示意图

可以证明在这种方法下，每个时序块是独立同分布的，我们对使用数据抽样得到的 Bootstrap 样本进行下一步的预测。

2. NBB 和 CBB

传统的 MBB 主要存在两个问题，第一是时序块之间存在重叠，在形成的 Bootstrap 样本中存在重复的时间点；第二是存在边缘效应，在时间序列的开始和结尾处的数据采样概率较低，对预测结果的影响权重偏低。解决以上问题通常有两个方法，即 NBB（Non-overlapping Block Bootstrap，非重叠滑块自助法）和 CBB（Circular Block Bootstrap，循环滑块自助法）。

在 NBB 中，原本重叠的采样时序块样本被改为首尾相接的时序块，这些样本是完全独立的。NBB 可以保留 MBB 的绝大部分性质，包括样本的随机性和一致性，如图 6-4 所示。

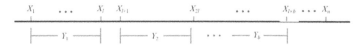

图 6-4　NBB 下的样本示意图

在 CBB 中，原始时间序列被转换为一个圆盘，通过将时间序列开始的部分衔接到结尾处，达到既能在采样中利用全部观测值，又能均衡每个数据点所起作用的目的。与 MBB 不同的是，对于长度为n的时间序列和长度为l的时序块，我们可抽取的样本个数为n。此方法的示意图如图 6-5 所示。

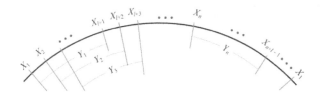

图 6-5　CBB 下的样本示意图

3. AR-Sieve Bootstrap

与基于时序块的方法不同的是，AR-Sieve Bootstrap 是基于模型的，需要建立一个AR(p)的时间序列模型，在对该模型的参数进行估计后，使用模型的残差进行采样。原始序列$\{X_1, \cdots, X_n\}$建立的AR(p)模型可表示为

$$X_t - \mu = \sum_{i=1}^{p} \phi_i (X_{t-i} - \mu) + \epsilon_t$$

其中μ为原始序列的期望，ϵ_t是与原始序列无关的、独立同分布的变量，其期望恒为零。在对AR(p)模型的参数ϕ进行估计后，可得到ϵ_t的估计量$\hat{\epsilon}_t = X_t - \sum_{i=1}^{p} \hat{\phi}_i (X_{t-i} - \mu)$，即为模型拟合的残差。对于该序列，我们可以得到其经验分布：

$$F_{\hat{\epsilon}_t}(x) = \frac{1}{n - \hat{p}} \sum_{t=\hat{p}+1}^{n} I[\hat{\epsilon}_t - \bar{\hat{\epsilon}}_t \leqslant x]$$

其中，$\bar{\hat{\epsilon}}_t = \frac{1}{n-\hat{p}} \sum_{t=\hat{p}+1}^{n} \hat{\epsilon}_t$。$F_{\hat{\epsilon}_t}(x)$作为由样本生成的经验分布，可以较好地模拟变量$\epsilon_t$的实际分布情况。由此，我们可以利用$F_{\hat{\epsilon}_t}(x)$，结合之前估计出的AR($p$)模型，递归地生成以下 Bootstrap 序列$X_t^*$：

$$X_t^* - \overline{X_n} = \sum_{i=1}^{\hat{p}} \widehat{\phi}_i (X_{t-i}^* - \overline{X_n}) + \widehat{\epsilon}_t^*$$

其中，$\overline{X_n} = \dfrac{\sum_{t=1}^{n} X_t}{n}$，$\widehat{\epsilon}_t^*$ 是独立同分布、满足经验分布 $F_{\widehat{\epsilon}_t}(x)$ 的残差序列。

6.3.2　时间序列模型的 Bagging 预测方法

对原始序列采用 Bootstrap 方法可以较好地扩充预测样本，并最终作用于预测模型上。在 Bootstrap 方法的基础上，我们可以对生成的序列样本应用传统的统计模型，通过组合多个模型生成增强的预测结果。本节介绍一个基于 STL 分解和指数平滑法的经典时间序列 Bagging 预测方法。

首先，我们对原序列 y_t 进行 Box-Cox 变换：

$$y_t^{\omega} = \begin{cases} \dfrac{y_t^{\omega} - 1}{\omega}, & \omega \neq 0 \\ \log y_t, & \omega = 0 \end{cases}$$

此后执行 Bootstrap 方法及预测，此处的 Bootstrap 方法基于时间序列分解的残差序列，由于残差序列服从独立同分布的正态分布，因此它满足 Bootstrap 样本的基本要求。在之前的章节中，我们对时间序列分解算法有了一定的介绍，对于非季节性序列，直接使用 Loess 回归进行分解；而对于季节性较强的序列，则需要使用 STL 分解，以得到趋势项、季节项、残差项。此部分主要是通过加法模型得到序列的残差值。残差序列是 Bootstrap 的样本来源，对该序列使用 MBB（或 AR-Sieve）进行重复采样，得到的 Bootstrap 样本会与之前的趋势和季节序列重新组合，最终组成多个样本序列，可分别进行预测。

该方法的整体流程如下。

步骤 1：Box-Cox 变换。使用最优参数 ω，对原序列进行 Box-Cox 变换。

步骤 2：时间序列分解。根据原序列是否有季节性，选用 STL 或 Loess 回归，分解原序列为趋势项 T、季节项 S（仅季节性序列有此项）、残差项 R。

步骤 3：自助抽样。使用 MBB（或 AR-Sieve）对残差序列进行重复采样，得到与原序列相同长度的 Bootstrap 样本，共组成 b 个残差序列 R_i^*（$i = 1, \cdots, b$），并将该序列与趋势项及季节项组合，即 $Y_i^* = T_i^* + S_i^* + R_i^*$。

步骤 4：逆 Box-Cox 变换。对得到的 Y^* 序列使用与步骤 1 相同的参数，进行 Box-Cox 的逆变换，得到序列样本 $\tilde{Y}$。

步骤 5：预测。使用 ETS 模型（或 ARIMA 模型）对每个序列样本 $\tilde{Y}$ 进行模型训练及预测，得到预测结果序列 $\widehat{Y_i}$ ($i = 1, \cdots, b$)。

步骤 6：组合。将各 Bootstrap 样本得到的预测结果序列按相同权重进行组合，得到最终的预测序列 $\widehat{Y} = \dfrac{1}{b}\sum_{i=1}^{b}\widehat{Y_i}$。

6.4　Prophet 模型

Prophet 模型是由原 Facebook（现改名为 Meta）在 2017 年开源的时间序列预测框架。根据 Facebook 所提供的说明，该模型可以较好地兼容时间序列中异常值和缺失值的情况，并且在传统时间序列领域关注的趋势和季节性问题上，使用多重机制提升了模型效果。与其他单变量预测模型不同的是，Prophet 模型增加了对节假日等事件的处理，融合了原序列以外的信息。面对多个模型成分，Prophet 模型提供了一个可扩展的模型框架，几乎可以全自动地完成模型的拟合和预测。

Prophet 模型在供应链领域的预测任务中有着较广泛的应用，主要原因是它对于多成分的分解刻画，对于促销、节假日事件的处理，以及非线性的引入可以明显提升模型预测效果。该模型融合了多个参数进行信息表征，用户可以根据对参数和数据的直观感知完成参数指定，同时可以调参以提升模型的表现。对于多信息带来的效率问题，Prophet 模型在底层进行了参数估计及推断的优化，着重提升了模型的拟合效率。

整体来说，Prophet 模型采用了分解的时间序列预测方法，将模型分为趋势、季节、节假日三项，表示如下：

$$y(t) = g(t) + s(t) + h(t) + \varepsilon_t$$

其中，$g(t)$表示时间序列的非周期性变化，即趋势方程；$s(t)$表示周期性变化；$h(t)$表示节假日等日期事件产生的不规律变化，这种效应可能会持续多天；ε_t为服从正态分布的噪声。

6.4.1　趋势项

Prophet 模型在趋势项的拟合中进行了重点优化，在传统模型中增加了非线性的预测能力。Prophet 模型支持的趋势方程主要分为两种：线性增长模型和逻辑增长模型。

1. 线性增长模型

首先使用最简单的线性模型来描述趋势的增长状态。一般来说，线性增长模型的形式如下：

$$g(t) = kt + m$$

此函数是最简单的线性增长形式，其变化趋势和基准值是不变的给定值。然而，时间序列中经常需要使用更多的非线性模型进行建模，具体来说，需要在模型中反映出时间增长率（系数k）和移动参数（系数m）是如何随时间变化的。由此，我们在趋势模型中显式地定义变点集合S，用于描述数据中效应的变化情况，在这些变点$\{s_j\}$中，我们认为增长率发生改变。同时，定义增长率调整系数$\boldsymbol{\delta} \in \mathbb{R}^S$，其中$\delta_j$是在时间点$s_j$发生的增长变化。对于任意时刻，增长率是原始值$k$与后续所有变化值的和，表示为$k + \sum_{j:t>s_j} \delta_j$。对于每一个变点，我们使用一个突变向量$a(t) \in \{0,1\}^S$表示，定义如下：

$$a_j(t) = \begin{cases} 1, & \text{若 } t \geqslant s_j \\ 0, & \text{否则} \end{cases}$$

$$k(t) = k + a(t)^{\mathrm{T}}\boldsymbol{\delta}$$

同时，对于移动参数m做相应的调整：

$$\gamma_j = (s_j - m - \sum_{l<j}\gamma_l)(1 - \frac{k + \sum_{l<j}\delta_l}{k + \sum_{l\leqslant j}\delta_l})$$

可以采用分段的带有增长参数变化的多段线性模型进行趋势模型拟合：

$$g(t) = (k + a(t)^{\mathrm{T}}\boldsymbol{\delta})t + (m + a(t)^{\mathrm{T}}\boldsymbol{\gamma})$$

此处，k为增长率原始值，$\boldsymbol{\delta}$表示增长率调整，m为移动参数，为使函数连续，γ_j设置为$-s_j\delta_j$。

2. 逻辑增长模型

然而在真实的时间序列中，广泛存在着饱和的增长曲线，即预测的序列存在某一上限C，时间序列会以某一增长概率逼近该值。例如，汽车备件的预测上限与相关汽车型号的保有量有着直接的关系。我们常用逻辑回归模型刻画这种增长类型，它的基础形式为

$$g(t) = \frac{C}{1 + \exp(-k(t - m))}$$

其中C为饱和容量，k为增长率，m为移动参数。

与线性增长模型类似，基础形式的饱和增长模型需要增加时间变化性。它的

饱和容量C在实际数据中往往是随时间变化的，因此需要将其用一个关于时间的函数$C(t)$代替；另外，增长率也应该是一个随时间变化的函数，模型需要包含历史数据的增长变化情况。

采取与线性增长模型相似的方式，我们得到最终的逻辑增长模型如下：

$$g(t) = \frac{C(t)}{1 + \exp(-(k + a(t)^{\mathrm{T}}\boldsymbol{\delta})(t - (m + a(t)^{\mathrm{T}}\boldsymbol{\gamma})))}$$

6.4.2　季节项

在面对多重季节性叠加的情况下，Prophet 模型采用了傅里叶级数进行周期效应的刻画。此时我们指定P为周期性长度，可以将季节项表示为

$$s(t) = \sum_{n=1}^{N} \left(a_n \cos\left(\frac{2\pi nt}{P}\right) + b_n \sin\left(\frac{2\pi nt}{P}\right)\right)$$

对于N个季节项，我们使用$2N$个参数，即$\beta = [a_1, b_1, \cdots, a_N, b_N]^{\mathrm{T}}$。此时可以生成一个季节简谐项$X(t)$，并将季节性表示为

$$X(t) = \left[\cos\left(\frac{2\pi t}{P}\right), \sin\left(\frac{2\pi t}{P}\right), \cdots, \cos\left(\frac{2\pi Nt}{P}\right), \sin\left(\frac{2\pi Nt}{P}\right)\right]$$

$$s(t) = X(t)\beta$$

此时$\beta \sim \mathrm{Normal}(0, \sigma^2)$为先验分布，可刻画季节性强度。值得注意的是，Prophet 模型支持多重季节性的叠加，由参数N控制季节项个数，但过大的N会导致模型的过拟合。

6.4.3　节假日及事件项

在实际的数据集中，除去规律性的趋势性和季节性，时间序列往往在特殊的节假日和事件中存在可预测性较强的效应。这些时间点往往无法使用原始序列采用自回归的方法得到，需要录入一些额外的事件信息，并将其囊括在预测模型中。

在 Prophet 模型中，节假日项被认为是相互独立的。在定义各事件时，需要定义各事件影响的过去和未来的天数，预先指定影响的时间范围，作为各事件对应影响的时间窗口。假设节假日事件i所对应的影响日期集合为D_i，此时我们指定函数$Z(t)$作为指示函数，判断是否受此事件的影响，对应的时间序列预测的变动影响为κ_i。在模型的表示和估计中，Prophet 模型对节假日项采用与季节项相似的方式：

$$Z(t) = [1(t \in D_1), \cdots, 1(t \in D_L)]$$
$$h(t) = Z(t)\kappa$$

此处我们指定$\kappa \sim \text{Normal}(0, \nu^2)$。当指定节假日时，比较重要的是确定潜在的节假日窗口，采用相同的节假日名称作为标识，将其效应进行统一估计，并作为模型的一部分增加到时间序列预测的成分中。

6.4.4　模型训练

1. 变点拟合方式

在 Prophet 模型的趋势方程中，变点是模型拟合的关键因素。在模型训练时，变点是由模型在候选点中自动选择的，我们一般对δ给定一个先验分布进行选择。首先指定数量较多的变点集合，并采用先验分布$\delta_j \sim \text{Laplace}(0, \tau)$。此时$\tau$直接控制模型对于变点的灵活度，值越高，越可能将更多的点指定为变点，增加模型的拟合度；较小的τ降低模型的拟合能力，但会控制过拟合现象。当$\tau = 0$时，趋势方程退化为标准逻辑或线性增长模型。

在进行不确定性预测时，Prophet 模型将历史序列的拟合延伸至预测空间。在历史序列中，我们在T个序列点中识别出变点S，并符合$\delta_j \sim \text{Laplace}(0, \lambda)$的先验分布。我们在未来增长概率的预测中，$\lambda$由历史序列的方差推断得到。在贝叶斯框架下可以取得后验分布，或使用极大似然估计值。在此分布下，未来的变点可以采用随机抽样的方式得到。因此通过多次重复抽样，我们可以假设未来的变点概率与历史序列保持不变，得到模型的不确定性预测结果。

2. 模型拟合推理过程

Prophet 模型使用贝叶斯框架，在 Stan 工具的 L-BFGS 算法中找到最优的后验估计。在前面介绍模型（指趋势项、季节项、节假日项）时，我们已经对各项参数的对应关系进行了阐述，Prophet 模型的拟合即通过这样的方式进行后验分布的估计。用户主要通过调整各项的先验分布，完成对各项强度的预先设定。各项参数与其先验分布参数的对应关系如图 6-6 所示。

在实际的模型开发过程中，Prophet 模型支持多种参数的定义方式，以方便开发者使用。例如，在趋势项的变点定义中，开发者可通过变点个数、变点发生的比例，或采用自定义的固定变点日历等方式，对变点进行一些先验知识的录入，再由模型通过参数优化得到最终的变点及相应的变化强度。对于节假日及事件的定义，Prophet 模型采用的是数据表的形式，规定各节假日名称、日期列表、向前窗口长度、向后窗口长度。

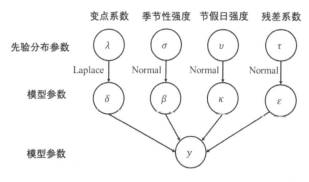

图 6-6　各项参数与先验分布参数的对应关系

　　Prophet 模型的一个显著的优势是可以得到模型各项的分解预测结果，包括趋势项、各季节长度对应的季节项、各节假日项。同时，Prophet 模型在各项的拟合中均显示出较强的预测能力。在趋势项中，Prophet 模型对原始的模型加入了变点机制，增加了模型的灵活度及对原有数据的表征能力；Prophet 模型也可以对节假日项进行额外信息的录入，并对参数进行推理。然而，Prophet 模型依然是一个单序列模型，即每一条时间序列均依靠自身完成模型拟合，无法提取到跨时间序列的特征。另外，Prophet 模型训练的成本较高，随着其参数个数的增加，开发者常需要使用较多的精力进行超参数的调优，以达到 Prophet 模型的最佳效果。

第7章
CHAPTER 7

深度学习模型

7.1 CNN 类深度网络

7.1.1 1D-CNN

1D-CNN 是一种特殊的卷积方法，体现在其卷积核的宽完全和时间序列的矩阵宽度保持相同，类似于 2D-CNN 对图片获取其局部特征，1D-CNN 旨在寻找时间序列，即"一维图像"上的局部特征。其具体的方法是：

（1）通过一个高维度的全连接层将时间序列数据的维度提升。

（2）使用 Reshape 方法转化为多通道的输入形式。

（3）使用一维卷积生成特征表征。

（4）经过池化层对输入进行压缩。

（5）循环执行（1）~（4），即多层卷积–池化处理，再对下一个时间点的值进行预测。

具体流程如图 7-1 所示。其中 Dense 表示全连接层，Resharp 表示修改张量矩阵的形状，Conv 表示卷积层，Pooling 表示池化层，Flatten 表示把多个矩阵展开成一个。

可以在步骤（5）中进一步优化和修改网络结构，例如使用残差网络作为后续网络进行预测，进一步提升预测准确率。

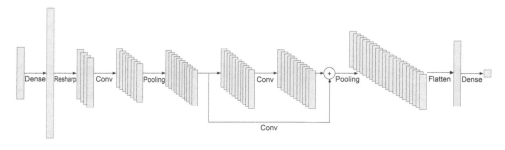

图 7-1　1D-CNN 流程图

7.1.2　WaveNet

WaveNet（波网）由DeepMind提出，最初应用于语音生成[1]。语音生成可以类比于时间序列预测，在WaveNet中，通过因果卷积确保模型对数据建模的时候不会违反时间的顺序，使用全部的历史数据（$x_1 \sim x_{t-1}$）来生成当前时间的x_t，构造的联合概率密度如下：

$$p(x) = \prod_{t=1}^{T} p(x_1, \cdots, x_{t-1})$$

CNN 类网络不能像 RNN 那样循环传递从很久之前的历史数据中学习到的序列规律，如果需要获得更大周期的特征，则需要把常规的 CNN 构建得很深，这样可以提取更加高阶特征的抽象。通过使用空洞卷积可以间接地扩大卷积核且不增加计算成本。因果卷积的计算过程如图 7-2 所示。

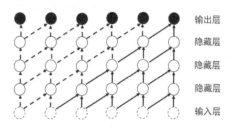

图 7-2　因果卷积的计算过程

[1]　Oord, Aaron van den, et al. "Wavenet: A generative model for raw audio." *arXiv preprint arXiv*:1609.03499 (2016).

从图 7-2 中可以看出，每一层的输出都是由前一层对应位置的输入及其前一个位置的输入共同得到的。如果输出层和输入层之间有很多隐藏层，那么一个输出对应的所有输入就越多，并且输入和输出离得越远，这时就需要考虑越早之前的输入变量参与运算，但这样就会增加卷积的层数，而卷积层数的增加会带来梯度消失、训练复杂、拟合效果不好等问题。

扩展卷积就是为了解决上述问题而提出的，通过跳过部分输入来使计算的点更加靠前，这样等同于增加零来扩展序列的长度后再进行计算，其计算过程如图 7-3 所示。

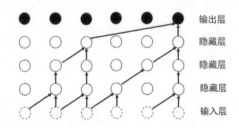

图 7-3   扩展卷积的计算过程

WaveNet 在基于因果扩展卷积的设计基础上，还加入了一些其他的组件，如残差连接组件，如图 7-4 所示。

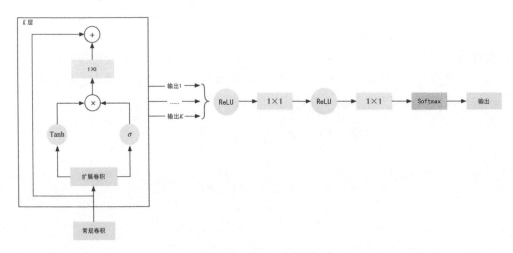

图 7-4   WaveNet 组件

其中左边方框部分就是比较常规的残差连接组件，残差块不断累加，每个残差块的输入都是上一个残差块的输出。

同时，在 WaveNet 的设计中，也增加了一个门控线性单元，即图 7-4 中的 Tanh 和 Sigmoid（图中的σ）部分。膨胀卷积的输出并没有直接通过 ReLU，而是通过 Tanh 和 Sigmoid 两个分支之后进行了相乘。这是一个门控激活单元，通过这种方式调节来自膨胀卷积的信息流。这和 LSTM 或 GRU 中使用的门控机制非常相似，因为这些模型使用相同样式的信息门控来控制对其单元状态的调整。例如，历史的某个时刻对目标的预测完全没有帮助，模型通过这种门控机制可以具有辨别的能力，即对于完全无关的噪声关闭输入门，不使用这些噪声进行预测，从而减少无用信息带来的负面影响。

7.2　RNN 类深度网络

7.2.1　ESN

RNN 通过反向更新权值来进行参数优化，随着训练的迭代，会出现两个潜在的问题：

（1）收敛速度变慢，这是由于反向更新时需要依次计算隐藏层（哪怕是在 LSTM 中有门限的情况下），这个过程会相当耗时。

（2）算法模型可能会陷入局部最优的问题，产生这个问题的原因可能是学习率的设定不恰当、数据标准化的方法不恰当或者更新策略的问题。基于这个问题，Jaeger在 2001 年提出了ESN（回声状态网络）的设计，该模型采用了一种不同于传统RNN的反向传播方式进行更新学习[2]。

ESN（也称为储备池计算）使用由随机生成的、稀疏的、连接固定不变的内部权重矩阵构成的神经元来组成储备池，即隐藏层，使用全连接层把输入投影到高维度，再通过激活函数进行非线性转化。ESN 将神经网络的隐藏层权值预先生成而非训练生成，与隐藏层至输出层的权值训练分开进行，其基本实现原理的前提是生成的储备池具有某种良好的属性，能够保证仅采用线性方法训练储备池至输出层的权值即可获得优良的性能。ESN 的结构如图 7-5 所示。

---

[2]　Jaeger, Herbert. "Echo state network."*scholarpedia* 2.9 (2007): 2330.

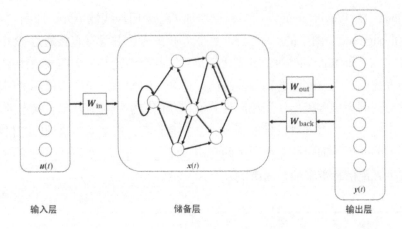

图 7-5　ESN 的结构

一个观测点 t 由输入层、储备层、输出层构成。节点设定输入为 $u(t)$，有 K 个节点；储备池状态为 $x(t)$，有 N 个节点；输出节点为 $y(t)$，有 L 个节点。类似于输入层是一个维度为 K 的全连接层，输出层是一个维度为 L 的全连接层。那么在观测点 t 时刻的状态就可以表示为：

$$u(t) = [u_1(t), \cdots, u_k(t)]^T$$
$$x(t) = [x_1(t), \cdots, x_k(t)]^T$$
$$y(t) = [y_1(t), \cdots, y_k(t)]^T$$

在此结构中，储备池类似于隐藏层的概念，对于每一个时刻的输入 $u(t)$，储备池（隐藏层）的状态更新方式为：

$$x(t+1) = f\big(W_{in} \times u(t+1) + W_{out}x(t)\big)$$

其中 W_{in} 和 W_{out} 都是在最初建立网络的时候随机初始化的，且固定不变。$u(t+1)$ 是这个时刻的输入，$x(t+1)$ 是这个时刻的储备池状态，$x(t)$ 是上一个时刻的储备池状态，在 $t=0$ 时刻可以用 0 初始化储备池。f 是动态储备池（DR）内部神经元激活函数，通常使用双曲正切函数 Tanh。

ESN 的输出通过如下公式计算得出：

$$y(t+1) = f \times W_{out}\big(u(t+1), x(t+1)\big)$$

在得到了输出后，就可以和真实值进行比对，计算损失函数。

储备池类似于神经网络的隐藏层，本质上是一个随机生成的、存在稀疏连接的、大规模的递归层。在构造储备池的过程中，ESN 设置了 4 个参数，包括储备池规模 N、储备池内部连接权谱半径 SR、储备池输入单元尺度 IS、储备池稀疏程度 SD。

储备池规模 N：储备池层中神经元的个数，对网络影响较大，N 的取值越大，网络的表征会更准确，预测精度越高，但是会有过拟合的风险，同时训练速度变慢。

储备池内部连接权谱半径 SR：SR 是储备池内部权值矩阵 W 最大特征值的绝对值，是影响储备池记忆能力的主要因素。一般需要保证 SR<1，ESN 才有回声状态性质，但后续研究逐步超越该界限，不再严格要求 SR<1。

储备池输入单元尺度 IS：IS 是输入连接至储备池之前需要相乘的一个尺度因子。相乘使得输入信号变换至神经元激活函数相应的范围内。

储备池稀疏程度 SD：内部神经元的连接情况，表示连接的神经元占总神经元的总数，即 Dropout 的一种实现。

在确定了这 4 个参数后，ESN 的训练过程可以分为三个阶段：

- 初始化阶段：确定储备池的大小，生成随机连接矩阵，随机生成输入和输出反馈的权值。
- 训练阶段：将样本依次输入模型，训练并更新储备池状态，再使用线性回归确定输出连接权值。
- 预测阶段：将预测的向量输入模型，获取预测结果。

7.2.2　TPA-LSTM

Shun-Yao等人在 2018 年提出了基于Attention的LSTM变种，在多变量时间序列预测的场景中取得了很好的效果[3]。该模型被分成了TPA和LSTM两个基本部分。LSTM部分与传统的LSTM相似，不再过多赘述，其主要目的是通过隐藏层和各个门的机制，提取长时间序列中的历史信息，以及多变量特征在高维度下的特征表征和特征组合。

而 TPA 部分，通过将 CNN 作为滤波器，提取了输入信息中的定长时间序列模式，使用了注意力机制中的评分函数方法，确定各个时间序列模式的权重，再根据权重大小输出最后的信息。TPA-LSTM 模型的结构如图 7-6 所示。

---

[3]　Shih, Shun-Yao, Fan-Keng Sun, and Hung-yi Lee. "Temporal pattern attention for multivariate time series forecasting." *Machine Learning* 108 (2019): 1421-1441.

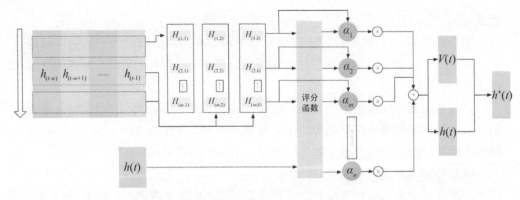

图 7-6   TPA-LSTM 模型的结构

在图 7-6 中可以看出，LSTM 生成的隐藏层状态为$h_{t-w}, \cdots, h_t$，使用同样长度的一维 CNN 作为滤波器，得到了新的特征表征$\{H_{m,t-m.w}, \cdots, H_{m,t}\}$，可以理解为对一个时间观测点的所有隐藏层的取值进行滤波，得到其表征。这种滤波操作通过以下公式计算得到：

$$H_{i,j}^C = \sum_{l=1}^{w} H_{i,(t-w-1+l)} \times C_{i,(T-w-1+l)}$$

其中 $\boldsymbol{C}$ 是宽为 w、长为 1 的卷积核，最后计算得到一个 $n \times k$ 大小的$\boldsymbol{H}^C$矩阵。

接下来对得到的特征表征进行注意力加权计算，计算每一个特征表征相对于全部特征表征的注意力权重。不同于基础的注意力机制，TPA 中令 query 的大小等于$\boldsymbol{H}^C$，key 的大小等于h_t，可以得到注意力得分的计算公式：

$$f\left(\boldsymbol{H}_i^C, h_t\right) = \left(\boldsymbol{H}_i^C\right)^{\mathrm{T}} W_a h_t$$

其中$\boldsymbol{H}_i^C$表示第 i 行$\boldsymbol{H}^C$。

类似于基础的注意力机制计算方法，通过使用 Sigmoid 函数来得到当前的注意力分数，计算公式为：

$$\alpha_i = \mathrm{Sigmoid}\left(f\left(\boldsymbol{H}_i^C, h_t\right)\right)$$

在得到了权重后，将其与 value 进行点乘运算，得到注意力特征，计算公式为：

$$\boldsymbol{v}_t = \sum_{i=1}^{m} \alpha_i \, \boldsymbol{H}_i^C$$

需要注意的是，这里只与最后一个隐藏层向量计算得分，最终的上下文向量表示对时间模式矩阵 $\boldsymbol{H}^C$ 行向量的加权求和，且其行向量代表单个变量的时间序列模式表征，因此 TPA 选择相关变量加权。

7.2.3 DeepAR 模型

在工业界，多时间序列预测、多量级预测、多时间长度预测的场景非常常见，例如，冷门商品和热门商品的销量可能存在非常大的差异，不同商品的 base level（时间序列数据四分量）差异很大，热门商品可能比冷门商品的销量高千倍甚至万倍，导致使用这部分数据进行预测时，输入数据的量级差距非常大。如果使用全局的归一化方法，则这种差距可能仍然存在，因此不同的商品会自己内部做归一化处理，使得其存在可比性。DeepAR 模型的预处理方式基于这种内部归一化，即便输入的是不同量级的数据，在进入模型之前，也会进行自归一化处理[4]。

相较于 LSTM 等模型直接输出一个确定的预测值，DeepAR 模型的输出是一个概率分布。这样做的好处是：

（1）很多过程中包含了一定的随机属性，相较于直接输出结果，输出概率分布可能更加贴合其本质，因此会提升预测精度。

（2）可以通过设定不同的置信区间来评估预测的不确定性。

DeepAR 模型采用的是自回归递归网络架构，通过一部分过去的时间点的取值对未来一段时间点的取值进行预测。假定存在时间序列 $Z_{i,t}$，以 t_0 作为观测点划分数据，那么已有的数据可以表示为 $Z_{i,1:t_0-1}$，未来需要预测的序列为 $Z_{i,t_0:T}$，再定义一些已知信息作为协变量 $X_{i,1:T}$，那么模型的预测目标则是联合概率分布 $P(Z_{i,t_0:T}|Z_{i,1:t_0},X_{i,1:T})$，这里的 $[1,t_0]$ 记为模型中的回溯时间（context length），$[t_0,T]$ 记为模型中的预测时间（predict length）。类似于 LSTM，假定概率分布 P 可以写为似然形式，如以下公式所示。

$$Q_\theta(Z_{i,t_0:T}|Z_{i,1:t_0-1},X_{i,1:T}) = \prod_{t=t_0}^{T} Q_\theta(Z_{i,t}|Z_{i,1:t},X_{i,1:T}) = \prod_{t=t_0}^{T} l\left(z_{i,t}|\theta(h_{i,t},\Theta)\right)$$

其中 h 表示一个 RNN 中隐藏层的计算结果，当前隐藏层的输出 $h_{i,t}$ 由上一个时刻的隐藏层 $h_{i,t-1}$ 和数据输入 $z_{i,t-1}$ 共同得出，再通过神经网络 $\theta()$ 将 $h_{i,t}$ 转化为给定分布的参数，确定了分布后，即可得出似然函数 $l\left(z_{i,t}|\theta(h_{i,t},\Theta)\right)$。

---

[4] Salinas, David, et al. "DeepAR: Probabilistic forecasting with autoregressive recurrent networks." *International Journal of Forecasting* 36.3 (2020): 1181-1191.

DeepAR 模型是一个典型的 seq2seq 的结构，编码器（Encoder）对输入的回溯时间（context length）进行编码，得到隐藏层 $h_{i,t-1}$，然后将其传输并作为解码器（Decoder）的初始化隐藏层，把 Decoder 迭代输出的 $h_{i,t}$ 转化为给定分布的参数，得到预测的概率分布。

DeepAR 模型的训练过程如图 7-7 所示。

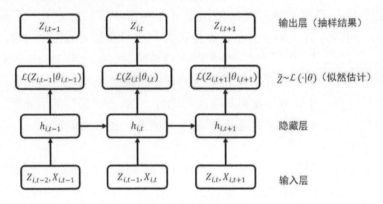

图 7-7　DeepAR 模型的训练过程

在训练过程中，所有的数据都是已知的，输入全部回溯长度的历史数据，计算下一个时刻的隐藏层的似然函数，再通过最大化似然函数得到模型训练的参数。在这个过程中，如果去掉中间的似然部分，那么和传统的 LSTM 非常相似。正如前面所述，对于训练过程，每一个时刻的模型输入包含两个部分，$Z_{i,t-2}$ 为 $t-2$ 时刻的时间序列观测值，$x_{i,t-1}$ 为 $t-1$ 时刻的外部变量，例如省份、年月日等，通过一个神经元得到 $t-1$ 时刻的特征表征，再通过一个全连接层得到 $Z_{i,t-1}$。

DeepAR 模型的预测过程如图 7-8 所示。

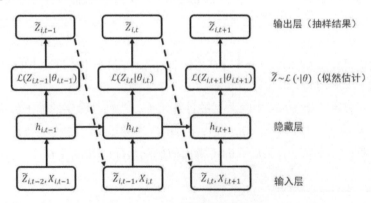

图 7-8　DeepAR 模型的预测过程

在预测过程中，模型只能得到当前时间点前的数据，因此在预测过程中，模型的输入是 $\tilde{z}_{i,t-2}$，代表上一个时刻的预测值，而不是真实值，再循环这个过程，得到下一个时刻的结果。而如前面所述，DeepAR 模型的预测是对预测值的概率的一种拟合，这个拟合过程分为两个步骤。

（1）人工指定一个概率分布，如一元高斯分布（预测一个一维时间序列的情况），其概率密度为：

$$l_G(Z|\mu,\sigma) = (2\pi\sigma^2)^{\frac{1}{2}}\exp(-(Z-\mu)^2/2\sigma^2)$$

（2）转化预测为分布拟合。如（1）中所假设，Z 符合一个一元高斯分布，那么就需要 μ 和 σ 来拟合这个分布。于是这个问题就转化为拟合 μ 和 σ。在这个部分，DeepAR 模型使用两个全连接层分别拟合 μ 和 σ。

如上两步所述，对于一个时间序列，其包含 n 个时间切片，进入网络结构后，输出 n 个时间序列，输出的时间序列通过两个全连接层分别拟合 μ 和 σ，在得到了 μ 和 σ 之后，计算高斯分布的期望值，选择高置信度的点采样并取均值作为预测值。

7.2.4　LSTNet 模型

在多变量时间序列的场景下，需要模型捕捉和利用多变量之间的动态相关性，例如比较常见的长期模式和短期模式混合的场景（如公路上的车辆数量等）。在这样的场景下，传统的方法，尤其是基于自回归模式的方法，大多不会区分长期或短期模式，也没有对它们进行特征提取和建模。LSTNet是基于这个目的设计的模型[5]，结合了卷积层和循环层，利用卷积来识别多变量之间的局部依赖关系，提取特征表征；循环层如同LSTM的设计，获取长期依赖和短期特征，利用周期性设计了一种递归结构，最后加入了传统的自回归线性模型，使得基于非线性变换的深度学习模型对于尺度变化不一致的时间序列具有更好的健壮性，更加适用于真实产生的可能包含突变的数据集，其效果相比传统LSTM和GRU更好。

LSTNet 模型的结构如图 7-9 所示。

---

[5]　Lai, Guokun, et al. "Modeling long-and short-term temporal patterns with deep neural networks." *The 41st international ACM SIGIR conference on research & development in information retrieval.* 2018.

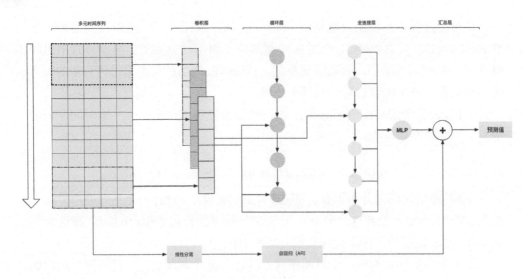

图 7-9　LSTNet 模型的结构

整体模型可以分为线性部分和非线性部分，其中线性部分包括自回归 AR 层；非线性部分包括 CNN 层、RNN 层和 Skip-RNN 层。

在 CNN 层中，LSTNet 的第一层使用了传统的 CNN，而不是像 TPA-LSTM 中，使用因果或膨胀卷积，并且在经过卷积后，并没有经过池化层。这部分卷积层的作用主要是提取时间维度下的短期特征，同时如图 7-9 所示，获得特征之间的局部依赖性和组合特征表征。卷积层包含多个卷积核，假设其宽度为w，高度为h且与变量个数相同，那么得到的特征矩阵 X 并生成隐藏层的计算方法如下：

$$h_k = \text{ReLU}(w_k X + b_k)$$

其中激活函数选择 ReLU，使用 0 进行填充操作。

RNN 层与传统的 RNN 没有任何区别，但是这里 LSTNet 加入了一个 Skip-RNN 层的设计。在进行卷积处理得到局部表征和短期特征后，在 GRU 和 LSTM 中，会存在一个问题：特别长期的相关性并不能很好地被捕捉到，LSTNet 通过"递归跳过组件"来缓解这个问题，使用 Skip-RNN 层获取基于长历史信息的相对长期的依赖关系。这个组件利用了真实数据的周期性模式，通过使用一个不同时间但是同一个周期长度的真实数据来提升数据跨度，具体来说即为当前的隐藏层单元与相邻周期的同一个周期相位的隐藏层单元添加连接，用公式表述如下：

$$r_t = \sigma(x_t W_{xr} + h_{t-p} W_{hr} + b_r)$$
$$u_t = \sigma(x_t W_{xu} + h_{t-p} W_{hu} + b_u)$$

$$c_t = \text{ReLU}(x_t W_{xc} + r_t \odot (h_{t-1} W_{hc}) + b_c)$$

$$h_t = (1 - u_t) \odot h_{t-p} + u_t \odot c_t$$

其中，隐藏层 h 的计算与普通循环神经网络（如 GRU）的区别在于，并不是使用 $t-1$ 时刻的隐藏层状态作为输入，而是使用 $t-p$ 时刻的隐藏层状态作为输入，这个 p 代表前面所述的周期。

那么，Skip-RNN 层和 RNN 层的输出将表示为：

$$h_t^{\text{D}} = W^{\text{R}} h_t^{\text{R}} + \sum_{i=0}^{p-1} W_i^{\text{S}} h_{t-1}^{\text{S}} + b$$

其中 h_t^{R} 是 RNN 层在 t 时刻的隐藏层状态，h_t^{S} 是 Skip-RNN 层在 t 时刻的隐藏层状态，W 和 b 是可以学习的参数。

自回归层（AR 层）：神经网络的输入规模并不会很大地影响输出的规模，这就导致当输入包含非周期性的数据集时，预测的精度会大幅度下降。为了解决这个问题，LSTNet 模型的最后预测部分加入了一个线性的自回归层，主要关注局部缩放问题，同时也能用来涵盖包含重复模式的非线性部分。自回归层通过以下公式实现：

$$h_{t,i}^{\text{L}} = \sum_{k=0}^{q^{\text{ar}-1}} W_k^{\text{ar}} y_{t-k,i} + b$$

其中 $h_{t,i}^{\text{L}}$ 是 AR 分量的预测结果，W_k^{ar} 是 AR 模型的系数，q^{ar} 是输入矩阵的大小，在这个模型中，所有维度共享同一组线性参数。

综上所述，可以得到 LSTNet 模型的最终输出，计算公式如下：

$$y_t = h_t^{\text{D}} + h_t^{\text{L}}$$

即循环层与线性层预测结果的线性组合。

7.2.5　ES-RNN 模型

ES-RNN（Exponential Smoothing and Recurrent Neural Networks）模型是一种混合预测方法，该方法包含了指数平滑模型（ES）和长短期记忆模型（LSTM）[6]。指数平滑模型使该方法能够有效捕获单个时间序列的主要组成部分，例如季节项

---

[6] Smyl, Slawek. "A hybrid method of exponential smoothing and recurrent neural networks for time series forecasting." *International Journal of Forecasting* 36.1 (2020): 75-85.

和水平项，而长短期记忆模型则允许预测非线性趋势，捕获时间序列数据集的全局组成部分。通过这种分层方式，ES-RNN模型可以提取时间序列数据局部和全局特征，从而提高预测准确性。

1. 模型主体

ES-RNN 模型主要有两个部分：去季节化和自适应归一化、生成预测结果。

1）去季节化和自适应归一化

神经网络不能很好地处理数据中的复杂季节性问题，例如不同时间序列的季节性周期不同、同一时间序列可能存在多种季节性周期等情况，因此在将时间序列数据输入 LSTM 网络进行预测之前，需要采用指数平滑法分解时间序列数据，得到水平项和季节项，便于去季节化处理。每条时间序列中季节项、水平项的平滑系数与 LSTM 全局神经网络的权重一起通过随机梯度下降（SGD）进行更新，因此在模型每回合的训练中，预处理的结果都不同。ES-RNN 模型选用了 Holt-Winters 乘性模型，根据时间序列数据的频率，使用非季节性（年粒度和日粒度数据）、单季节性（月粒度、季粒度和周粒度数据）或双季节性（小时数据）数据，每种情况的更新公式如下所示。

非季节性数据：

$$l_t = \alpha y_t + (1 - \alpha)l_{t-1}$$

单季节性数据：

$$l_t = \alpha y_t / s_t + (1 - \alpha)l_{t-1}$$
$$s_{t+K} = \beta y_t / l_t + (1 - \beta)s_t$$

双季节性数据：

$$l_t = \alpha y_t / (s_t u_t) + (1 - \alpha)l_{t-1}$$
$$s_{t+K} = \beta y_t / (l_t u_t) + (1 - \beta)s_t$$
$$u_{t+L} = \gamma y_t / (l_t s_t) + (1 - \gamma)u_t$$

其中，y_t 为时间序列在 t 时刻的值，l_t、s_t、u_t 分别为水平项、季节项和第二季节项，K 为季节性周期，例如季度数据为 4、月度数据为 12、周度数据为 52，L 是第二季节性周期（小时数据为 168）。这里可以通过应用指数函数使得 s_t 和 u_t 始终为正值，通过 Sigmoid 函数限制平滑系数 α、β、γ 的取值介于 0 和 1 之间。

时间序列数据在输入 LSTM 网络前，不仅需要去季节化，还需要进行归一化处理，以防止不同时间序列数据值差异过大引起模型的预测误差。这里采用自适应归一化的方法。与许多其他基于递归神经网络（RNN）的时间序列处理不同，基于自适应归一化的方法，输入窗口的大小可以大于 1。自适应归一化过程中对输入和输出窗口的大小进行了规范处理，输出窗口的大小始终等于预测长度，而输入窗口的大小由以下规则确定：对于季节性时间序列，至少覆盖整个季节性周期（例如，在季度时间序列的情况下等于或大于 4），而对于非季节性时间序列，输入窗口的大小应接近预测范围。在窗口滚动的每个时间步中，通过将输入和输出窗口中的值除以输入窗口中最后一个值来进行归一化处理，这将使得输入值和输出值接近 1，并保持时间序列的波动性，而与该时间序列的原始振幅无关。最后，应用了一个对数缩放函数，对数操作可防止异常值对模型训练产生过大的干扰。

2）生成预测结果

通过去季节化、自适应归一化及对数操作的前处理之后，可以在保留时间序列趋势性的同时达到平滑的效果，NNs 对经过前处理后的时间序列数据进行预测，输出预测结果后，需要通过以下方式将输出的预测结果合并为最终的预测结果，

$$\widehat{y_{t+1..t+h}} = \exp\bigl(\mathrm{NN}(\boldsymbol{x})\bigr) \times l_t$$
$$\widehat{y_{t+1..t+h}} = \exp\bigl(\mathrm{NN}(\boldsymbol{x})\bigr) \times l_t \times s_{t+1:...t+h}$$
$$\widehat{y_{t+1.t+h}} = \exp\bigl(\mathrm{NN}(\boldsymbol{x})\bigr) \times l_t \times s_{t+1:...t+h} * u_{t+1:...t+h}$$

其中 $\boldsymbol{x}$ 为预处理后的输入向量，$\mathrm{NN}(\boldsymbol{x})$ 为 LSTM 网络输出向量，l_t 为时刻 t 的水平值，h 为预测长度。

2. 网络结构时间序列

为了更好地描述整体框架，可以将 ES-RNN 模型中的参数分为以下三种类型。

（1）局部常量：这些参数反映单个时间序列的行为。它们不会随着窗口移动而改变。例如，指数平滑模型的平滑系数，以及初始的季节成分，都是局部常量参数。

（2）局部状态：这些参数随着窗口移动而变化。例如，水平项和季节项是局部状态参数。

（3）全局常量：这些参数反映了在全量数据中学习到的模式，不会随着窗口移动而改变。例如，LSTM 网络中的权值是全局常数参数。

典型的时间序列预测方法是针对每个时间序列进行训练的，这意味着它们只涉及局部常量和局部状态参数。另一方面，标准的机器学习方法通常在大型数据

集上训练，只涉及全局常量参数。这里描述的混合方法使用了所有三种类型的参数，部分是全局的，部分是特定时间序列的。

对于不同粒度的数据，网络的架构是不同的。总体来说，这里使用的神经网络络基于扩展 LSTM 的网络，并始终在输出层跟随一个自适应层，以匹配目标输出格式。LSTM 网络由一至两个块组成，块之间采用残差网络的形式。每个块由 1~4 层组成，属于一种扩展 LSTM（Dilated LSTM）。在标准 LSTM 中，t 时刻的输入是 $t-1$ 时刻的隐藏状态。在一个 k 阶滞后的 LSTM 中，t 时刻的输入是 $t-k$ 时刻的隐藏状态——提高了长期记忆的性能。例如，对于周粒度的时间序列数据，网络由两层构成的块组成，第一层的延迟等于 1，所以它是一个标准的 LSTM，第二层的延迟为 52，计算过去 52 个时刻的隐藏状态的权重。权值的计算采用 LSTM 的标准 2 层神经网络，它的输入是 LSTM 输入和上一个隐藏状态的拼接，它的权值由所有其他参数的梯度下降机制共同进行更新调整。

3. 实现细节

1）损失函数

由于预处理过程采用了对数缩放函数，因此模型系数在对数空间中学习，但最终的预测误差在线性空间中计算，为了解决这个问题，ES-RNN 模型采用了弹球损失函数（pinball loss function），函数定义如下：

$$L_t = (y_t - \hat{y}_t)\tau, \qquad\qquad y_t \geqslant \hat{y}_t$$
$$= (\hat{y}_t - y_t)(1 - \tau), \quad \hat{y}_t > y_t$$

其中 τ 略小于 0.5，一般在 0.45 至 0.49 之间。因此，弹球损失函数是不对称的，对于与实际值存在相同偏差的高估和低估情况，存在不同的惩罚，从而允许该方法处理偏差。

2）集成模型

考虑到数据集中包含多个未知来源的时间序列数据的情况，基于单个模型可能达不到最优的预测效果，因此引入集成模型思路，通过同时训练多个模型，且每个模型只考虑部分时间序列数据，从而提高预测的准确率。具体算法总结如下：

（1）创建一个模型池，对每个子模型随机分配部分时间序列数据（例如 50% 的时间序列数据）。

（2）对于每个子模型：

- 利用分配的部分时间序列子集执行一次训练。

- 记录子模型在训练集上的拟合效果。

（3）对于每条时间序列数据，根据每个子模型的拟合效果进行排序，然后给每条时间序列数据分配 Top-*N* 个最佳模型。

（4）重复步骤（2）和（3），直到验证集误差开始增长。

ES-RNN 模型作为一种混合模型，将指数平滑方法用于去季节化和自适应归一化后的时间序列数据，并使用集成的神经网络模型对其未来变化进行预测，ES-RNN 模型的层次结构使得它能将跨多个时间序列学习的全局部分（神经网络的权重）与时间序列特定部分（平滑系数和初始季节性成分）结合起来。ES-RNN 模型能够达到比传统时间序列集成模型更高的准确率，但由于使用了神经网络融合的方式，所需的计算资源相较传统模型也会增加很多。

7.3　Transformer 模型

相较于上述传统的深度学习方法，2017 年Google的机器翻译团队提出了一个基于注意力机制的深度学习模型，即Transformer模型[7]。这个模型完全地抛弃了CNN和RNN，完全使用注意力结构进行特征提取，再使用Softmax对注意力特征进行预测。由于语言翻译本质上就是一个长时间序列的预测场景，所以Transformer模型自然而然地就被应用到时间序列的预测中。值得注意的一点是，相较于传统深度学习方法，Transformer模型更加擅长于长时间序列的预测，因为更长的时间序列，所能提取到的特征更多，相对地，当前需要预测的时间段的特征表征就越多，因此预测效果就越好。基础的Transformer模型的结构如图7-10 所示。

其中的主要模块可以分为位置编码、多头（自）注意力、前向层、加性归一化（池化层、输出层）。

[7]　Vaswani, Ashish, et al. "Attention is all you need." *Advances in neural information processing systems* 30 (2017).

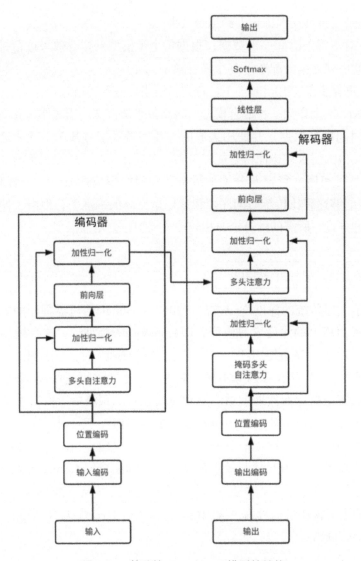

图 7-10　基础的 Transformer 模型的结构

7.3.1　位置编码

位置编码是一种相对特殊的编码层，传统模型中编码层的作用是将输入张量转化为目标大小的张量，可以理解为一种低维度向高维度的投影映射。但是在时间序列预测中，每个观测点与前后的观测点之间有顺序关系，因此这里将位置进行编码加入编码层，通过这种方法使位置关系对模型产生一定影响。这里的位置编码使用了绝对位置编码，通过以下公式实现：

$$PE_{pos,2i} = \sin(pos/10000^{2i/d_{model}})$$
$$PE_{pos,2i+1} = \cos(pos/10000^{2i/d_{model}})$$

7.3.2 编码器结构

Transformer 模型的编码器结构与 RNN 和 CNN 的主要区别在于完全抛弃了循环结构和卷积结构，使用完全的注意力机制来进行计算。同时，使用注意力层结合归一化层与前馈网络的整体结构，获取每个输入项的注意力特征。在这个过程中，输入可以是一个单词或一个具有/不具有时序性的观测点的取值，通过前面所述的编码方法，得到一个张量表达，再通过注意力机制的矩阵变化，将其转化为设计好的形状，获取后续特征。

7.3.3 注意力机制

在 Transformer 模型的结构中，注意力机制无疑是重中之重。注意，Transformer 模型中包含了两种类型的注意力机制，其一是自注意力机制（Self-attention），其二是基本的注意力机制。

在注意力机制中，引入了 3 个概念：Q 即查询张量 query；K 即关键词张量 key；V 即关键词的取值张量 value。QKV 矩阵通过输入变量的编码结果变换得到。在这个过程中，输入张量通过学习超参数变换为注意力矩阵，在得到了相应的 QKV 矩阵后，通过以下公式得到结果：

$$\text{Attention}(Q, K, V) = \text{Softmax}(\frac{QK^T}{\sqrt{d_k}})V$$

接下来逐一解释其中的变换。

以自注意力机制为例，如其名字所示，自注意力即序列本身的注意力特征，其计算流程如图 7-11 所示。

其中 Q、K、V 都是通过输入的张量乘以权重矩阵得到的，假设输入 X 为 $M \times N$ 的矩阵，那么权重矩阵 W_k 是一个 $N \times K$ 的矩阵，其结果为一个 $M \times K$ 的矩阵，这个矩阵就是如图 7-11 所示的查询矩阵 Q，其中每一个样本记为一个 query。这里可以这样理解，输入的张量中的每个样本是一个原始观测点的投影，假设原始观测点为 $M \times 1$ 的矩阵，每行是一个观测点，其经过 $1 \times N$ 的编码层，每个样本变成了一个 $1 \times N$ 的张量，这个投影后的张量再进行一次矩阵乘法计算，变成了一个 $1 \times K$ 的张量，这个张量是一个 query，所以 Q 中每一个张量都是一个样本。注意力机制的本质就是计算每一个 query 与给定的 key 之间的相似程度。

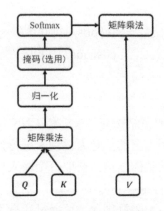

图 7-11   注意力计算流程

在自注意力这个特殊的机制中，每个样本本身既作为查询 query，也作为对标的 key，同时也是 key 所对应的 value，只是通过不同的权重矩阵进行变换，成为不同的张量。

根据上述公式，在 Q、K 的计算中，每个输入的 query 会遍历全部的 key 来进行相似度计算，那么可以通过矩阵乘法实现共同计算，如图 7-12 所示。

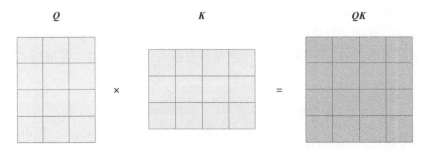

图 7-12 Q、K 的计算流程

在得到了 Q 相对于 K 的注意力特征后，使用 Softmax 进行多分类计算，判断哪一个 K 更相似，这里会得到一个注意力权重矩阵，如图 7-13 所示。

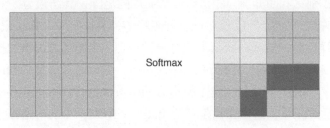

图 7-13   注意力权重矩阵

在得到权重后，为了将其转化为后续可以使用的张量，我们需要将每个 key 的取值进行加权计算，其过程如图 7-14 所示。

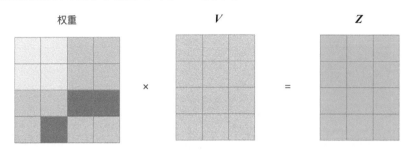

图 7-14　注意力特征构建过程

其中需要注意的问题是，这里的公式进行了一个除以根号 d_k，这样做的目的主要是矩阵计算后内积过大，导致 Softmax 出现偏移、分类结果不准确的问题。

自注意力机制与常规的注意力机制的区别在于，Q 和 K 的来源不同。例如，在整体的结构中，解码层的注意力块中，K、V 的输入是真实的目标值的编码张量，而输入的 Q 来自编码层的输出，即编码层输入的张量 Q 与解码层编码的真实值 K 的张量之间的相似关系。

如果输入的长度特别长，或者编码的维度特别大，则会出现一个问题，那就是尽管矩阵乘法的计算速度很快，也会由于数据过大而变慢，这里的处理办法就是多头注意力（Multi-head Attention）。

顾名思义，多头注意力就是将原有的一个 Q、一个 K 的计算变成多个 Q 的子块和 K 的子块分别计算。例如，当头数等于 8 时，其计算过程如图 7-15 所示。

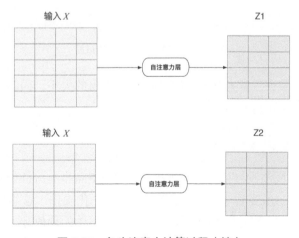

图 7-15　多头注意力计算过程（续）

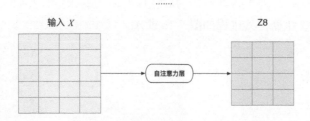

图 7-15   多头注意力计算过程

分别得到每个头中的计算结果后，通过拼接（Concat）操作将其拼接，再使用线性层进行线性变换，就可以得到最后的结果，其过程如图 7-16 所示。

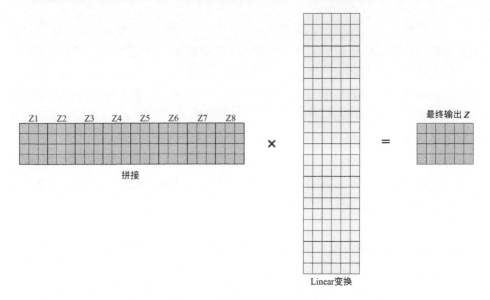

图 7-16   多头注意力结合过程

可以看到，多头注意力并不会改变输入和输出的大小，同时，注意力机制本身也不会改变输入和输出的维度。

7.3.4   层归一化与前馈神经网络

Transformer 模型没有使用传统的批归一化（Batch-normalize），而使用了层归一化（Layer-normalize）进行前向计算中的归一化操作。这里的主要考量是，在归一化过程中，计算的是某个维度下特征张量整体的均值和方差。而在批归一化中，是在特征维度进行归一化处理的，如果其中某个样本特别长，就会导致整体出现很大的偏差，而使用层归一化，是在样本维度进行归一化处理的，即对样本本身进行归一化处理，这样就避免了样本长度给整体带来的影响。

在完成归一化操作后，Transformer 模型使用了一个残差的操作，公式如下：

$$\text{LayerNorm}(X + \text{MultiHeadAttention}(X))$$

这个残差的操作主要是为了防止因梯度过小而发生的梯度消失的现象。

而 Transformer 模型中的前馈网络就是一个基本的全连接网络，其计算方式如下：

$$\max(0, XW_1 + b_1)W_2 + b_2$$

7.3.5　解码器结构

解码器的结构与编码器基本相似，区别在于两点：带掩码的自注意力块；注意力块。其中，带掩码的自注意力块主要为了应对一个问题，即 Transformer 模型本身是没有时间先后的概念的。但是在做时间序列预测的情况下，时间先后又非常重要，如果使用了未来的数据，则会造成时间穿越，即用未来知识预测过去的值，这样是不允许的。因此针对这个问题，加入了掩码的设定，即将当前时间点后的所有数据都置为负无穷，如图 7-17 所示。

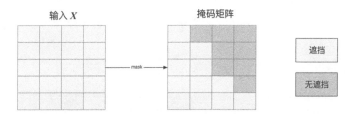

图 7-17　掩码矩阵生成过程

这里选用负无穷是因为 Softmax（–inf）=0，不会影响其他的值。

而在注意力块中，就如前面所提及，使用了编码层的输出作为输入，而不是使用自己本身。

7.3.6　输出结构

Transformer 模型的输出结构相对简单，就是将解码层的输出作为线性层的输入，再通过 Softmax 进行分类，或者使用全连接层进行回归预测。值得注意的是，Transformer 模型本身还是多步预测的一个过程。在模型训练的过程中，解码器的输入是真实值，每次预测一个值与真实值对比来计算损失值（loss），再预测下一个值，直到结束；而在预测过程中，解码器输入的是一个开始标志，而后将解码器预测的结果作为下一个时刻的输入，循环至预测结束。

7.4 N-beats 模型

相比较于前面提及的基于CNN、RNN和Transformer结构的模型，N-beats模型提出了一种完全基于全连接、用于时间序列预测的模型结构[8]。其核心思路是：通过多层全连接进行时间序列的分解，每层拟合时间序列的部分信息，即之前每个Block的预测结果与真实值之间的残差。

N-beats 模型的结构如图 7-18 所示。

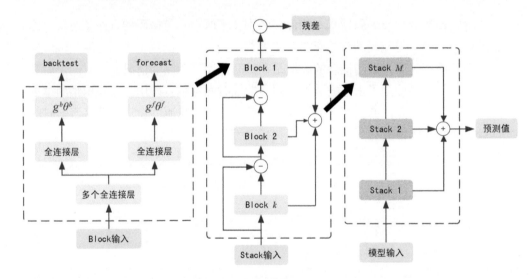

图 7-18　N-beats 模型的结构

其中，N-beats 模型分成了 3 个模块，即 Stack、Block 和 Basic。每个 N-beats 模型包含多个 Stack（建议使用 2 个），每个 Stack 包含多个 Block（建议是 3 个），每个 Block 里的是基础的全连接层（FC）。在 Stack 中，2 个 Stack 分别用于拟合趋势和拟合周期性，在 Stack 中的 Block 的权值也可以是共享的。

而在 Block 中，输入的数据经过一个四层的全连接层，在最后一个全连接层

[8]　Oreshkin, Boris N., et al. "N-BEATS: Neural basis expansion analysis for interpretable time series forecasting." *arXiv preprint arXiv*:1905.10437 (2019).

输出分为两个部分，分别进入两个全连接层。在这个过程中，一个全连接层输出 backtest（用多少历史数据来预测未来），另一个全连接层输出 forecasting（预测多久的未来数据）。每一个 Block 输出的 forecasting 最终直接相加并将结果作为一个 Stack 的输出的一部分，三个 Block 输出的 forecasting 直接做 sum 操作并将结果作为一个 Stack 的输出。而每一个 Block 输出的 backtest 和原始的输入相减，得到的结果作为下一个 Block 的输入。

在 N-beats 模型中，将输入的时间序列（维度为 length）映射成维度为 dim 的向量，再通过全连接层将其映射回 length。将时间序列映射成一个低维向量并保存核心信息，再还原回来，这个过程可以表示为：

$$\hat{y}_l = \sum_{i=1}^{\dim\left(\theta_l^f\right)} \theta_{l,i}^f \, v_i^f$$

$$\hat{x}_l = \sum_{i=1}^{\dim\left(\theta_b^f\right)} \theta_{b,i}^f \, v_i^b$$

其中，θ_l^f 表示将隐藏层输入线性层并得到输出。

7.5 Neural–Prophet 模型

Prophet模型类似于使用一种积木组合的方式对序列进行分解，对分解后的各项单独建模，再按需使用各项进行组合（多为线性组合）。而Neural-Prophet模型被称为升级版的Prophet模型，主要包含两方面的升级[9]。首先，引入了未来回归项（指在预测期有已知未来值的外部变量）和滞后回归项（指只有观察期的外部变量），在Neural-Prophet模型中，对这两种变量也单独建模，但是由于这两种变量都是已知或没有未来的变化，因此使用简单的单权重模型建模即可；其次，引入了自回归项（AR），使用一个用于时间序列的自回归前馈网络AR-Net实现。

对于一个典型的自回归模型来说，p 阶自回归的建模等同于过去若干数据之间的线性组合：

---

9   Triebe, Oskar, et al. "Neuralprophet: Explainable forecasting at scale." *arXiv preprint arXiv*:2111.15397 (2021).

$$y_t = c + \sum_{i=1}^{i=p} w_i \times y_{t-1} + e_t$$

AR-Net 仍然沿用这个思想，并通过添加隐藏层实现更精准的预测，即通过神经网络中的激活函数对隐藏层之间的传递添加非线性变化。同时，这里也通过引入正则项给原来的参数空间带来了一定的稀疏性。

这就使得 Neural-Prophet 模型的计算公式在原有基础上变为：

$$y(t) = g(t) + h(t) + s(t) + f(t) + a(t) + l(t)$$

其中，$f(t)$ 为未来已知发生的在 t 时刻的回归效应；$a(t)$ 表示基于过去观察的时间序列 t 的自回归效应；$l(t)$ 表示 t 时刻外生变量滞后观测的回归效应。

另外，在 Prophet 模型中并没有"全局"的概念，即当有一万个 SKU 进行预测时，就需要建立一万个模型，但是引入神经网络的概念后，可以通过共享全局参数来减少模型的训练数量。

7.6 Informer 模型

前面介绍了 Transformer 模型的基本构成和每个构成块的详细原理，Transformer模型本身适用于句子翻译等任务，如果句子过长，则可能导致注意力机制中某些关键词的"关注度"不足，使得准确率降低。同理，在长时间序列中，也会出现这种情况，反映为由于时间序列过长，导致历史数据中存在过多贡献相对小的注意力特征，而Informer模型就是一种针对长时间序列的Transformer模型的变种[10]。

Informer 模型主要优化了四个方面：

（1）在编码层加入时间的编码，解决了 Transformer 模型没有时间信息的问题。

（2）使用 Prob-Sparse Self-attention 筛选出重要的注意力特征，降低计算复杂度，提高关键特征的关注度。

（3）使用 Self-attention Distilling，通过蒸馏处理降低维度和参数量，加快模型拟合速度。

（4）相比于 Transformer 模型的多步预测（每次只能预测下一个时间点的结

10　Zhou, Haoyi, et al. "Informer: Beyond efficient transformer for long sequence time-series forecasting." *Proceedings of the AAAI conference on artificial intelligence*. Vol. 35. No. 12. 2021.

果），Informer 模型提供了生成式的解码器，一次预测所有结果。

Informer 模型的结构如图 7-19 所示。

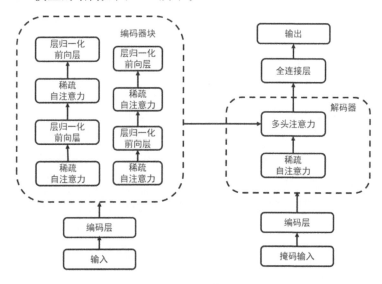

图 7-19　Informer 模型的结构

Informer 模型仍然是基于 Transformer 模型的 Encoder-Decoder 的架构，本节仅详述具体的改进部分，Transformer 模型的基础部分可以参考 7.3 节。

7.6.1　编码层

Informer 模型的编码层由三部分组成，其公式可以表示为：

$$X_i^t = \alpha u_i^t + \mathrm{PE}_{(Lx\times(t-1)+i)} + \sum_p [\mathrm{SE}_{(Lx\times(t-1)+i)}]_p$$

其中，αu_i^t 为通过一维卷积将原始输入映射到 D 维度；$\mathrm{PE}_{(Lx\times(t-1)+i)}$ 为位置编码，与 Transformer 模型相同；$\sum_p [\mathrm{SE}_{(Lx\times(t-1)+i)}]_p$ 为全局时间编码。对于时间编码，可以根据不同的预测维度进行调整，如预测为天粒度，那么输入数据为 [年，月，日]，将这部分数据同样使用一维卷积投影到 D 维度，再与前两项相加。这三部分共同构成了 Informer 模型的编码层，不仅包含每个时间点数据本身的特征表征，同时包含每个时间点的位置信息和时间信息。

7.6.2　Prob-Sparse Self-attention

在长时间序列预测中，历史信息大概率包含很多干扰信息或无用信息，这些信息同样会计算自注意力特征，同时构成注意力矩阵。在这样的情况下，时间序列越长，注意力矩阵就会越大，导致整体计算时间变长。传统的自注意力机制，需要 $O(L_Q L_K)$的内存及二次点击计算代价，并且无用信息也会带来零或者负收益，这是传统 Transformer 模型预测能力的主要缺点。

Informer 模型在计算完注意力矩阵后，并不是直接进行后续计算，而是通过不同的注意力特征的"分布"来判断该注意力特征是否有贡献，越有贡献的注意力特征应该越活跃，也就应该越偏离均匀分布。由此，使用 KL 散度来度量当前特征分布与均匀分布的相似程度即可，越相似的注意力特征越不重要。即计算完全部注意力特征与均匀分布的 KL 散度（相似程度）后，选择重要性最高的 Top-N 个（可以自己设定，作为一个参数）作为新的注意力矩阵，被舍弃的部分通过使用 V 矩阵的均值进行填充。这是由于如果 Attention 矩阵中的某个样本的注意力特征接近均匀分布，那么全部的"无用"注意力特征的权重也是均衡的，在经过 Softmax 计算后，得到的注意力向量即Softmax$(\frac{QK^{\mathrm{T}}}{\sqrt{d_k}})V$的结果也更接近 V 的平均值。

7.6.3   Self-attention Distilling

Informer 模型的 Encoder 层可以分为一个主 Encoder 层和一个减半的蒸馏层两部分。主 Encoder 层与 Transformer 模型本身没有太多区别，仅仅是使用了一维卷积来替代点积计算，加快了计算特征表征的速度，同时可以将卷积核作为一个超参数进行设定。在蒸馏层中，直接取输入的一半，并且抛弃了一层自注意力的数量，使得输出的维度与主 Encoder 层的输出维度相同，但是这部分蒸馏层可以过滤并得到更细致的信息，将这部分的输出和主 Encoder 层的输出进行拼接后，即得到了完整的 Encoder 层输出。主 Encoder 层配合蒸馏层的叠加设置相对于 Transformer 模型使用相同的多个 Encoder 层，减少了参数的设置，同时拟合速度也更快。

7.6.4   输出结构

在 Informer 模型的输出部分中，通过将输入进行掩码处理使其变为[历史数据，预测数据（掩码）]的形式，共同进入解码器，这样 Informer 模型每次将预测全部的预测数据的长度。Informer模型的预测流程如图 7-20 所示。

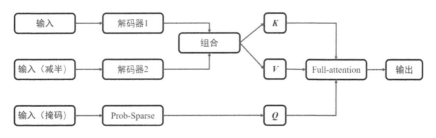

图 7-20　Informer 模型的预测流程

　　上面两个 Encoder 层分别对应主 Encoder 层和蒸馏层，将它们的输出连接，再通过权重矩阵的变换，得到了 V 和 K，Decoder 部分使用 0 遮盖（掩码）后的输入向量计算稀疏自注意力特征（图中的 Prob-Sparse），后续就是使用获得的 Q、K、V 进行 Full-attention 的计算，即可得到全部预测结果，这样要比传统的 Step-by-Step 的预测方式更加高效。

第8章

集成模型

　　同一零售商可能会提供多种多样的商品，例如眼镜店有不同颜色、型号、材质的镜片和镜框，服装店也有多种款式、颜色的服装。不同的商品在需求数量、需求频率、需求规律性等方面可能有所不同。算法模型中有名的"No Free Lunch"理论表明，面对多样的需求预测场景，单一的需求预测模型往往无法适配所有数据特征。此时，一般的做法是采用集成模型组合多个时间序列模型输出预测结果。实践表明，集成模型的预测效果一般优于单一时间序列模型，使用集成时间序列模型预测被认为是一种成功地降低模型选择错误风险的方法。集成模型主要关注两个问题，一是如何从多个模型构成的"模型池"中选择适合的模型，即模型选择问题；二是如何将被选取的模型进行组合，形成集成预测结果，即模型组合问题。本章介绍的几种经典集成模型，正是从这两点入手来提升整体预测准确率的。

8.1 基础策略

　　俗话说："三个臭皮匠，赛过诸葛亮"，那么如何将三个"臭皮匠"的建议结合起来呢？对于预测场景，就变成了如何组合不同预测模型输出的问题。最基础的做法是将模型选择视为一个分类问题，其中的类别对应可用于预测的不同模型，建立一个需求预测的自动化模型选择框架。具体来说，首先记录历史时期内不同产品的特征及其对应的不同模型的表现，以构建训练数据、建立分类模型；

对于未来的数据，根据特征数据进行分类，自动选择预测精度可能最高的模型。产品特征可能包括品类特征、季节性特征、历史销量特征、促销事件特征等，综合考虑多种可能影响该产品未来销量的数据。

　　需要注意的是，上述方法中每个预测维度的最终预测结果仍是由单个模型给出的，而单个模型可能只关注到部分对预测有影响的信息，但不同的预测模型能够捕捉可用于预测的信息的不同方面，因此集成模型出现在更多的预测场景中。集成模型并不是具体指某一个算法，而是一种把多个弱模型融合在一起变成一个强模型的思想。单个模型的预测能力不高，多个模型往往能提高预测能力，并且单个模型容易过拟合，多个模型融合可以提高泛化能力。

　　随着集成模型概念的传播，其应用也越来越广泛。例如，在天气预测过程中，气象学家也在考虑综合预报的潜力。图 8-1 是一个简化的例子，第一行"真实结果"表示预测期（7 天）中的真实天气情况，"预测 1"至"预测 5"分别代表 5 个子模型对这 7 天天气情况的预测结果，"组合结果"表示利用"少数服从多数"的投票法将 5 个子模型的预测结果进行组合得到的最终预测。

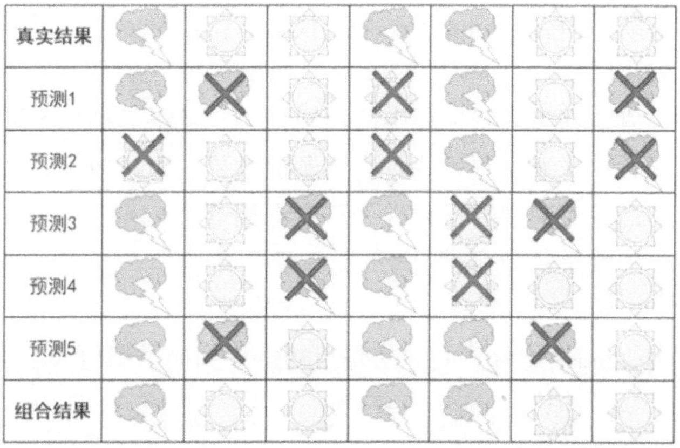

图 8-1　天气预测中的集成模型

　　可以看到多个模型组合后显著地提升了预测效果：5 个子模型中每个子模型的预测都不是完全准确的，都会有 2～3 天预测错误的情况，但是使用投票法融合之后，最终的预测结果 100%正确。上述例子简单展示了集成预测的思路，对于类别变量的预测可以采用简单的投票法，而传统的销量预测是对连续型变量的预测，那么该如何组合不同子模型的销量预测值呢？一个简单有效的方法是采用平均值法，即将不同子模型预测值的均值作为最终的预测值。例如，假设选取简单移动平均模型、指数平滑模型和 ARIMA 模型作为模型池，分别利用这三个子模型进行未来销量的预测，则最终的预测结果为这三个子模型的预测均值。类似的方法还有中位数法，即将不同子模型预测值的中位数值作为最终的预测值。

除了上述投票法、平均值法等简单组合思路，Stacking（堆叠法）也是集成模型框架中的一种常用思路，即在不同子模型预测结果的基础上再加一层模型，通过训练一个新的学习器组合不同子模型的预测结果，从而得到最终的预测值。图 8-2 简单展示了 Stacking 在预测场景中的应用。

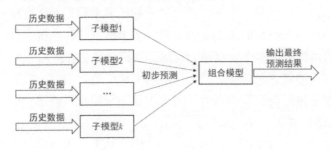

图 8-2   预测场景中的 Stacking

若以回归模型作为 Stacking 中的组合模型，则还可以把集成预测方法放在回归框架内，即放在以实际值为响应变量、以不同子模型的预测值为解释变量的回归模型中，平均值法即为回归方程中截距项为 0、各子模型的系数均相等且加和为 1 的特殊情况。为了获得更好的拟合和预测效果，可以放宽约束条件，即截距项并不一定为 0，各子模型的系数也不需要都相等且加和为 1。将各子模型的系数视为组合预测的权重，则意味着权重之和不一定为 1，且各子模型的权重可以不同。假设共有 N 个子模型，第 i 个子模型的预测值表示为 $\widehat{Y}_i$，其中 $i \in \{1,2,\cdots,N\}$，基于回归的组合预测方法得出的最终预测结果可表示为：

$$Y = \beta_0 + \beta_1 \widehat{Y}_1 + \beta_2 \widehat{Y}_2 + \cdots + \beta_N \widehat{Y}_N$$

只要确定参数 $\beta_0, \beta_1, \cdots, \beta_N$ 的取值，就可以得出最终的预测值。对于平均值法，给定 $\beta_0 = 0$ 且 $\beta_1 = \beta_2 = \ldots = \beta_N = \dfrac{1}{N}$，这种方法操作简单，但参数 $\beta_0, \beta_1, \cdots, \beta_N$ 没有将组合后的预测值与真实值之间的差距考虑在内。一般情况下，为了达到更好的预测效果，需要给表现较差的模型分配较低的权重。因此，在确定参数之前，需要利用历史销量数据训练回归模型，建议采用 Lasso 回归模型，通过在线性回归的损失函数中添加正则化项（L1）来防止简单线性回归中可能发生的模型过拟合，这样可以将表现糟糕的模型的系数缩小为零，达到模型筛选的目的，提升预测精度并且减小预测时的计算负担。

训练 Lasso 回归模型时，需要预留出至少与预测时间长度相等的历史数据作为验证集。分别利用各子模型在验证集上的预测结果作为解释变量，将验证集上的真实销量数据作为响应变量，并限定系数非负，训练回归模型，即可得到各子模型的权重系数。在预测未来数据时，先分别得到各子模型对未来的预测值，再利用训练好的 Lasso 回归模型，得到最终的组合预测值。特别地，在训练回归模型时，可以考虑对子模型的预测值和真实值取对数或使用 Box-Cox 变换，保证其正态性，以达到更好的预测效果。

与单一模型相比，集成模型可以考虑到更多的历史信息，并且尽可能避免得出最差的预测结果。另外，随着预测时间的推移，单一模型的预测准确率会不断下降，使用集成模型，可以降低模型的不确定性随预测水平增加的程度。此外，与机器学习模型相比，选用线性回归模型进行预测模型组合的好处在于模型训练简单，对历史数据量的要求较低，并且模型可解释性较高，可以明确每个子模型对最终预测值的贡献。

8.2　WEOS

WEOS（Weighted Ensemble Of Statistical models，基于统计方法的加权集成模型）是 M4 时间序列预测竞赛中获得第三名的模型[11]，主要通过时间序列模型的集成来提升预测效果。WEOS 模型采用分类选型的方法，根据是否存在明显的季节性和趋势性将时间序列数据分为不同的类别，然后对不同类别的数据分别进行模型筛选并确定子模型权重，根据每个时间序列对应的类别，找到其所对应的模型池进行预测，最终以时间序列数据的预测加权和作为预测结果。WEOS 模型的框架如图 8-3 所示。

根据上述模型框架，具体可以分为如下几个步骤：

（1）对时间序列进行分类。

（2）为每个类别选择初始模型池。

（3）通过滚动回测方式衡量每个子模型的预测误差。

（4）模型选择与权重确定。

（5）计算最终预测结果。

[11]　Pawlikowski M, Chorowska A. Weighted Ensemble of Statistical Models[J]. 2018.

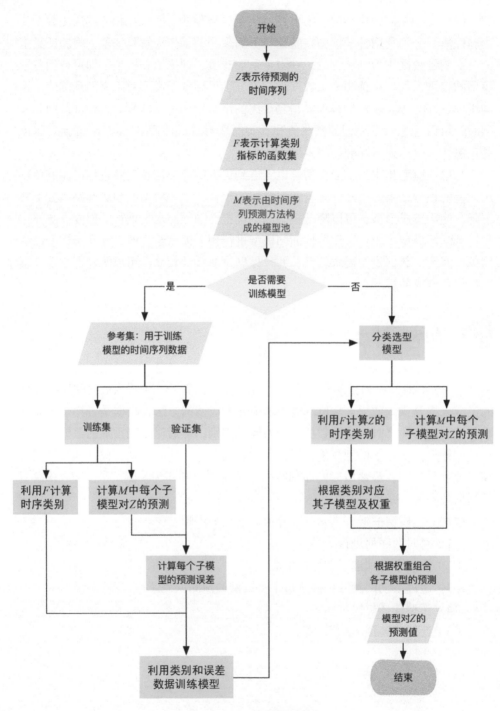

图 8-3　WEOS 模型的框架

8.2.1 时间序列分类

WEOS 模型采用的分类指标包括趋势性和季节性,其中趋势性采用 Mann-Kendall 趋势检验、季节性采用自相关检验,用户可以根据实际数据情况采用不同的分类指标。

1. 趋势性检验

Mann-Kendall 检验简称 MK 检验,是一种非参数检验方法,数据不需要满足正态分布的假设,适用于分析时间序列数据中是否存在趋势,趋势分为无明显趋势(稳定)、趋势上升、趋势下降。

MK 检验的原假设为数据中不存在单调趋势,备择假设为数据中存在单调趋势。给定一个长度为 n 的时间序列 $\{x_1, x_2, \cdots, x_n\}$,定义符号函数:

$$\text{sgn}\left(x_i - x_j\right) = \begin{cases} 1, & x_i - x_j > 0 \\ 0, & x_i - x_j = 0 \\ -1, & x_i - x_j < 0 \end{cases}$$

并构造统计量 S:

$$S = \sum_{i=1}^{n-1} \sum_{j=i+1}^{n} \text{sgn}\left(x_j - x_i\right)$$

如果 S 是一个正数,那么后一部分的观测值相比之前的观测值会趋向于变大;如果 S 是一个负数,那么后一部分的观测值相比之前的观测值会趋向于变小。当 $n \geq 8$ 时,统计量 S 大致服从正态分布,其分布均值为 0,方差如下:

$$\text{VAR}(S) = \frac{1}{18}\left[n(n-1)(2n+5) - \sum_{p=1}^{g} t_p(t_p - 1)(2t_p + 5)\right]$$

其中,g 是时间序列数据中重复组的个数,t_p 是第 p 个重复组中包含的数据点个数。例如,一组时间序列数据是 $\{12, 56, 23, 12, 67, 45, 56, 56, 10\}$,则有两个重复组 $\{12\}$ 和 $\{56\}$,即 $g=2$,重复组 $\{12\}$ 中包含两个数据点,则 $t_1=2$,重复组 $\{56\}$ 中包含三个数据点,则 $t_2=3$。

利用均值 $E(S)$ 和方差 $\text{VAR}(S)$,计算得到 Mann-Kendall 统计量 Z_{MK},该统计量服从标准正态分布。统计量 Z_{MK} 的表达式如下:

$$Z_{\text{MK}} = \begin{cases} \dfrac{E[S]-1}{\sqrt{\text{VAR}(S)}}, & E[S] > 0 \\[2mm] 0, & E[S] = 0 \\[2mm] \dfrac{E[S]+1}{\sqrt{\text{VAR}(S)}}, & E[S] < 0 \end{cases}$$

在置信度水平为α的假设检验中，若$Z_{\text{MK}} > Z_{1-\alpha/2}$，则时间序列趋势为单调递增，若$Z_{\text{MK}} < -Z_{1-\alpha/2}$，则时间序列趋势为单调递减。

2. 季节性检验

为了确定一个时间序列是否具有季节性，WEOS 模型采用 M4 预测竞赛基准方法中的季节性检验。给定一个长度为 n 的时间序列数据，假设其季节性周期为 m——年度数据的 m 为 1，季度数据的 m 为 4，月数据的 m 为 12，以此类推。季节性检验基于自相关函数，当数据具有季节性时，自相关值 ACF 在滞后阶数与季节性周期相同时较大。m=1 和 $n<3m$ 的序列不需要检验并假设为非季节性序列。其他情况如果满足以下规则，则该序列被认为是具有季节性的：

$$|\text{ACF}_m| > q_{1-\alpha/2}\sqrt{\frac{1 + 2\sum_{i=1}^{m-1}\text{ACF}_i^2}{n}}$$

其中 ACF_i 是滞后阶数为 i 的自相关函数值，q 是正态分布的分位数函数，一般选择 90%的置信水平（α=0.1，$q_{0.95}$=1.645）。

8.2.2   确定模型池

简单起见，对所有类别使用相同的初始模型池，经过模型筛选之后，再得到每个类别特定的模型池。初始模型池中的方法包括：

- 朴素预测方法。
- 季节朴素预测方法。
- 自动调参的 ETS 方法。
- Theta 方法。
- 自动调参的 ARIMA 方法。
- 线性回归方法。

模型池中可能存在同一方法的不同变体，例如指定季节性周期为 7 的 ETS 方法与指定季节性周期为 30 的 ETS 方法可以作为两个子模型，Theta 方法包括传统 Theta 方法和优化后的 Theta 方法等。根据实际数据特点，可以进行模型的增减，例如对于间断性数据，可以添加 Croston 等间断性预测方法。

8.2.3　滚动回测

为了比较模型池中不同方法在每个类别数据上的预测效果，需要进行模型回测，计算每个子模型在历史数据上的回测准确率，为了避免偶然性，这里采用滚动回测的方式。

对于每条时间序列：

（1）将时间序列分解为训练集和验证集两部分。

（2）使用模型池中的每个子模型依次进行回测。

（3）计算每个模型在验证集上的平均误差。

单次回测长度固定为 1，滚动回测次数为 N，回测误差函数为 MAPE，通过误差加权函数 f 计算得到 N 次回测的整体误差，误差加权函数 f 可以使用平均加权或者指数加权，最终通过参数搜索选出最优的 N 与 f。

假设 X 是长度为 30 的年度时间序列数据，$N=3$，f 采用平均加权，所使用的模型池中有 5 个模型 m_1、m_2、$\cdots$、m_5，则对于 $\forall i \in \{1,2,3,4,5\}$，$j \in \{1,2,3\}$，需要根据子模型 m_i 对 X 前 $30-j$ 项的预测结果计算 MAPE 误差 $e_{i,j}$，并对每个模型计算误差均值：$s_i=(e_{i,1}+e_{i,2}+e_{i,3})/3$。

8.2.4　模型选择与权重确定

WEOS 模型为相同类别的时间序列选择相同的模型组合，因此模型选择与权重确定过程均以类别为单元进行。对于每个类别，根据该类别中所有时间序列的回测结果进行模型筛选。这里利用类似向后逐步回归的方法为每个类别的时间序列选择模型，即先将所有子模型纳入考虑，进行模型组合，并计算模型组合后的平均误差，然后依次考虑剔除偏差较大的子模型。

在进行模型组合时，需要确定每个子模型的权重。基于回测误差偏大的模型在组合模型中权重偏小的思想，计算每个模型的初始权重。常用的基于回测误差的权重确定方式有三种，假设回测误差为 S，ϵ 为一个接近于 0 的值，则三种权重的计算公式分别如下，最终通过参数搜索选出最优的 g。

$$g_{\text{inv}}(S) = 1/(S + \epsilon)$$
$$g_{\text{sqr}}(S) = g_{\text{inv}}^2(S)$$
$$g_{\text{exp}}(S) = \exp(g_{\text{inv}}(S))$$

对于每个类别，模型筛选的步骤如下：

（1）利用归一化后的初始权重对所有子模型在验证集上的预测值进行加权求和，然后计算组合模型在验证集上的平均误差。

（2）根据每个子模型在验证集上的平均误差对模型进行降序排列。

（3）按照（2）中的顺序，剔除当前未考虑的在验证集上平均误差最大的模型。

（4）重新进行模型组合，计算新的组合模型在验证集上的平均误差。若组合模型的平均误差增加，则将剔除的模型再放回模型池。

（5）重复（3）、（4）步，直到所有模型均被考虑过（保证模型池中至少有一个模型）。

（6）输出该类别时间序列数据对应的模型池及子模型权重。

WEOS 模型的选择思路如图 8-4 所示。

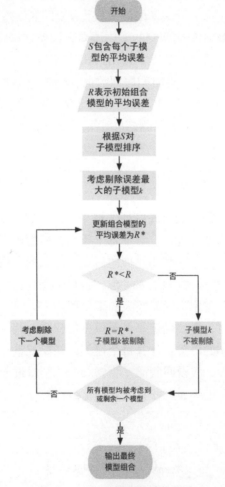

图 8-4　WEOS 模型的选择思路

8.2.5　最终预测

对于每条时间序列，利用模型筛选的结果，根据其对应的类别匹配经过筛选的模型池及子模型权重，然后利用模型池中的每个子模型建模并得出预测值，再对这些预测值加权求和得出最终的预测值。

在 M4 预测竞赛中，集成模型是一种非常流行的方法，对模型池中所有子模型的预测结果取平均值虽然操作简单但不是最优的方法，WEOS 模型能达到较高准确率的关键是慎重筛选模型池和确定模型权重。另外，简单地组合几个性能最好的模型也不能得到最优结果。例如，将朴素预测方法纳入模型池在许多情况下提高了预测的准确性，但作为一个单一模型，朴素预测方法通常表现最差。

8.3　FFORMA 模型

在集成时间序列模型中，主要的挑战是选择一组合适的权重来组合多个单一预测方法。在许多情况下，为每个预测方法分配不同的权重比简单地使用相同的权重更糟糕——这就是众所周知的"组合预测难题"。FFORMA（Feature-based Forecast Model Averaging）模型是 M4 预测竞赛中表现优异的方法之一，由Montero-Manso 等人提出，它采用了一种基于时间序列特征的元学习算法来解决模型组合问题[12]。FFORMA 模型稳健的效果和良好的工程成本让其成为一种非常流行的方法。与 WEOS 模型不同，FFORMA 模型没有对数据进行分类，而是利用时间序列特征描述不同的数据特点，从而将模型选择和权重确定问题交给机器学习模型完成，构造基于时间序列特征的模型组合框架。

8.3.1　模型框架

FFORMA 模型利用基于时间序列特征的机器学习模型对多种时间序列预测方法进行加权组合，从而得到比单一预测模型更好的预测效果。FFORMA 模型的框架分为两部分，如图 8-5 所示。第一部分是使用一些已有的时间序列来训练一个元模型，为各种可能的预测方法分配权重。具体来说，将数据切分为训练集和测试集，在训练集上计算时间序列特征并拟合多个时间序列预测方法，在测试集上计算损失函数值（衡量真实值与预测值的差值），再通过最小化加权组合模型的平均预测损失，训练得到基于时间序列特征的权重模型。第二部分是使用加

12　Montero-Manso P, Athanasopoulos G, Hyndman R J, et al. FFORMA: Feature-based forecast model averaging[J]. International Journal of Forecasting, 2020.

权组合模型来预测新的时间序列，即基于已训练的模型，输入新数据的特征，得到不同时间序列预测方法的权重，从而组合不同时间序列预测方法的结果并输出最终预测值。这一方法优于时间序列预测文献中较为流行的单一时间序列预测方法，也优于一些简单的组合预测模型。

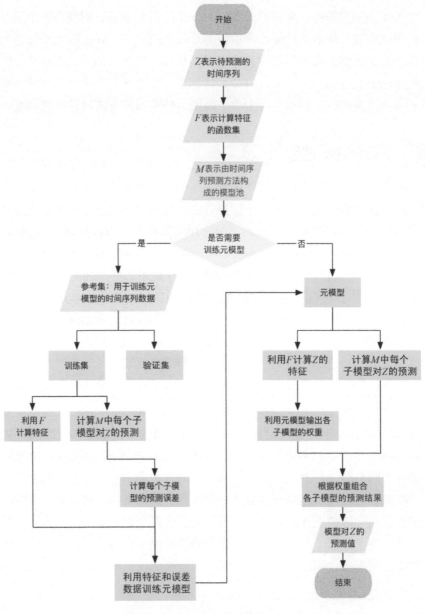

图 8-5　FFORMA 模型的框架

8.3.2　算法细节

　　FFORMA 模型使用了包括时间序列长度、趋势性强度、季节性强度及滞后相关性等在内的 42 个时间序列特征，Python 的 tsfeatures 模块提供了这些特征的计算函数，部分特征如表 8-1 所示。

表 8-1　时间序列特征举例

序号	特征名称	描述
1	'T'	时间序列长度
2	trend	趋势性强度
3	seasonality	季节性强度
4	linearity	线性度
5	curvature	曲率
6	spikiness	峰度
7	stability	稳定性
8	lumpiness	波动性
9	entropy	谱熵
10	hurst	赫斯特系数
11	nonlinearity	非线性度
12	seasonal_period	季节性周期
13	nperiods	季节性周期个数
14	y_acf1	一阶自相关系数
…	…	…

　　FFORMA 模型将 R 包 forecast 中的 8 个时间序列预测方法放入了模型池中，具体包括朴素预测方法、含常数项的随机游走方法、季节朴素预测方法、Theta 方法、自动调参的 ARIMA 方法、自动调参的 ETS 方法、TBATS 方法和 STLM-AR 方法。

　　FFORMA 模型中引入机器学习方法的目的是产生一组权重，以组合模型池中的这些单一预测方法。对每个时间序列分别计算时间序列特征、分别拟合每个时间序列预测方法并计算误差后，就得到了权重模型建模所需的数据。传统的模型选择方法是将训练过程转化成一个分类问题，可以基于特征选择模型池中表现最佳的单一模型，这种方法的弊端是没考虑到不同预测方法的预测误差相近的情况，以及不同时间序列的预测误差的大小差异。因此，FFORMA 模型没有使用分类方法来训练元学习算法，而是以最小化加权组合模型的平均预测损失为目标，使用 XGBoost 这一梯度提升树方法训练基于时间序列特征的权重模型。这种方法比训练分类模型更通用，可以被认为是对每个预测方法的权重（预测误差）的分类，每个预测方法的权重（预测误差）随时间序列的不同而不同，并将不同时间序列的重要性不同考虑在内。在新的数据输入后，计算每个时间序列的特征，利用已训练好的模型，给每个时间序列完成模型权重分配，若权重为 0 则代表该模型没有被选中。这里包含了一个假定，即新的时间序列与用于训练模型的时间序列来自相似的数据生成过程。

FFORMA 模型的运行包括两个阶段：离线阶段——基于特征和误差训练一个机器学习模型；在线阶段——使用预先训练过的机器学习模型为新时间序列确定一个预测组合权重。算法 8-1 给出了 FFORMA 框架的伪代码。

算法 8-1　FFORMA 框架：基于元学习的预测组合

离线阶段：训练模型

1. 确认输入

$\{x_1, x_2, \cdots, x_N\}$：供模型训练的 N 个时间序列；

F：一组计算时间序列特征的函数；

M：模型池中的一组预测方法，如朴素预测方法、自动调参的 ETS 方法、自动调参的 ARIMA 方法等。

2. 确认输出

元学习器：一个根据时间序列特征生成权重的函数。

3. 准备数据

对于 n 从 1 至 N，分别：

（1）将 x_n 分为训练集和测试集；

（2）利用训练集数据计算 F 中的每个特征，组成特征向量 f_n；

（3）利用训练集数据拟合每种预测方法，生成测试集的预测值；

（4）计算每种方法在测试集上的预测误差 L_{nm}。

4. 训练权重模型

通过最小化组合模型的误差训练模型：

$$\underset{w}{\mathrm{argmin}}\sum_{n=1}^{N}\sum_{m=1}^{M}\boldsymbol{w}(f_n)_m L_{nm}$$

在线阶段：预测一个新的时间序列

1、确认输入：离线阶段训练出的 FFORMA 元学习器

2、确认输出：新的时间序列 x_{new} 的预测值

3、对于每个 x_{new}，分别：

（1）通过应用特征函数集 F 计算新特征 f_{new}；

（2）使用元学习器生成 $\boldsymbol{w}(f_{\mathrm{new}})$（一个 M 维的权重向量）；

（3）计算模型池（M 个预测方法）中每个模型的预测值；

（4）利用权重 $\boldsymbol{w}(f_{\mathrm{new}})$ 组合 M 个预测方法的预测结果。

在训练阶段，XGBoost 模型需要通过目标损失函数的一阶导数和二阶导数来拟合。用 $p(f_n)_m$ 表示 XGBoost 模型基于时间序列 x_n 的特征对于预测方法 m 的输出值，通过 Softmax 变换将其转换成预测方法 m 对应的权重，即

$$\boldsymbol{w}(f_n)_m = \frac{\exp(p(f_n)_m)}{\sum_m \exp(p(f_n)_m)}$$

用 L_{nm} 表示预测方法 m 在时间序列 x_n 上的误差，时间序列 x_n 的加权平均误差可表示为：

$$\bar{L}_n = \sum_{m=1}^{M} \boldsymbol{w}(f_n)_m L_{nm}$$

因此损失函数的一阶导数可表示为：

$$G_{nm} = \frac{\partial \bar{L}_n}{\partial p(f_n)_m} = \boldsymbol{w}_{nm}(L_{nm} - \bar{L}_n)$$

损失函数的二阶导数可表示为：

$$H_{nm} = \frac{\partial G_n}{\partial p(f_n)_m} \approx \hat{H}_n = \boldsymbol{w}_n(L_n(1 - w_n) - G_n)$$

这里使用$\hat{H}_n$近似H_{nm}，降低了求解的复杂度，并提升了模型的泛化能力。

FFORMA 模型通过上述框架完成了基于时间序列特征的自动选型，而在实际使用过程中，可以借鉴这一思想，并根据实际情况调整模型细节。根据真实业务数据，可以对 FFORMA 模型所使用的特征进行增减。例如，对于含有间断性时间序列的数据集，可以加入平均需求间隔等特征来描述时间序列的间断性程度。而预测误差衡量指标也可以根据实际业务需求调整为 MAPE、wMAPE 等指标。此外，在数据变化较小时，权重模型可以不更新，以缩短预测模型的运行时间。

第 9 章
CHAPTER 9

其他模型策略

前面讲了很多基础模型和进阶模型，基本可以满足我们平时见到的大部分预测需求。通常来讲，我们期望模型所使用的数据在形态上是平稳的、数据量是充足的、其中呈现的规律是明显的。但是在现实业务场景中，可能会遇到极其复杂的数据类型和形态，非理想状况可能是常态。所以本章的主要内容就是针对一些特殊的数据场景提出解决策略。作为拓展内容，本章只是抛出一些引子，让读者有一些初步的理解。如果读者感兴趣，则可以继续深入研究。

9.1 间断性需求预测

9.1.1 什么是间断性需求

从字面上理解间断性需求就是需求不连续，也称作零膨胀现象，是指产品在多个时期的需求都为零。这类现象在制造业中很常见。我们在实际预测中需要通过定量的方法来界定间断性需求，从而确定预测方法。最经典的一种方法是SBC 分类法（SBC 对应着三位学者，分别是 Syntetos、Boylan 和 Croston），这个方法通过两个指标来界定是否为间断性需求，分别是平均需求间隔（ADI，Average Demand Interval）和非零需求变异系数（CV^2），前者描述了间断程度，后者描述了需求稳定性。ADI 和CV^2可以将需求分为四类，分别是不稳定需求、平稳性需求、小批量/块状需求和间断性需求，其中不稳定需求和平稳性需求属于常规需求，区别在于不稳定需求的需求量变异程度要高于平稳性需求。而小批量块状需求和间断性需求的需求间隔都表现得很不规则，但间断性需求的需求量变异程度比小批量块状需求低得多。通过间断性预测方法 SBA 和常规时间序列方法 SES 的验证，ADI 和CV^{2}的阈值分别是 1.32 和 0.49，如图 9-1 所示。

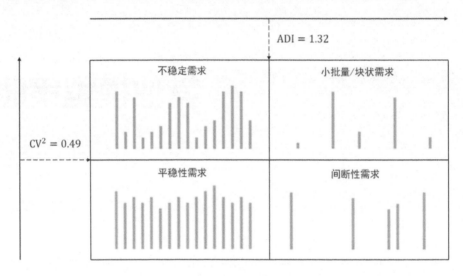

图 9-1   SBC 分类法

9.1.2   间断性需求预测方法

我们在第 3 章的时间序列模型中，就介绍过针对间断性需求而提出的 Croston 模型，这类模型通常也被称为参数估计方法。本节会介绍一些其他模型策略，主要是非参估计方法、时间序列聚合方法和分段预测的思路。

非参估计方法在第 6 章进行了基础的介绍，本节主要介绍该方法在间断性场景中的应用思路。通过比较实验发现，如果可以提供充足的历史数据，那么非参估计方法的效果会很好；如果历史数据有限，那么参数估计方法会更有优势。

Bootstrapping 方法是一种经典的非参估计方法，对既往的样本数据进行不断地抽样，依据抽样的统计特性，模拟出数据真实分布的状态。这种方式不需要额外的样本数据，可以最大限度地挖掘现有样本数据的信息，从而造成一种数据量增多的智能化生成现象，同时也可以用于创造数据的随机性，其在模型应用上的经典示例如第 4 章所介绍的随机森林。Bootstrapping 方法可以有效地用于间断性预测效果的提升。第一种方法是通过两阶段马尔科夫链的方法来生成非零需求点，再利用历史数据重采样生成需求量。第二种方法是利用历史数据中非零需求间隔来重采样，从而生成提前期内的非零需求间隔分布。第二种方法的具体步骤如下：第一步，获取一定时期内的历史需求数据（包括需求量数据和需求间隔数据）的直方图；第二步，根据相应的直方图随机生成需求间隔，并更新时间范围；第三步，如果更新后的时间范围比提前期短，或者等于提前期，就根据直方图随机生成需求量，然后返回第二步，如果更新后的时间范围比提前期长，就对提前期内的需求量求和，作为提前期需求的一个预测值，然后转到第四步；第四步，重复第二步和第三步的操作 1000 次；第五步，排序并生成提前期内需求的分布，后续可以根据要求的服务水平，得到安全库存和补货点。通过一系列仿真实验发现，第二种方法的表现比第一种更优异。

时间序列聚合方法也是经典的处理间断性预测的方法之一，其是先将较短的时间聚合成较长的时间，比如将天粒度聚合成周粒度或月粒度，再向下拆分为更细的粒度，这样做的好处是可以将时间序列中需求为零的样本降到最少，缺点也很明显，即历史的样本数大幅减少，同时如何分配也是重要的难点。

一种名为 ADIDA（Aggregate-Disaggregate Intermittent Demand Approach）的方法就主张将聚合后的预测值按照一定逻辑分解为原来的粒度。该方法主要有三个步骤：首先，选择聚合天数（周粒度或月粒度），以及判断是否有重叠聚合；然后，在聚合后的时间序列上进行预测；最后，将聚合后的预测值进行分解，分解到原来的粒度，分配比例既可以按照以往观测的比例或相同的权重，也可以采用其他更加有效的方法。通过一些数据的验证，ADIDA 得到了比单一模型更好的预测效果。而且在 ADIDA 的基础上可以扩展新的视角，在聚合时间序列时，保证每一个聚合的时间窗内都包含一个非零需求，这样转化后的时间序列就不再存在间断性的问题，以转化后的时间序列来预测未来可能出现需求的时间点。

在 Croston 方法的启发下，很多学者尝试使用神经网络或机器学习方法来更新需求间隔和非零需求量，相对于 Croston 方法中使用的简单移动平均，机器学习类方法可以将非零需求量与需求间隔之间的关联考虑进模型中，从而得到了一个动态的需求率。之后也有人尝试从组合模型的视角去研究分段预测，也就是分别预测需求是否发生与需求量，将这两个问题分别进行处理。比如使用机器学习算法，将需求是否发生的概率和非零需求量作为目标建模，搭建两个模型，沿着混合模型的思路，可以使用神经网络预测需求是否发生，再使用指数平滑法预测非零需求量。这种方法的优势是可以根据业务特点搭建对应的特征工程，将影响需求发生和需求量的变量纳入模型，可以从更加全面的视角预测需求。

9.2 不确定预测

在预测实践中，最常见的就是点预测，即确定未来某一个点的平均需求量是一个确定的值。但是点预测有其固有的缺陷，即需求和销量之间是有鸿沟的，因为存在着 unknown unknowns（我们不知道自己不知道），有很多隐藏的因素在我们不知道的情况下产生着影响，我们不可能找到一个完全准确的值，预测本身就是不准确的。未来注定是不确定的，但近似的正确也许比绝对的错误要好。因此，我们需要通过分位数预测、区间预测等不确定性预测方法去平衡最后的结果。

第 3 章介绍了分位数预测方法的基础，读者可以查看该方法的逻辑。除了这个方法，下面再拓展两个思路。

第一个思路是通过数据分析假定数据服从某种分布。以正态分布为例，只要通过历史数据计算出均值和标准差，就可以通过计算得到任一分位点。同样，伽马分布的参数也可以通过均值和标准差推导得出，从而通过计算得到各个分位点。当然，如果假定数据服从泊松分布，那么求出均值即可，这是泊松分布计算分位点唯一需要的参数。

第二个思路依然是假定数据服从某种分布，但我们可以通过模型来预测均值和标准差。以正态分布为例，如果仅对历史数据进行统计分析，计算出均值和标准差，从而推导出完整分布，那么对于未来的新样本会缺少适应性，如图 9-2 所示。如果均值和标准差可以随着数据的不同而动态变化，那么也许可以更好地适应异方差性，可以通过历史数据训练出均值和标准差的模型，从而达到这一目标。

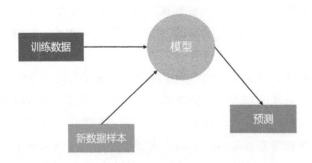

图 9-2   适应性训练

关于区间预测，这里介绍一下共形预测（Conformal Prediction），这类方法可以在给定的误差水平（置信水平）下，输出一个集合或区间（离散或连续），如图 9-3 所示。经典的共形预测是基于经验分布的，这也比较契合实际业务场景下的数据形态。因为理想地符合某种统计分布的情况比较少见，大部分数据形态

都没什么规律，所以使用经验分布是比较合适的，这样就不需要假设数据服从哪
种分布了。

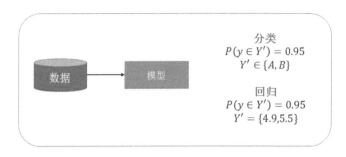

图 9-3　共形预测

接下来介绍一下简单的共形预测方法的计算流程。

（1）将数据集按一定比例切分成训练集L1 和验证集L2，选择一个合适的回
归算法A，在L1中拟合均值回归模型。

$$\hat{\mu}(x) \leftarrow A(\{(X_i, Y_i): i \in \text{L1}\})$$

（2）在L2中计算绝对残差。

$$R_i = |Y_i - \hat{\mu}(X_i)|,\ i \in \text{L2}$$

（3）给定误差水平α，计算上述绝对残差的经验分布的分位点。

$$Q_{1-\alpha}(R, \text{L2}) = \text{the empirical } (1 - \alpha) \text{ quantile of } \{R_i: i \in \text{L2}\}$$

（4）在测试集中，给定一个新的数据点X_{n+1}，可以得到其预测区间。

$$C(X_{n+1}) = [\hat{\mu}(X_{n+1}) - Q_{1-\alpha}(R, \text{L2}), \hat{\mu}(X_{n+1}) + Q_{1-\alpha}(R, \text{L2})]$$

可以发现，在这个方法中得到的区间长度是$2Q_{1-\alpha}(R, \text{L2})$，由于$Q_{1-\alpha}(R, \text{L2})$
是一个定值，所以这个区间长度是不会变的。对于任何一个 SKU 来说，不管区
间的左右边界是什么，最后的区间长度都是一样的，这就会导致该方法无法适应
异方差数据。针对这个缺陷，学者们又提出了新的方法——Split Local Conformal
Prediction（分割式本地共形预测），其具体的计算流程如下：

（1）将训练集按一定比例切分成训练集L1和验证集L2，选择一个合适的回
归算法A，在L1中拟合均值回归模型和绝对残差模型。

$$\hat{\mu}(x) \leftarrow A(\{(X_i, Y_i): i \in \text{L1}\})$$
$$\hat{\sigma}(x) \leftarrow A(\{(X_i, |Y_i - \hat{\mu}(X_i)|): i \in \text{L1}\})$$

（2）在L2 中对绝对残差进行修正，使其适应异方差数据。

$$\tilde{R}_i = \frac{|Y_i - \hat{\mu}(X_i)|}{\hat{\sigma}(X_i)} = \frac{R_i}{\hat{\sigma}(X_i)}, \ i \in L2$$

或者

$$\tilde{R}_i = \frac{|Y_i - \hat{\mu}(X_i)|}{\hat{\sigma}(X_i) + \gamma} = \frac{R_i}{\hat{\sigma}(X_i) + \gamma}$$

（3）给定误差水平α，计算上述$\tilde{R}$的经验分布的分位点。

$$Q_{1-\alpha}(\tilde{R}, L2) = (1 - \alpha)\left(1 + \frac{1}{|L2|}\right) \text{ the empirical quantile of}\{\tilde{R}_i : i \in L2\}$$

（4）在测试集中，给定一个新的数据点X_{n+1}，我们可以得到其预测区间。

$$\hat{\sigma}(X_{n+1})Q_{1-\alpha}(\tilde{R}, L2) = \frac{R_m}{\hat{\sigma}(X_m)}\hat{\sigma}(X_{n+1})$$

$$C(X_{n+1}) = \left[\hat{\mu}(X_{n+1}) - \hat{\sigma}(X_{n+1})Q_{1-\alpha}(\tilde{R}, L2), \hat{\mu}(X_{n+1}) + \hat{\sigma}(X_{n+1})Q_{1-\alpha}(\tilde{R}, L2)\right]$$

在这个方法中得到的区间长度是$2\hat{\sigma}(X_{n+1})Q_{1-\alpha}(\tilde{R}, L2)$，其中$\hat{\sigma}(X_{n+1})$是可变的，因此也就弥补了简单共形预测方法无法适应异方差数据的缺陷。

最后，有一类方法将共形预测与弹球损失的思路结合在一起，具体步骤如下，也可以结合图 9-4 来学习，会更加直观。

（1）将数据集按一定比例切分成训练集L1和验证集L2，选择一个合适的回归算法A，根据给定的误差水平α，锁定上下分位点（$\alpha/2$与$1 - \alpha/2$），在L1中拟合这两个分位数回归模型$\hat{q}_{\alpha lo}$和$\hat{q}_{\alpha hi}$。

$$\{\hat{q}_{\alpha lo}, \hat{q}_{\alpha hi}\} \leftarrow A(\{(X_i, Y_i) : i \in L1\})$$

（2）在L2 中计算出每个数据点的预测区间$\hat{C}(x) = [\hat{q}_{\alpha lo}(x), \hat{q}_{\alpha hi}(x)]$，绝对残差的修正规则如下。

$$E_i = \max\{\hat{q}_{\alpha lo}(X_i) - Y_i, \ Y_i - \hat{q}_{\alpha hi}(X_i)\}$$

如果真实值小于下分位点，那么

$$E_i = |\hat{q}_{\alpha lo}(X_i) - Y_i| \ (\text{点到下界的距离})$$

如果真实值大于上分位点，那么

$$E_i = |\hat{q}_{\alpha hi}(X_i) - Y_i| \ (\text{点到上界的距离})$$

如果真实值在上分位点和下分位点之间，那么

$$E_i = \max\{\hat{q}_{\alpha lo}(X_i)\text{-}Y_i, Y_i - \hat{q}_{\alpha hi}(X_i)\} \text{（以距离某边界更近的长度为准）}$$

（3）给定误差水平α，计算上述E的经验分布的分位点。

$$Q_{1-\alpha}(E, \text{L2}) = \text{ the empirical } (1 - \alpha) \text{ quantile of}\{E_i: i \in \text{L2}\}$$

（4）在测试集L3中，给定一个新的数据点X_{n+1}，我们可以得到其预测区间。

$$C(X_{n+1}) = [\hat{q}_{\alpha lo}(X_{n+1}) - Q_{1-\alpha}(E, \text{L2}), \hat{q}_{\alpha hi}(X_{n+1}) + Q_{1-\alpha}(E, \text{L2})]$$

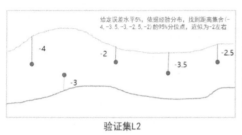 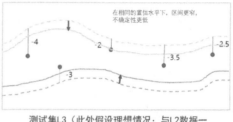

验证集L2　　　　　测试集L3（此处假设理想情况：与L2数据一致）

图9-4　共形分位数预测

在这个方法中得到的区间长度是$2Q_{1-\alpha}(E, \text{L2}) + \hat{q}_{\alpha hi}(X_{n+1}) - \hat{q}_{\alpha lo}(X_{n+1})$，也是一个可变区间。

综上，这些不确定预测的方法还有很多，包括概率预测等，但是核心逻辑大致相同，都是围绕数据分布进行统计学上的方法延伸，感兴趣的读者可以进一步探索。

9.3 迁移学习预测

在零售业的需求计划制定中，对于上市新品的需求预测一直是难点，因为历史数据量过少，所以难以有好的模型训练效果。在运营常规的做法中，则是从既往已上市的成熟产品中寻找对标品，并参照老品的需求特点来制定新品的需求计划，其实这里面体现的就是一种迁移的思路，我们可以通过更具体的迁移学习方法来实现数据的融合训练。

机器学习模型在许多工业实践中都有着优越的表现，但是在实施机器学习时，通常默认训练样本观测和测试样本观测遵守同一种分布。然而在现实世界中，不

同的领域有着不同的变数，数据形态可能会受到各种各样的影响，保持相同的分布空间非常不容易。很多研究者或企业也会面临有效数据不充分的棘手现状，但是在外部可能会有相关的积累和整理好的数据源，那么如何将拥有不同形态的数据融合到一起，就是迁移学习要解决的问题——这不仅可以降低数据清洗与标注成本，扩充后的数据集还可以有效提升模型的表现与效果。

迁移学习可以看作机器学习的一种升级，通过现有的领域知识或数据去赋能其他相关的领域。我们可以在身边的生活中注意到一些有关迁移的现象，人类可以通过对一种事物的了解和观察来将相关经验应用到其他事物中——这一现象在音乐领域很常见，当你通过学会吉他具备了基本的音乐知识与素养后，在学习小提琴时就不会那么困难了。同理，如果你学会了吃橘子，那么这种经验就可以帮助你去剥柚子。迁移学习认为，一定存在某种通路可以连接以往的旧知识与现存的新问题。近年来，迁移学习的研究吸引了越来越多学者的关注：知识迁移、模型迁移、样本迁移、特征迁移等。有一个要点是，如果两个领域的知识与性质非常不同，则迁移学习会变得愈发棘手，有的时候会出现"负迁移"的现象。因此，迁移学习最好可以在相关的领域间进行，效果会更好。

在需求预测的场景中，由于目标数据与源数据都是时间序列数据，都可以从时间序列中构造出相同的特征列，从而进行样本融合训练，涉及的要点就是如何将源数据与目标数据合理地糅合到一起，从而训练出针对目标数据的健壮性的模型。因此，最适合需求预测的迁移思路就是样本迁移。

样本迁移的核心理念在于"沙里淘金"，也许不同领域的数据形态会大相径庭，但是在大量的样本中总有一部分是可以被目标领域所使用的，与目标数据一同促进模型的训练和预测。最经典的样本迁移方法是基于Adaboost的主要机理加以改造而形成的TrAdaBoost，这也是样本迁移学习思路的主要代表[13]。

在 TrAdaBoost 中，不管是源数据，还是目标数据，它们需要在特征字段上保持完全的一致才可以融合。该算法认为，尽管领域不同，数据形态有区别，但是在源领域的观测样本中，总会有一些样本可能会对模型训练有帮助，可以提高模型预测的精度。当然大部分样本可能是无用数据，不仅无法促进，反倒会拖累模型训练的步伐，产生"负向"的影响。因此，TrAdaboost 通过在目标域和源域

---

[13] Dai W, Yang Q, Xue G, et al. Boosting for transfer learning[C]. Proceedings of the 24th International Conference on Machine Learning. Corvalis, Oregon, USA. 2007: 193-200.

数据上使用不同的权重迭代策略来训练融合模型，使用与 AdaBoost 相同的策略来更新目标域中分类错误的样本权重，而使用与 AdaBoost 相反的策略来更新源域数据中分类错误的样本权重，以减少源数据中的"负向"影响，从而促进对目标域训练的"正向"影响。对于每一轮迭代，TrAdaBoost 根据加权后的源域数据和目标域数据来训练基本分类器，但是仅针对目标域数据来计算误差。

由于TrAdaBoost解决的是分类问题，所以有学者在此基础上提出了Two StageTrAdaboost.R2 模型[14]，使之适应回归任务的要求，但是大体的思路与TrAdaBoost是一致的，都是通过对源域样本和目标域样本相反的惩罚方式来达到目的，只是在误差计算和权重更新的公式上有一些区别。

[14]   Pardoe D, Stone P. Boosting for Regression Transfer[C]. Proceedings of the 27th International Conference on Machine Learning (ICML 10). 2010.

行业实践篇

第10章

制造业

目前，我国制造业占 GDP 的比重约为三分之一，自 2010 年以来，我国制造业增加值已连续多年保持世界第一，制造业对于我国经济发展有着举足轻重的地位。目前，我国已建成了门类齐全的工业体系，拥有完整的产业链，在全球供应链中的地位不断提升。供应链的数字化升级在制造业未来的发展规划中至关重要。

制造业供应链的数字化升级的核心是需求预测，通常是预测企业客户对产品或零部件的需求。准确的需求预测能够为制造业企业的产能规划、生产计划等决策提供参考，有助于制造业企业实现降本增效。目前，仍然存在部分制造业企业通过主观经验或简单规则进行需求预测，由于预测结果不够准确而导致库存短缺或积压的现象。也有一些制造业企业开始对供应链进行数字化升级，本章针对一些常见的制造业需求预测场景整理了通用预测思路，聚焦于制造业的备件需求预测、产品需求预测、预测性维护三个业务场景。

10.1 备件需求预测

备件是制造业设备维护和修理中所需零部件的统称，例如生产设备维修备件、工程机械备件、汽车维修备件等。备件供应能力是制造业企业的核心竞争力，因为备件需求通常与相关产品故障关联，如果不能及时提供备件，则会给客户带来经济损失。目前，制造业在备件库存方面存在两难问题：一部分企业由于备件库存不足，在设备产品出现故障时未能及时提供备件，导致产品失去竞争力；另一部分企业为了规避上述风险，进行了充分的备件储备，但由于制造业备件品种繁多，库存数量庞大，给企业带来了沉重的资金成本负担。上述两难问题可以通过智能供应链的库存优化来解决，而库存优化的核心在于对备件需求进行精确预测。

10.1.1　数据特征

在获取数据后，我们可以基于制造业行业经验探索 SKU 的特征，并根据特征情况确定进一步的预测思路。一般而言，制造业备件需求预测的特征可以根据数据来源分为四类，分别是销量数据特征、业务数据特征、SKU 属性特征和外部数据特征。

1. 销量数据特征

销量数据特征通过一些统计量来概括描述备件历史销量数据的需求特性。具体的统计量包括常规统计量和间断性统计量。常规统计量包括均值、方差等基础统计指标和趋势、周期等时间序列特征指标。这些指标可以使用第 1 章介绍的基础统计特征和时间序列特征等方法快速实现，其处理和模型训练思路可以沿用通用的需求预测思路。间断性指标用于描述销量的间断状态，间断状态是制造业备件需求的一个特点。产生间断状态是因为实际业务中备件需求常常与维修配件缺失产生的零星需求有关，或与区域经销商的集中采购和补货有关。间断性序列缺乏经典的时间序列特征，如周期性、趋势性，经典的统计特征如均值与波动规律也和常规的供应链需求有较大差异。我们可以根据一些统计量来评价备件需求的间断性，例如平均需求间隔（Average Demand Interval，简记为 ADI）。该指标主要体现序列中非 "0" 元素出现的间断程度，具体的计算方式为统计序列长度上 "0" 销量出现的频率的倒数。我们可以基于此进行相应的分类，例如将其分为连续型和间断型两种类型。基于上述特征，我们可以选择相应模型来对特定类别 SKU 的共性规律进行挖掘。

2. 业务数据特征

业务数据特征通常包括一些和未来需求有一定关联的信息，需要在实际场景中结合具体情况获取。本节介绍一些通用的特征获取和使用经验。业务数据特征既可以作为分类训练的依据，也可以作为某些模型的训练数据。我们可以收集备件 SKU 的关键程度、订货提前期、产品关联性等相关数据作为特征。

关键程度是指该备件在整个设备系统中的重要程度，例如一旦发生故障或失效问题对整个系统的影响程度及维修所需要的时间。订货提前期是指该 SKU 的采购订单从发出到收到备件的时间。该特征会影响客户的实际需求和采购需求的偏移程度。产品关联性是指多个产品需求之间的关联关系，我们可以基于这个关系制作组合特征。这类特征不仅会对需求产生影响，还会对预测结果的评价产生影响。例如，某 SKU 订货提前期较短但单价较高，对其预测结果的评价很可能是对预测偏高的惩罚将大于偏低。因此，在预测思路中需要考虑这些特征的影响。

3. SKU 属性特征

SKU 属性特征是指备件的基本信息，包括数值属性和类别属性。数值属性是指备件的一些数值特征，如单价、长、宽、高等；类别属性是指备件的一些类别特征，如品牌、型号、材质等。这些属性特征可能对 SKU 的需求产生一定的影响，因此在预测模型中使用这些特征可以提高预测精度。

在实践中，我们可以采用分箱编码的方式对数值属性进行预处理。分箱是指将数值特征离散化成若干区间，每个区间被称为一个箱子，这样可以将连续的数值特征转换为离散的类别特征，以便于在预测模型中使用。常用的分箱方法包括等宽分箱和等频分箱。等宽分箱是将数值范围均分为若干区间，每个区间的宽度相等；等频分箱是将数值按照频率分成若干区间，每个区间的数据个数相等。

对于类别属性，可以采用独热编码的方式进行处理。独热编码是指将一个类别特征转换为若干二元特征，每个二元特征表示该类别是否出现。例如，对于颜色这个类别特征，可以转换为红色、绿色、蓝色三个二元特征，如果一个备件是红色，则对应的红色特征为 1，其余特征为 0。

4. 外部数据特征

在一些需求表现为高度稀疏状态的间断性需求预测场景中，例如某些 SKU 在 95% 的时期销量都为 0，其销量序列所包含的信息量不足。此时，我们可以考虑引入外部数据来补充预测模型的信息量。收集这些数据需要结合具体情况对企业客户的采购行为进行分析。以企业客户是备件经销商的场景为例，该场景下备件销量来源于经销商的采购决策，取决于经销商的库存计划。而经销商的库存计划主要受到采购与销售备件过程中资金的投资回报率的影响，进一步拆解投资回报率的影响因素，经销商相关项目的投资回报率还会受到采购成本、库存周转率、消费者端价格、资金成本等综合影响。因此，我们可以选择生产相关的数据、价格相关的数据和利率相关的数据等。这些数据都有官方的公开数据源，在常见的公开财经数据库中也有汇总整理。对于这些外部特征，我们可以使用第 1 章的特征工程方法从中抽取特征。可使用的外部数据示例如表 10-1 所示。

表 10-1　可使用的外部数据示例

类型	数据名称
生产数据	期货交易所价格指数
	工业原材料期货价格
	国际运价格指数
价格数据	消费者价格指数/生产者价格指数
	人民币/美元汇率
	美元指数
资本数据	A 股：上证/深证/A50 指数
	美股：标普/道琼斯/纳斯达克指数
	Shibor/LPR 利率

10.1.2　预测思路

在完成上述数据探索分析后，我们会发现，制造业备件需求预测存在两个难点。第一个难点是，SKU 种类繁多，不同种类 SKU 的历史销量呈现出不同的特征，难以通过单一模型在所有 SKU 上实现良好的预测效果；第二个难点是，一部分 SKU 呈现出严重的间断性状态。针对这两个难点，我们可以根据前面介绍的销量数据特征和业务数据特征对 SKU 进行分类，并结合行业经验采取不同的策略。这里介绍三种可供参考的预测思路，分别是常规时间序列预测、间断性预测和集成预测。

1. 常规时间序列预测

常规时间序列预测适用于需求较为连续的消耗型备件，也适用于部分在大时间粒度下相对连续的间断性需求备件。这些备件的历史销量数据在波动特征上表现相对平稳，具备常规的时间序列特征，如趋势性、周期性等，呈现出一定的规律性，因此其可预测性较强。在进行预测之前，我们需要通过统计方法对这类 SKU 的特征进行深入挖掘，并从第 1 章介绍的时间序列基础模型中选择合适的模型，例如指数平滑模型、ARIMA 等，以便快速进行预测。此外，我们还可以使用第 6 章提到的一些复杂的时间序列模型，例如 Prophet 模型等，以得到更高质量的预测结果。通过这些常规时间序列预测方法，我们可以快速实现具有一定可解释性的预测方案。

2. 间断性预测

间断性需求在制造业备件业务场景中很常见，也是备件预测的难点之一，需要针对这种需求进行预测。在间断性需求状态下，SKU 销量数据中存在大量销量为零的时期，这种状态下难以应用常规时间序列预测方法输出好的预测结果，下面介绍三种针对性的间断性预测思路。

第一种思路是基于时间序列模型，例如 2.3 节介绍的 Croston 方法。该方法提出了一种组合式的预测方案，将时间序列分割为两部分：销量间隔和销量，这两部分相互独立计算。通过预测出的销量间隔与销量，形成最终的时间序列预测结果。Croston 等间断性预测方法并非真正精确地预测每个时期的销量，而是输出未来一段时间销量的均值，如图 10-1 所示。

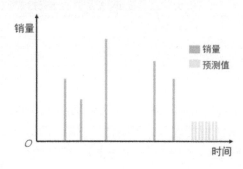

图 10-1　Croston 方法预测结果示意图

第二种思路是基于统计学习，采用 6.3 节提到的 Bootstrap 方法预测固定提前期的累计分布，该方法从稀疏的销量历史数据中抽样，通过生成虚拟数据，对已经在历史数据中出现的销量进行复现，并且可以输出每一期销量是否发生的概率，进一步得到每一期的预测销量。相比于第一种思路，基于统计学习的思路可以获得概率分布结果，可以基于不确定性进行更进一步的库存优化。

第三种思路是基于模型组合，通过组合机器学习模型设计适用于预测间断性需求的模型。具体思路是将销量序列分解为两个序列，一个是动销序列，序列值为 0-1 编码的动销情况；另一个是销量序列，数值为具体的销量数值。第一阶段学习动销序列，预测需求发生的概率，第二阶段通过另一个模型估计在第一阶段预测的非零时期的销量。在具体实现中，可以使用 XGBoost 作为每个阶段的基础模型。和前两种思路相比，基于模型组合的间断性预测思路的优点在于，数据来源较为灵活，输入的数据将不再局限于时间序列本身，还可以灵活使用业务数据特征、外部数据特征等。这种思路的优点还体现在对两阶段的适用性方面，第一阶段使用二分类模型能够更充分地挖掘间断性需求的内部规律，同时一阶段作为二阶段的正则项，能够防止二阶段出现欠拟合或过拟合的现象。

3. 集成预测

在制造业备件业务场景中，集成预测是一种适用于大规模 SKU 预测的有效方法。由于备件品类库庞大，对每个 SKU 都进行充分的分析和针对性的预测会非常耗费精力。因此，使用集成预测可以将多个模型融合成一个适用于大量不同类型 SKU 的大模型，从而输出稳健的预测结果。

在使用集成预测时，可以采用模型集成或元学习的策略自动进行分类选型。例如，第 8 章介绍的 FFORMA 等方法，可以根据探索性分析与业务经验选择基模型池和设计元模型。这些方法能够从多个不同的模型中选择最佳的模型组合，以达到更准确、更稳健的预测结果。

另外，在基于制造业业务经验构建集成预测模型池时，需要注意模型间的协同效应。如果多个模型存在较高的相关性，那么集成后的预测结果可能会出现过拟合现象，降低了预测准确度。因此，在进行集成预测时，需要保证每个模型具有独立性和多样性，从而最大化集成效果。

10.1.3　实践案例

1. 船舶备件

某船舶备件制造企业正在建设智能供应链系统，其中需求预测核心是预测该企业在全国多个仓库及月份维度的零备件销量情况，涉及约 2 万个 SKU。船舶维修市场备件种类繁多，且金额差异大，因此销量情况也差异较大。其中，有些备件是用于岸上维修的，其销量呈现相对平稳的状态，但也有一些备件的销售呈现极度稀疏间断的状态。在船舶维修行业的运营和生产中，需求产生的场景多种多样，且复杂的业务属性使得销量数据的相关性更加难以用一种简单的分类训练逻辑概括，因此我们考虑集成预测的思路。

本案例使用的是 FFORMA 集成预测策略，其中包括基模型的训练、元模型的训练和最终预测结果的输出三个步骤。

第一步是基模型的训练，将历史销量数据切分为训练集和验证集，在训练集上计算时间序列特征并拟合多个时间序列预测方法，在验证集上计算损失函数值。在第 1 章中，我们提到了常用的 MAPE 指标，该指标并不适用于制造业的预测。

因为制造业需求中常呈现间断性的情况，存在真实值为 0 导致指标无法计算的情况，利用一些简单的兜底规则（例如，对于销量真实值为 0、预测值不为 0 的情况，直接取值-1）又可能存在偏差。另一个原因是备件需求的波动性，部分备件可能长期存在零星的需求，使用该指标可能导致对过高预测的严重惩罚，不一定能有效地评价模型结果。而 SMAPE（Symmetric Mean Absolute Percentage Error，对称平均绝对百分比误差 ）可以解决上述的问题，SMAPE 中的 S 为单词 Symmetric，可译为对称，该指标不会对预测偏高有极重的惩罚；由于在分母中引入预测值避免了实际销量为零时期的准确率计算，因此只需要考虑在预测值和实际值同时为零时将该值设定为零。SMAPE 的计算公式如式（10-1）所示，其中F_t是 t时期的预测值，A_t是 t时期的实际销量值。

$$\text{SMAPE} = \frac{1}{n}\sum_{t=1}^{n}\frac{|F_t - A_t|}{(A_t + F_t)/2} \qquad (10\text{-}1)$$

此处将基础模型篇中提到的简单模型作为候选模型，将训练数据集进一步分割为训练集和验证集。在随机抽样的部分样本上，使用 1-SMAPE 指标评价不同模型的预测表现，并统计预测表现高于经验阈值（1-SMAPE＞0.6）的 SKU 数量，然后进行排序。最终在选择模型时，不仅要考虑模型的精度，还要兼顾实际工程场景的运行时间。一些复杂的模型对精度提升有限，而所需要的计算用时较长，需要做出一些取舍。集成策略通常可以通过模型集成让算法方案整体的健壮性更强，可以弥补简单模型的精度不高的问题。因此，在本次实践中，在权衡预测效果与工程实现后，最终选择以下模型作为模型池：朴素预测法、指数平滑模型、移动平均模型、Holt 加法模型、Croston 模型。

第二步是元模型的训练。元模型可以对第一步基础模型的结果进行加权平均，输出更加准确和稳定的预测结果。元模型的训练方法是在上一步选定模型后，将 SMAPE 作为损失函数，通过最小化加权组合模型的平均预测损失，训练得到基于时间序列特征的权重模型。具体实现是，先把问题编码成一个最优模型选择的分类问题，以最小化加权组合模型的平均预测损失为目标，使用 XGBoost 这一梯度提升树方法训练基于时间序列特征的权重模型。这种方法比训练分类模型更通用，其认为每个预测方法的权重是接近于预测误差的倒数，每个预测方法的权重会随着时间序列的变化而不同。在输入备件数据后，本案例利用第 1 章提到的 tsfresh 包计算每个序列的特征，同时根据制造业行业特点，添加了之前提到的平均需求间隔等间断性特征和业务特征，以获得为每个模型分配权重的元模型。

第三步是最终预测结果的输出。我们可以利用完成训练的元模型计算每个序列的模型权重，对基模型的结果进行加权平均，输出最终的预测结果。在这里，我们假设随着时间推移，用于训练模型的序列数据在分布上仍然是相似的。前提是在训练期和预测期没有发生重大变化的事件。通过这个框架，我们可以自动选出最适合该备件的模型，并利用 XGBoost 模型对多种时间序列预测方法进行加权组合。最终，我们获得了一个比单一预测模型整体准确率更高、预测稳定性更强的模型。

2. 工程机械备件

在工程机械领域，备件需求可能来源于工程进行中的机械故障。如果不能及时供应备件，则可能影响工程进度。因此，备件供应链的响应速度是工程机械企业的核心竞争力。某工程机械企业在全球范围内有着广泛的市场，该企业致力于建设完善的经销服务体系，在全球范围内建立了备件经销商体系。当客户设备出现故障时，可以向就近的经销商发出需求订单，进而完成备件供应响应。该企业的备件需求方是经销商，备件的需求产生于经销商库存补货需求，呈现高度的稀疏性和波动性，约有 95% 的 SKU 一年销售次数小于 10 次。以周维度预测为案例，因为大部分 SKU 周维度销量过于稀疏，数据本身信息量有限，所以在预测时，我们可以考虑使用销量数据和外部宏观数据，训练两阶段 XGBoost 模型进行预测实践。下面介绍本案例的特征工程和模型方案。

1）特征工程

本案例包括三类特征，分别是历史销量特征、外部数据特征和日期特征。在进行特征工程前的数据处理流程中，历史销量数据的处理包括常规的大单剔除、动销过滤等。在选取外部数据特征时，结合先验知识对目标数据进行筛选。根据原始数据的日期维度和缺失情况需要对原始数据进行预处理。例如，期货股票类的公开交易数据，在公开渠道可以获取目标的每个交易日收盘、开盘、最高、最低和涨跌幅的数据，可以仅筛选每周一的收盘价作为特征来源。对于因节假日导致的缺失值，可以用线性插值的方式填补。而一些宏观经济数据是按月公布的，在进行经济数据特征工程时，我们可以以周为基础粒度，对其缺失值使用近期的历史数据进行填充。

对于历史销量特征，本案例使用 tsfresh 在历史销量上自动化生成和评估特征。本案例利用滑动窗口生成特征，具体方式是提取目标时期之前 1 周、1 月、3 月、半年相应值的周均值。这种方式兼顾了工程效率和业务经验。这样的提取方式可以避免经济数据的"毛刺"，快速概括一个序列的均值、方差等主体信息和近期信息。在日期特征上，本案例前期的探索性分析发现历史的销量中呈现出了较为明显的趋势性和春节效应。因为本案例是机器学习预测，所以在特征工程阶段需要新增加日期的哑变量编码特征，包括年份、季度和月份的哑变量编码。此外还可以加入表达时间长度的特征，本案例使用"距离 2017 年 1 月 1 日的天数"作为特征。在特征工程结束后，将训练样本和历史销量特征、外部数据特征、日期特征按日期进行拼接，将数据处理成符合监督学习的格式。

2）模型方案

在使用两阶段预测法之前要先进行分类，这是因为分类训练有助于模型从相似的 SKU 的历史销量中提取特征和预测对象之间的共性规律，实现更好的预测。在进行分类时，我们可以从业务和时间序列特征两个维度进行分类。在本案例中，业务维度包括 32 种三级品类划分，而在时间特征上使用平均寻求间隔（ADI）和非零需求变异系数（CV^2）来表示需求的稳定性。ADI 和 CV^2 的划分阈值分别是 1.32 和 0.49。在这个分类标准下，我们得到接近 120 个分类类别。值得注意的是，部分类别下 SKU 数量过少。本案例根据业务经验选择将 SKU 低于 10 个的类别与其他类别合并。

在模型训练阶段，第一阶段利用分类结果分类别训练模型，预测 SKU 下一时期是否发生动销。训练数据特征包括历史销量特征、外部数据特征、日期特征。模型训练完成后对需要预测的时期是否发生动销进行预测，输出下一时期发生动销的概率。第二阶段为训练预测销量数值的模型，以 0.5 作为概率阈值来判断 SKU 在下个时期是否发生动销，仅使用第一阶段预测有动销的样本进行训练。训练数据特征除了第一阶段使用的特征，还有第一阶段预测是否发生动销的预测概率值。获得训练好的模型后，本阶段输出最终的销量预测值。在实践中，该两阶段预测算法优于常规时间序列预测模型。

10.2 产品需求预测

随着信息技术的发展和制造业产业链的完善，现代制造业更加强调面向需求的供应链管理。制造业供应链管理包括产品设计、产能规划、仓网规划、库存优化等环节，这些环节的成败取决于企业的产品需求预测。因此，现代制造业生产厂商能否在长时间跨度上精准预测需求成为十分关键的问题。笔者曾听闻某汽车厂商 2022 年全年多个主销车系都呈现出高库存深度，厂端和店端总占用资金高达十亿元，带来了沉重的资金成本负担。这种供应链窘态在某种程度上可以归因于长时期的产品需求预测不准确所导致的。智能供应链的预测算法能够帮助制造业企业把握市场及产品未来的销量，可以让企业更有效和合理地安排生产、调度资源，对供应链仓网与库存进行妥善规划，降低成本并提高效率，进而在新时代下的制造业竞争中取得优势。

回顾中国制造业企业发展的历史，企业的生产经营情况和宏观经济有着密切的关联。在长时间跨度上的产品需求预测不应局限于历史销量的回测，还需要结合宏观经济形势和企业战略规划进行预判。在这个阶段，需要注重从内外部数据中发掘特征。因此，相比备件需求预测，本场景下将会有更多篇幅介绍数据选取和特征工程。

10.2.1　数据特征

在产品中长期需求预测场景下，通常基于企业全部历史时期的主销产品的销量进行预测。另外，制造企业的销量通常也与经济形势有比较强的相关性。因此，本节将介绍企业销量数据的特点、宏观经济数据的获取与特征工程。

1. 企业销量数据

本场景主要针对企业主营产品，涉及两个需要关注的点。一是数据预测单元可能是企业历史主销产品聚合后的销量。在部分场景中，由于进行的是产能与供应链规划相关的业务，所以产品并非按 SKU 进行划分，而是按照多级分类中的大类目进行分类聚合。例如，一些同产品系列的 SKU 或是相同原材料和产品线的 SKU，在此场景下被视作同一预测单元。二是销量时间序列的长度。由于部分企业 ERP 系统的原因或品类生命周期的缘故，SKU 维度的销量历史数据可能只有 3~5 年。在大时间颗粒上，将出现数据点较少的情况，因此在建模时需要将这种情况纳入考虑范畴。销量数据的预处理和特征工程与第 1 章的常规处理和分析较为接近，读者可参考第 1 章的流程，本节不再赘述。

2. 宏观经济数据

在进行产品需求预测时，宏观经济数据是需要重点关注的部分。相比备件预测部分的短期经销商行为相关的外部经济数据，本场景下的宏观数据更偏向对长期经济系统的信息概括。二者在时间颗粒度和历史长度上存在比较大的差异，因此在预处理和特征工程上也有较大的差异。将宏观经济数据引入制造业长期预测需要经过初始指标选取、数据处理、领先特征工程三个步骤。

1）初始指标选取

在制造业应用中，长时期跨度下的时间序列预测算法的有效性和精度与数据的丰富度和准确性密切相关。在预测前，需要进行初始指标选取，并结合企业业务情况进行分析。宏观经济系统中有着海量的指标数据，其中一些常见的宏观经济指标如下：

（1）上海银行间同业拆放利率（Shanghai Interbank Offered Rate，简称Shibor），反映了市场上资金的宽松程度。对于制造业而言，项目投资的重要评估因素便是资本占用成本。某一时间点的利率水平低，可能伴随着更多投资项目立项，在后续时期经济更可能繁荣，相应制造业相关的需求也会放大，反之亦然。因此，利率是非常重要的经济领先指标。Shibor 数据有多种时间间隔，可以考虑取 1 年期和半年期的数据。

（2）采购经理指数（Purchasing Managers' Index，简称 PMI），通常是各国官方机构对大型企业的采购经理进行月度调查后汇总出的数据。调查包括新订单、产量、雇员、库存、积压订单等维度。被调查者对这些维度相关问题进行定性回答，在上升、下降、不变三种答案中选择一种。最终将各类答案进行汇总，制作成指数。PMI 的具体数值以 50 为"荣枯线"，高于 50 意味着行业市场相对繁荣，低于 50 则意味着行业市场相对低迷。PMI 指标具有先导性，已经成为监测经济的先行指标之一。

（3）行业股价指数。一些券商会对制造业细分行业编制指数，通常是通过该行业的上市企业股价，基于市值加权平均编制而成的。股价的变动会反映当时市场的预期，由于资金流比物流更加迅速，因此资金的行为会超前反映物流的信息，这些资金行为的最终信息的"合力"表现在股价上。因此，我们可以将行业股价引入销量预测。

（4）生产者价格指数（Producer Price Index，简称 PPI）。PPI 是制造业企业产品出厂价格的统计数据，某一时期制造业出厂产品的价格反映了当前的供需情况，也包含未来制造业经济状态的信息。

此处仅介绍了部分相对通用的宏观经济指标与制造业的内部逻辑，在预测实践中，我们可以具体分析企业业务，选取更多的指标。

2）数据处理

完成初始指标选取后需要进行数据处理，我们可以采取的处理步骤是：

- 确定数据维度。主要确定按照哪个维度（年、季、月）进行预测，进而确定数据的聚合方式，基于预测维度前向保留最近的数据或均值聚合。

- 缺失值处理。一些宏观经济指标的公布间隔可能大于数据维度，所以存在较多不能直接删除的缺失值，此时可以进行线性插值填补。
- 基准指标选取。基准指标是指和销量具有最高相关性的宏观经济指标，需要根据数理分析或业务经验选择基准指标用于后续的领先特征的参照——可以选择 PMI 或者 GDP。
- 宏观经济指标去趋势化。对于许多绝对值指标，例如季度 GDP，其中可能包含趋势特征，我们可以通过同比消除趋势。
- 数据降噪。一些宏观经济指标可能存在噪音点，此时可以使用滚动平均或其他滤波方法进行平滑处理。

3）领先特征工程

在进行特征工程之前，我们需要对宏观周期分析理论进行概述。宏观周期分析理论认为，经济活动的发展趋势呈现有规律的上升和下降的周期性变化，整个经济系统跨时期呈现出周期变化的状态，具体表现可能是国内生产总值、总体就业水平等方面在扩张和紧缩的周期中不停地变化。主流的理论把这个周期划分为繁荣、衰退、萧条、复苏四个阶段，呈现为图 10-2 中的波浪形态。

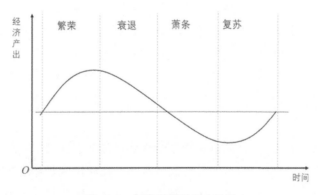

图 10-2　经济周期的四个阶段

上述周期理论的引申含义是经济系统中不同的部分和整体大周期是协同的，但在次序上会呈现出先后状态。通常认为，宏观经济指标序列符合第 2 章提到的加性模型，即时间序列数据由四种要素构成，分别是趋势项（T）、循环项（C）、季节项（S）与随机项（I），循环项是我们认为的经济周期特征，我们可以通过第 1 章提到的 STL 方法对周期特征进行提取。如果以 GDP 为表征整体经济状态的基准指标，那么另外一些宏观经济指标的周期特征会呈现出在时期上的领先关系，如图 10-3 所示。

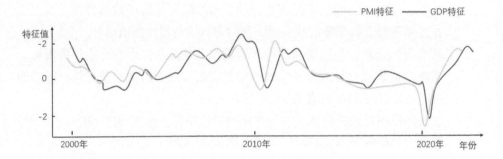

图 10-3   宏观经济指标之间的领先关系

领先特征工程，即分析提前多期的宏观经济特征和基准指标的关系，确定相关性最大的期数并将其沉淀为特征。领先性的经济逻辑在于，经济指标同属一个经济系统，它们彼此有关联性。有些指标是未来经济情况的信号，而有些指标和未来经济周期状态本身存在因果关系。例如，利率指标和未来的经济情况有一定的相关性。当经济过热时，各国央行会通过加息来防范风险，此时市场资金紧缩，导致制造业从当下的过热慢慢步入萧条周期。而在经济不景气时期，各国央行则通过降息刺激经济，制造业会慢慢从萧条步入繁荣周期。因此，对特征领先性的具体分析可以使用时差分析法。通过计算不同时间差的两个指标的相关系数，我们将最大相关系数的时期差数称为领先阶数，该相关系数被称为领先相关系数。具体的相关系数可以选用皮尔森相关系数，也可以选用 K-L 散度等计算方法。在我们获取到具有高领先的特征后，可以选取提前相应阶数的宏观经济指标的周期特征作为当期的特征。

周期特征的另一个重要分析是周期转换点的判断和预测，即判断周期的拐点。我们可以使用一些判断峰值点的算法进行判断。在使用这些算法之前，一般会先假定经济周期的长度，即认为两次经济周期的变化（繁荣和衰退的状态切换）通常大于一年，一个完整的经济周期（繁荣到衰退再到繁荣）大于两年。这是一个经验性的假定，具体的行业周期长度可以根据相关行业的实际情况和预测需求进行假定。

10.2.2   预测思路

1. 常规时间序列预测

在产品需求预测场景下，常规的预测方式包括时间序列方法和机器学习方法。

时间序列方法可以使用 ARIMA、Prophet 等方法。制造业产品需求预测通常关注的时间粒度较大，所以相对于单 SKU 而言，此时数据具有一定的稳定性。在预测时，我们会更关注基础时间序列特征，例如趋势性、季节性，以及某些特殊事件或节假日的影响。机器学习方法则是将宏观经济数据特征纳入预测，其核心问题是通过销量特征与宏观经济数据特征来对销量进行回归。所有机器学习回归模型都可被用于在这个场景下解决时间序列预测问题。鉴于预测的稳定性和泛化性，一般会选择随机森林模型或 XGBoost 模型。在预测之前，通过在历史销量序列上使用滑动窗口来提取销量特征和宏观经济数据特征进行预测。

2. 基于经济周期的预测模型

因为制造业的长期预测和宏观经济、企业战略规划等相关，所以在实践中完成预测后通常还会进行后处理。传统的人工后处理是由业务人员基于行业知识与经验，综合考虑经济形势、行业发展等因素，对模型的预测结果进行调整。智能供应链可以通过宏观预测模型实现这种后处理。具体实现方法是，通过数十年的宏观经济规律预测下一时期的宏观经济周期，然后对常规预测输出的结果进行调整。回顾百年历史，宏观经济形势呈现出周期性的波动，从繁荣到衰退再到繁荣的一个宏观经济周期约为五到十年，而实践中的预测模型所使用的销量数据可能只有 3~5 年的长度。受限于数据量，预测模型本身无法从销量数据中有效地识别行业宏观经济周期，更无法将未来的经济周期预测纳入预测。因此基于经济周期的预测模型所用的训练数据需要包含尽可能长的历史数据。

10.2.3　实践案例

本节以装载机厂商的销量预测作为案例。装载机是一种广泛应用于各类工程的机械设备，是一个非常典型的和经济周期相关的产品。本案例获取了 A 公司长度为 3 年的历史销量数据，结合宏观数据对装载机的销量进行预测。

根据已有的学术研究与业务经验，获取与装载机销量相关的宏观数据。这些数据都有官方的公开数据源，在常见的公开财经数据库中也有汇总整理，可以便捷地获取 2000 年至今的数据。宏观数据按月度和季度进行公布，因此本案例的数据以月度为样本颗粒，使用的数据范围为从 2000 年至 2022 年末期。

部分宏观数据示例如表 10-2 所示。

表 10-2   部分宏观数据示例

类型	数据
宏观经济数据	GDP
	PMI
	PPI
行业数据	房地产投资增速
	房价指数
	铁路货运量
	工业金属期货指数
金融数据	上证综合指数
	深证综合指数
	人民币汇率
	Shibor 一年期利率
	M2 同比

我们将月度 GDP 数据作为领先分布的基准指标，在预测前先进行平滑处理。对 GDP 数据取同比后，使用 STL 提取出周期特征，再使用长度为预测期的窗口对 GDP 的周期特征进行平滑处理。如果处理后的 GDP 指标在某一时期的目标值大于零，则意味着该时期后的一段时间为繁荣期，且数值越大销量增加的概率越大；若小于零则反之。

其他宏观经济数据作为特征的数据源，进行如上所述的数据预处理。具体步骤如下：

（1）把季度数据转化为月度数据，并使用线性插值填补缺失值。

（2）对绝对值指标进行累计同比处理以消除季节性。

（3）使用 STL 得到后处理的周期特征序列。

（4）分析不同期数的相关性，并基于最大相关性保留相应时期的数据作为特征。

以一年期 Shibor 为例，我们进行上述操作后，基于领先分析的特征工程，通过对比不同领先期的利率和 GDP 周期特征的关系，发现 12 期的领先期数的利率和 GDP 周期特征的相关性最大，为-0.52。因此，我们以预测样本时期为基准，保留提前 10～14 个月的一年期 Shibor 数据作为特征。

完成上述特征制作后，将其与销量数据进行拼接，并按照第 1 章介绍的机器

学习流程进行预测。我们使用 tsfresh 自动生成特征并进行特征筛选，然后使用
XGBoost 模型进行销量预测，并获得销量预测结果。在获得基础的销量预测结果
后，我们还需要进行 GDP 的周期特征预测。此时可使用包括 2000 年至今的宏观
数据。

　　本案例侧重介绍后处理。在完成销量和经济周期状态的预测后，需要分析历
史销量和 GDP 特征的线性关系。对销量进行平滑处理的方法是使用长度为预测
期的中心窗口滑动取均值，并除以过去一年的销量均值，获得平滑后的销量环比
情况。然后，用 GDP 周期特征与该销量环比值做回归分析，检验参数的显著性。
若显著，则通过 GDP 特征和销量环比进行回归，得到未来一段时期销量的环比
情况。最后，将预测的环比值和过去一年的环比值均值相减，得到一个环比差异
值，将其作为后处理的调整幅度再乘以销量预测结果，完成后处理。这里的相减
操作是因为本预测思路希望从数十年的宏观数据的超额信息中学习到和短期历史
中不一样的规律。如果预测的环比值和过去一年的环比值接近，那么大概率表示
预测时间前后经济周期是在同一个状态下（例如都是经济繁荣期），利用 3 ~ 5
年的销量数据和常规的模型大概率也能学到这个环比信息。所以本案例进行的后
处理，预测获得的环比值需要对比近期环比值的差异。基于经济周期预测的后处
理方法的执行效果如图 10-4 所示。

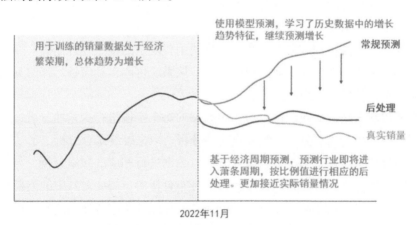

图 10-4　基于经济周期预测的后处理方法的执行效果

10.3　预测性维护

　　预测性维护（Predictive Maintenance，PDM）是指根据设备、项目的运行历
史数据，预测设备未来可能出现的异常、故障状态，进而提前进行维护。预测性

维护的本质仍是备件需求预测，在传统的工业管理场景下，预测性维护是制造工厂管理方的主动行为，表现为厂商需要对相关的备件进行足量的备件库存，导致库存成本较高。随着供应链的智能化和敏捷化，预测性维护和智能供应链开始融合，未来的智能供应链应该是系统可获取到历史故障数据并对备件需求进行预测。目前部分行业开始将工业大数据接入智能供应链系统，可以根据设备情况对故障和备件需求进行快速判断和敏捷供应，预测性维护是智能供应链未来的重要应用场景。

10.3.1 数据特征

传统的制造业预测性维护数据可能包括人工记录数据和传感数据两类。人工记录数据包括对某个设备出现故障的时间与类型的记录等。这类数据往往数据量较小，信息量少。目前许多制造业企业正处于数字化升级的进程中，一些企业在其关键设备上安装了传感器，这些传感器可以实时监测并传输与设备状态高度相关的数据。设备传感数据是预测建模需要重点关注的，其特点是数据维度广，数据量大。传感数据通常包含多种物理指标维度，以某制造业发动机预测性维护为例，其数据可能包括由大型柴油机传感器所采集的上止点、转速、振动、缸压、润滑油颗粒等相关信号，数据背后涉及的相关领域制造知识丰富。同时这些传感器存在的第一目的是监测设备运行状态，其传输的时间间隔较短。所以在预测性维护场景下，可使用的数据量较大，故可使用较复杂的模型进行挖掘。除了传感数据，部分企业还在建设工业大数据系统，该系统可能包括设备之外的其他相关可采集数据，例如工厂内的气温、湿度情况等。

在获取数据之后，我们可以对原始数据的每个字段进行探索性分析，包括原始数据分布分析、离群分析、特征重要性分析、数据维度聚合分析。

分布分析是使用基础的描述统计方法对数据进行相应的探索分析，与常规的机器学习特征分析方法一致。在进行特征分布分析后，需要对其中的离群数据进行进一步的分析。由于制造业场景的复杂性，传感数据中存在的离群数据既可能来源于故障，也可能是传感器本身接收信号的误差或外部自然发生的一些小概率事件。我们需要进一步探索离群数据与故障的关系，如果没有明显关联，则可以考虑用一些修复算法进行修复。以传感器可能会出现毛刺现象为例，我们可以使用卡尔曼滤波器等方法对数据进行平滑处理。

特征重要性分析针对的是可能出现特征高度相关的情况，我们可以使用机器学习模型的特征重要性得分对特征进行评价和筛选，最后剔除存在多重共线性和影响微弱的列。以某企业多气缸发动机设备监测为例，该企业使用多个传感器分别监测气缸，不同气缸的数据可能表现出高度相关性。在进行特征分析之后，对于预测性维护，可能还需要根据实际需求情况进行数据降维。有些企业的重点设备传感器是实时检测控件，所以其数据传输间隔可能非常短，但预测性维护场景与实时检测不同，通常希望尽可能地提前预测出故障发生。可以根据特征分析的结果，制作数据降维后的特征。

10.3.2 预测思路

根据不同的预测性维护场景，预测的对象可以分为三类，包括重点故障预测、整体状态预测和设备退化预测。对于第一类对象，预测思路可以采用间断性备件需求的预测方法。具体而言，可以通过历史重点故障数据来预测下一时期是否会出现重点故障，以及是否需要对应急抢修备件进行备货。对于第二类对象，需要根据多项指标进行判别分析，以对设备下一时期的状态进行预测。此时，涉及检修需求和易损件的替换。对于第三类对象，设备退化预测往往与相关传感指标密切相关，例如电解质指标等。在这种情况下，预测需要涉及消耗品的需求，例如润滑油等。

对于第一类对象的预测，类似于 1.1 节介绍的间断性需求类型备件的预测，后两类对象涉及更多的工业相关数据，因此需要更多的隐性知识。在数据量足够的情况下，可以结合先验知识和机器学习或深度学习等方法，更好地挖掘数据间的知识。例如，在设备状态监测方面，可以使用支持向量机模型进行预测。在设备退化预测方面，可以采用第 7 章介绍的相应模型。这些模型可以更加准确地预测设备故障并及时采取相应措施，提高设备的生产效率和安全性。

第11章

CHAPTER 11

电商零售

　　互联网的快速发展为电商零售的兴起提供了坚实的基础。如今，中国的电商零售行业已成为居民消费的重要组成部分，每年的电商零售成交额的规模非常庞大。以 2020 年为例，中国的网上零售成交额达到了 11.8 万亿元，电商零售已成为经济生态中不可或缺的一部分。然而，成熟的电商零售行业已经进入充分竞争的阶段，如何在激烈的竞争中保持竞争优势，已经是电商企业或服务平台关乎生存的问题。其中，如何在时效上最大限度地满足顾客需求，同时减少库存成本和缺货影响，是电商零售行业保持竞争优势最关键的问题。

　　上述问题的关键是充分利用电商平台上的信息资源，对商品销量进行准确预测。电商相关的服务平台与数据基建日趋完善，可以获取到丰富的大数据资源，可以支持更加复杂的销量预测模型。电商的预测包括以下几个核心问题，第一是要对大量类别的商品同时实现精准预测。电商领域的商品类别包罗万象，不同商品可能有不同的特征与规律，需要通过复杂的方法实现精准预测。第二是市场推广活动下的销量预测。电商零售的一个特点是市场推广活动的快速迭代，包括但不限于促销、直播、增加投放等。这些活动对销量的影响非常大，但难点在于它们一般不具有重复性，例如活动主题、玩法、资源投放、定价一般都不相同，这导致了促销活动信息难以结构化。第三是商品更新换代下的销量预测。电商的商品品类迭代迅速，新品销量数据极少，其在替代老品之后的销售规律也有可能发生较大变化，从而增加了不可预测性，也增加了销量预测的难度。针对以上问题，笔者将电商零售的销量预测划分为常规预测、促销预测、新品预测三大场景。常规预测即对销售状态相对平稳的商品进行日常预测，促销预测是结合商品促销活动相关数据对销量进行预测，新品预测针对的是电商零售领域快速更新品类的场景。

11.1　常规预测

在开始进行电商行业的需求预测时，获取到的原始销量数据很可能是常规预测、促销预测、新品预测三大场景下加总后的销量数据。我们需要通过业务标识数据或相关分解方法对原始销量数据进行分解，将促销预测、新品预测等相对特殊的场景进行区分后，主体部分的销量预测任务便是我们通常定义的常规预测。这种常规预测场景是指商品在平台上长期销售，即商品保持着相对平稳的销售状态。下面首先介绍数据处理，即如何对分解后的销量序列进行处理，然后介绍常规预测场景下的预测思路与实践案例。

11.1.1　数据处理

在进行预测任务之前，我们希望尽可能多地获取相关数据，包括促销日历和新老品信息表。获取这些数据后，可以有针对性地进行数据分解操作。以促销分解为例，我们可以在促销日历中标注的促销期内将销量数据删除，然后使用全局填充或滑动窗口均值进行填充。全局填充是指，使用历史所有非促销期的销量均值作为参考值，而滑动窗口均值填充则是使用特定的时间长度在序列上进行滑动，以填充促销期间的销量。二者的选择和具体参数的设置需要根据实际业务情况进行考量。如果没有促销相关的信息可用，则可以采用第 1 章介绍的数据处理方法进行相应的大订单识别，并整理大订单，然后与业务人员确认是否属于促销场景，以进一步确定是否需要进行相关预测。

电商零售的常规预测任务涵盖了多种商品类别，不同商品的销售特征也各不相同。常见的销售特征包括：

（1）趋势特征，一些商品 SKU 随着平台和商家的经营状态变化可能呈现长期的增长或下降趋势。

（2）生命周期特征，有些商品会呈现出明显的生命周期，在刚上市的短时间跨度内大部分呈现上升趋势，但在生命周期末期呈现下降趋势。

（3）季节性特征，一些商品有比较明显的季节性，例如年货，在春节前销量可能会有大幅的增长。

（4）商品属性特征，这些特征包括商品价格、好评数、收藏数等。

除了上述的销售特征，在电商预测任务中，我们还可能获得用户行为数据，这些数据通常与用户购买行为相关，如表 11-1 所示。由于电商场景下用户可以实现快速便捷的购买，这些数据背后的行为从发生到用户实际下单购买可能仅有几分钟的间隔。在这么短的时间间隔中，这些数据的可用性较低。不过其中的一些信息对未来的销量预测还是有一定帮助的，我们可以将其纳入考虑范畴。

表 11-1　常规预测获取数据示例（部分）

数据类型	数据
销量数据	订单数据
	商品信息数据
	活动数据
商品数据	评价数据
	价格数据
	店铺粉丝数据
	店铺展示量
用户行为数据	访客数
	商品浏览行为
	搜索量
	平均停留时间

11.1.2　预测思路

当我们进行电商行业的常规预测时，存在两种不同的常规预测思路。第一种思路是使用深度学习算法。由于电商场景通常拥有较大的数据量，因此我们可以使用深度学习算法对销量进行充分的挖掘。在第 7 章中，我们已经对目前前沿的深度学习算法进行了介绍。这里我们选择经典模型 DeepAR 作为案例进行介绍。DeepAR 模型在实践中有多个优点，首先，DeepAR 模型对数据处理的要求较低，对于缺失的数据，DeepAR 模型会在模型内部直接补充缺失值。因此，在前期的数据处理中，我们不需要对缺失的数据进行人工处理。其次，DeepAR 模型会对数据进行自动标准化处理，多时间序列预测、多量级预测、多时间长度预测的场景非常常见，自动标准化处理能在这些场景下较好地解决问题。例如，冷门商品和热门商品的销量可能存在非常大的差异，DeepAR 模型的预处理方式是基于不同商品自身内部的标准化，使得它们具有可比性。基于这种自归一化的处理方式，即便输入的是不同量级的数据，在进入模型之前，也会进行自归一化处理。

而在输出结果上，DeepAR 模型也有其优点。第一，它的输出结果为概率分布。相较于其他基于 RNN 拓展后直接输出一个确定预测值的模型，DeepAR 模型的输出方式是输出一个概率分布。我们可以将预测值的期望或最大概率作为最终的预测值，这有利于我们对预测结果的有效性进行评价，同时还有利于我们进行后续的库存优化。第二，DeepAR 模型会自动挖掘多个时间序列之间的关联，这个特性让 DeepAR 模型可以包容常规预测中的多种不同类型 SKU 的预测结果。例如，假如我们有几份苹果的历史销售数据，那么对于销售时期相对较短的梨子，DeepAR 模型可以根据苹果的历史销量数据，预测梨子的未来销售趋势。

深度学习算法虽然在数据挖掘方面有着强大的功能，但训练过程复杂，工程烦琐，同时可解释性较差。因此，面向多品类进行预测时，实践中另一个流行的常规预测思路是集成学习策略。第 7 章介绍了一些集成预测方法，10.1 节介绍了 FFORMA 方法。针对电商零售的常规预测场景，也可以相应地改造 FFORMA 方法。相比制造业场景，电商场景在 SKU 和商品种类方面更丰富。有限的特征不一定能完美地概括商品的所有属性，因此针对电商场景可以尝试使用另外一种模型池，以及更加灵活的集成思路，即 WEOS。WEOS 采用的是分类选型的方法，我们可以结合业务经验的特征将时间序列数据分为不同的类别，然后对不同类别的 SKU 分别确定子模型权重。根据 SKU 对应的类别使用相应模型池进行预测，最终以时间序列数据的加权预测结果之和作为预测结果。根据上述模型框架，具体可以分为如下几个步骤：参考业务经验的特征进行时间序列分类→为每个类别选择初始模型池→通过滚动回测方式衡量每个子模型的预测误差→模型选择与权重确定→计算最终预测结果。

11.1.3　实践案例

我们以一个电商零售行业的应用案例为例，介绍 WEOS 的建模过程。该案例面向的是一个大型零售品牌的线上零售部分，包括 5 个一级品类（保洁、母婴、美妆、健康品、家居生活用品）。细分品类包括二、三级品类。此案例获取了 2021 年 10 月至 2022 年 7 月的数据，预测任务是在 SKU 维度进行每天销量的预测。在初始阶段，我们进行促销分解。图 11-1 是某母婴用品 SKU 的历史销量分解图，我们通过获取的促销日历对促销当天的销量进行剔除，然后使用长度为 30 天的窗口对销量进行平滑处理，以填补因剔除而产生的缺失值，平滑后的销量作为目标销量。

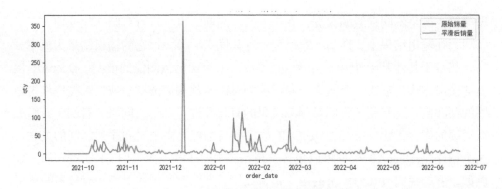

图 11-1　某母婴用品 SKU 的历史销量分解图

　　在分类逻辑上，我们使用二级品类作为初始分类标准，然后根据是否存在显著的趋势和是否有季节效应进一步进行二阶分类。在完成分类后，对所有类别使用相同的初始模型池，初始模型池中的方法和模型包括：

- 3 种朴素预测方法（周、月、季度）。
- 季节朴素预测方法。
- 加权移动平均（模型可以根据实际业务情况进行设计，例如近 3 个月的权重为 0.7，3 ~ 6 个月的权重为 0.3）。
- 自动调参的 ETS 方法。
- Theta 方法。
- 自动调参的 ARIMA 方法。
- 线性回归模型。
- Croston 模型（周和月）。

　　这些方法和模型已经在基础模型篇或高阶模型篇中进行了介绍。我们使用滚动回测自动筛选出每个类别对应的特定模型池，为了比较模型池中不同方法在每个类别数据上的预测效果，需要进行模型回测。计算每个子模型在历史数据上的回测准确率时，为了避免偶然性，这里采用交叉验证的滚动回测方式。对于每个 SKU，将其销量的时间序列数据切分为训练集和验证集两部分，使用模型池中的每个子模型依次进行回测，计算每个子模型在验证集上的平均误差。本案例中，单次回测长度固定为 10，滚动回测次数为 3，回测误差函数为 SMAPE。通过误差加权函数 f 计算得到 3 次整体的回测误差，误差加权函数 f 可以使用平均加权或者指数加权。最终通过参数搜索选出最优的 N 和 f。

　　在完成上述设定后，在分类维度上对每个 SKU 的模型池和权重进行选择。以某一个类别为例，先利用归一化后的初始权重对上述模型池中的所有子模型在该类别的验证集上的预测值进行加权求和，然后计算组合模型在验证集上的平均误差，根据平均误差对模型进行降序排列并剔除在验证集上平均误差最大的模型。删除模型后重新进行模型组合，计算新组合的模型在验证集上的平均误差，如果平均误差增加，则将剔除的模型再放回模型池。重复上面的步骤，直至只剩一个模型，或不再剔除模型，此时就完成了模型池选择。而 SKU 预测时的模型权重则按照第 7 章介绍的方法，根据预测时的误差进行计算，误差越大的模型权重越小，确定了权重后，我们就完成了 WEOS 的训练过程，即可根据预测模型池和权重输出最终的预测结果。图 11-2 展示了上述的预测流程过程。

图 11-2　某电商企业销量预测流程

11.2　促销预测

　　促销是企业利用广告投放、价格优惠、达人直播等手段向消费者传递产品信息，以便增加消费者购买欲望的过程。在电商场景下，成功的促销能够大幅地增加销量，然而这也给企业的供应链系统带来了极大的挑战。目前业界存在的问题是，促销活动成功引发爆款，但由于长时间缺货导致顾客对商品不满意，进而影响品牌形象。准确的促销销量预测对于电商企业组织促销活动至关重要，电商企业需要根据促销销售预测值，提前从区域大仓运输一定数量的商品至本地仓或前置仓配送中心，以便客户下单后可以直接配送。但这里又存在另一个问题，过于乐观的促销预测会给企业的供应链库存带来库存风险。缺货和库存积压都是电商企业在促销场景下需要尽可能避免的情况，因此，促销期间准确的销量预测是电商企业合理安排资源和规划促销活动的重要保证。

11.2.1　数据特征

促销预测的历史销量数据通常是从常规预测中分解提取出来的。此外，我们还需要收集与促销相关的信息，并使用这些信息对促销销量序列进行多维度的刻画和深入的特征提取。具体而言，促销预测时的数据通常包括以下几类：

- 商家促销数据：这些数据包括各电商店铺所计划的促销活动，例如折扣、优惠券等，需要统一量化以便于分析。这些数据可以帮助我们了解促销活动的时间段、预计强度等信息，从而更好地进行促销销量预测。
- 营销计划数据：这些数据包括业务销售计划、门店经营数据等，例如GMV 值、UV 值、广告投放成本等。这些数据与预测序列通常具有强相关性，因为它们直接反映了平台对电商流量的控制及营销的节奏。
- 平台促销数据：这些数据通常指电商平台的大促活动，例如"双 11""618"等。这些数据需要与门店级别数据配合使用，以便更好地理解促销活动的整体情况，从而更准确地进行销量预测。
- 节假日数据：这些数据包括节假日日期及相应的节假日效应。不同的自然或法定节假日对销量的影响也不同，因此需要对不同节假日效应进行刻画。

11.2.2　预测思路

电商零售领域的促销预测常常是整体预测任务的关键。在原始销售序列中，我们会发现数据存在复杂效应，具体可以分为以下几点。

（1）不规律突变效应明显：促销相关的效应往往会显著不同于常规时期，且销量的增长值无法使用某一确定的统计分布刻画，给预测大大增加了难度。

（2）促销影响因素较多：在实际业务中，促销所对应的销量往往受到多种因素的影响，其中甚至包含一些临时因素，这就需要我们挑选重点数据，并对数据进行规范化处理，为我们的预测模型灌入可靠的数据。

（3）促销效应难以分拆：在实际的数据集中，我们很难将历史数据中的促销效应单独与常规销量拆开，这就造成我们无法得知促销相关的因子或事件直接造成的销量变化值，给建模增加了难度。

在促销预测中，算法模型的主要作用是利用过去的销售数据找到促销活动与销量之间的一般规律，并将其与常规模型结合，产生最终的销量预测值。在促销预测任务中，通常有两种生成预测值的方法。一种方法是将促销信息与常规预测中的原始销售序列共同输入模型，通过一个预测任务给出最终的预测值。另一种方法则更为常见，即将促销预测与常规预测任务分开。首先使用常规预测模型给出一般数据分布下的销量预测值，然后引入促销信息，对促销时间段所对应的销量进行进一步的预测。在实际使用中，供应链计划人员需要同时参考促销预测和常规预测的结果，并结合当前的信息，重点调整促销部分的销量预测。因此，本节主要关注将促销预测和常规预测分开进行的情况，以便获得两个独立的预测序列。在促销预测任务中，面对上述问题及多通道的数据输入，我们一般会采用多种数据处理和预测建模的机制。促销预测通常分为以下几个步骤：

（1）**确定数据输入**：在开始促销部分的算法模型探索前，需要确定有哪些可能影响促销销量的因素，以及哪些数据和这些因素相关。这需要与业务人员反复沟通，通过一段时间的情况跟踪，最终确定数据提供方式及其与促销销量之间的关联性。

（2）**促销数据分析及标准化**：此步骤中需对确定的促销数据进行解释性探查，包括其历史趋势、促销影响因素等；在此之后需对促销数据进行标准化处理，例如对于多种活动类型的促销事件，应将其统一量化为促销力度指标，在相同尺度下供后续建模使用。

（3）**促销效应分解**：促销任务的预测目标是促销事件的增量，在此情况下，需要将促销造成的历史效应从原序列中分拆，一般可使用的方法包括分位数法、STL 分解等。

（4）**促销特征工程**：促销数据在经过一定的预处理后，需要进行进一步系统化处理以适应时间序列任务的需要，例如对不同特征间的交互项进行加工、滑窗特征提取、历史同期特征提取等。

（5）**促销模型建立**：此步骤中需要将促销的特征工程结果作为输入，将促销效应的分解值作为训练目标，训练促销模型。

（6）**结果调整及输出**：在此步骤中，促销模型的输出将与常规预测值结合，并加入后处理机制，对二者进行微调，最终输出到业务应用中。

11.2.3　实践案例

我们以某大型电商平台的一个独立运营商家为例来说明在此领域中促销预测的预测思路。该商家主营快消品，包括多个综合旗舰店和垂直品类的重点品牌店铺。这类商家通常会频繁策划多个促销活动。在备货过程中，促销活动的存在会导致库存资源紧张，需要频繁在不同仓间调拨商品，这会降低需求响应速度。在这个案例中，我们关注 16 个门店、7 个仓库、约 300 个商品，共计约 5000 个时间序列，以门店、仓库、商品为预测维度。

在进行这次预测任务时，我们使用 LightGBM 模型来建模和预测销售序列中的促销部分。我们使用多个维度的数据来构建所需的统计特征，并在自动的模型框架下完成建模，模型的优化需要进行多次迭代。但与场景直接相关的是数据收集及特征工程，以及构建促销训练目标的，这些方面是我们将重点介绍的此案例关键部分。

1. 数据收集及特征工程

在收集该电商平台数据时，我们发现促销销量值与店铺整体营销计划直接相关。每个店铺都会制定下个月的营销计划日历，预估天维度的 GMV 值、UV 值，以及针对主推产品的计划。这些计划会在实际运营中进行微调，以反映对特定情况的临时调整，但数据输入形式保持不变。经过与运营人员和数字化团队的反复交流，我们将促销数据的输入规范为以下几个：

- 店铺计划值：整体店铺天维度的 GMV 值（目标值/挑战值）、UV 值、转化率、广告投放成本。
- 商品计划值：商品计划 GMV 值、销售增速、主推品。
- 促销活动日历：起始日期、截止日期、活动类型、预期价格、活动力度。

以上促销相关信息需要根据各类型输入数据的实际情况标准化为统一的活动力度指标，以刻画此次促销事件的预期强度。例如，对于满额赠品、满额打折、组合优惠等活动类型，需要根据赠品价格、折扣、组合品价格等信息，规范化为同一个力度值，以便模型进行处理。

此后需要对以上数据进行特征加工，促销预测案例的特征及加工方式如表 11-2 所示。

表 11-2   促销预测案例的特征及加工方式

特征分类	特征名称	加工方式
预测维度特征	门店编码	门店编码值，使用分类编码器（标签或梯度编码）
	仓编码	仓库编码值，使用分类编码器（标签或梯度编码）
	品牌	品牌编码值，使用分类编码器（标签或梯度编码）
时间特征	月	月份分类值，需指定为分类变量
	日	日期

续表

特征分类	特征名称	加工方式
商品维度特征	商品计划值	各商品每天的营销计划值（GMV 值、UV 值、广告投放量等）
	商品计划占比	各商品营销计划值占当天店铺的比例
	预期折扣力度	该商品的预期促销力度量化值
	计划值相对促销标准值	商品计划值/预期折扣力度
	商品计划值滚动均值	滑窗提取近期商品计划值（3 天、7 天等）
	商品计划值增长比例	商品计划值/商品计划滚动均值
店铺维度特征	店铺计划值	各店铺每天整体的营销计划值（GMV 值、UV 值、广告投放量等）
	店铺计划值滚动均值	滑窗提取近期店铺计划值（3 天、7 天等）
	店铺计划值增长比例	店铺计划值/店铺计划滚动均值（或最大值）
活动特征	营销活动等级	各促销活动的营销活动强度
	活动等级对应的历史销量均值	相同店铺（或商品）各促销活动对应的历史销量均值
销量特征	时间序列历史销量均值	每条时间序列的历史销量均值（或滚动均值）
	商品历史销量均值	每个商品的历史销量均值（或滚动均值）

2. 构建促销训练目标

在建模过程中，我们需要将促销的效应从原始序列中分开。此案例使用的方法是控制图法，使用分位数作为上界，识别历史的离群点，并用分布均值进行填充，用于将原始序列转化为平稳序列。使用这种方法构建的历史序列可以过滤大的促销波动，在生成预测值时可以较好地保留常规序列的信息，若预测期间没有促销事件，则可得到较精确的预测值，如图 11-3 所示。

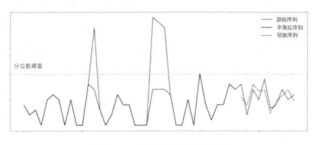

图 11-3　控制图法转化效果

在基于平滑结果构建促销训练目标方面，需要说明的是，在历史期间进行促销任务之前，通常会制定各时间序列的常规预测模型，在促销模型构建过程中，需要与常规任务相互协作。在本案例中，我们在常规时期（没有促销活动的时候）所使用的模型为 $M = \{M_1, \cdots, M_l\}$，此模型需要针对每条时间序列 i 在历史期间的平滑后序列 $\tilde{X}_i$ 做多折回测，假设回测期间为 T，可生成多个预测值。此预测值与原始相同时间的序列 X_{iT} 作差，得出最终的目标值 Y_{iT}：

$$Y_{iT} = X_{iT} - M_i(\tilde{X}_i)$$

这里的 $M_i(\tilde{X}_i)$ 表示对序列 $\tilde{X}_i$ 进行回测后的常规预测值。通过这种方式，我们可以构建出针对每个时间序列的促销目标，以便在实际应用中进行训练和预测。需要注意的是，在回测时，需要将回测日期之后的序列隐去，避免在生成预测结果时使用未来信息。这样可以更准确地评估模型的预测性能，并生成可靠的训练目标序列。多折回测分离促销训练目标的示意图如图 11-4 所示。

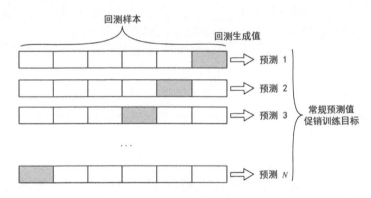

图 11-4　多折回测分离促销训练目标的示意图

目标值 Y_{iT} 的实际意义是，在历史期间利用常规序列得到的常规预测值与实际发生值之间的差异，反映了促销因子对于常规预测的影响。该目标值会与之前构造的特征矩阵一起输入 LightGBM 模型，用于学习促销因子的实际效应，并通过模型调优得到最终的促销预测值。这种构造方式可以将促销部分与常规任务进行联动，将常规任务中难以捕捉的特征使用促销的各个特征进行预测，从而获得更加准确的预测结果。

11.3　新品预测

本节将对 11.1 节识别出的新品 SKU 进行分析，美国 American Productivity &

Quality Center　（APQC）和 Product Development Institute（PDI）对 211 家企业
（18.5%是快消品企业，包含强生、吉利等）进行调查，发现新品贡献占比的年
度理论均值为 27%，所以对于新品的需求预测变得尤为重要。在新品预测的实践
中，我们常常会面临两个阶段的问题，即新品上市前和新品上市初期，接下来对
这两个阶段的数据形态及解决方案做一些介绍。不同阶段的新品预测效果示例如
图 11-5 所示。

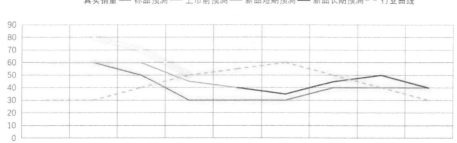

图 11-5 不同阶段的新品预测效果示例

11.3.1　数据收集与分析

一般来说，新品上市之前，需要产品设计部进行调研设计和市场测试准备，
然后联合市场部和销售部进行市场测试，最后市场部、销售部和供应链部着手新
品上市的相关工作。也就是在新品上市前，业务部门可以基于经验来驱动新品备
货的决策和建议。但是在很多情况下，当新品的品类变得复杂时，光靠人工很难
在规定的时间内完成新品预测计划，所以我们需要分析新品的数据形态来决定相
应的预测方法。新品数据获取涉及的流程和部门的示例如图 11-6 所示。

新品的数据形态分析的重点并不在"量"，正因为新品的数据量稀少甚至不
存在，才导致预测难度的陡升。所以分析的重点应该是如何更好地寻找相似品，
在收集和分析数据时需要从以下几个方面入手：

- SKU 名称信息：新品全称、简称、标签。
- SKU 功能信息：功能描述，颜色、规格等。
- SKU 品类信息：品牌、一级品类、二级品类、三级品类。
- SKU 营销信息：营销渠道、营销支出、营销受众画像、营销平台等。

- SKU 价格信息：常规价格区间、活动价格区间等。
- SKU 时间序列信息：趋势性、序列相关性、偏度、峰度、自相关性、短期变化程度、数据离散程度、数据稀疏程度等。

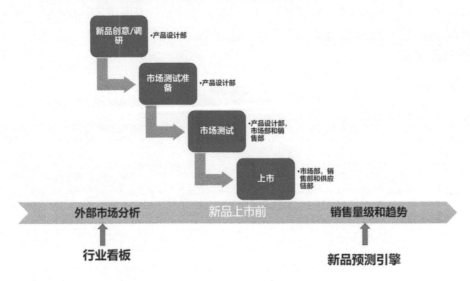

图 11-6   新品数据获取涉及的流程和部门的示例

其中 SKU 时间序列信息是在新品上市初期，收集到的少量可以进行分析的数据。基于以上数据信息，我们可以更快更好地定位和匹配合适的相似品，所以新品的属性信息越全面越好，这样可以引入更多的高质量数据资源来辅助新品的需求预测。有了上述数据基础，接下来具体介绍一下预测思路。

11.3.2   预测思路

在新品预测方面，我们先介绍一个经典的新品扩散模型——Bass 模型，Bass 模型是应用最广泛的新品扩散模型。该模型在很多工业领域的新商品、新服务、新技术的推广中得到了验证，是目前市场上最负盛名的销售预测数学模型。Bass 模型的公式如下：

$$N_t = N_{t-1} + p(m - N_{t-1}) + q\frac{N_{t-1}}{m}(m - N_{t-1})$$

Bass 模型引入了三个参数来预测 N_t（消费者在第 N 期的购买量）。

其中，m 被称为市场潜力，也就是潜在的需求总数；p 被称为创新参数，最初的购买者不受之前购买者对商品的评价的影响，可能受到其他大众传媒或外部因素的影响，由于这些购买者不受社会系统内部的影响，因此 p 被称为"外部影响系数"；q 被称为模仿系数，在社会系统中讨论一个商品的人越多，使用该商品的人也就越多，p 被称作"内部影响系数"，也就是受到使用者对商品的评价的影响，开始购买某商品。

所以在公式的前半段，在外部因素的影响下不需要考虑之前购买者的影响，而在公式后半段，需要考虑之前的购买者数量与市场潜在需求的比例，这个比例越高，那么受到内部影响的从众购买者就越多。Bass 模型的优势就是简洁，适合进行初步的、粗略的中长期评估。需要注意的是，Bass 模型给出的是购买者数量，而不是最后真正的销量，适用于已经在市场中存在一定时期的新品的市场预测。因为需要以往的历史数据去估计 p、q、m 等系数，而且新品的上市，顾客往往对其比较陌生，所以企业对 p、q、m 的估计也不太可靠。

在新品上市前，我们还可以通过构建文本相似度搜索引擎，从商品大量的描述型文本数据中检索最为相似的历史数据作为参考。这个过程涉及自然语言处理相关的工作，比如计算词向量之间的相似度，并且当相似度达到一定阈值时输出相似搜索结果。我们需要输入新品名称、品类、属性、价格等关键信息，并在历史商品数据库中寻找最优的一个或多个相似品。完成这一步后，我们需要一个合适的模型进行数据训练和输出。本书推荐使用 DeepAR 模型，该模型在前面的章节中已有详细的描述。我们可以使用 DeepAR 模型的自动生成特征，将大量的全品类数据输入网络，学习它们的共同特征，并且可以添加额外的特征。例如，当以日粒度训练模型并进行预测时，DeepAR 模型会自动生成当日的 dayofmonth、dayofweek、dayofyear 等特征。最后，模型会给出预测的概率分布，而不是一个具体的值，并且使用最大似然函数来学习参数，得到的结果比传统时间序列模型更合理。因此，我们需要将尽可能多的 SKU 历史数据输入 DeepAR 模型，以训练出一个较大的预训练模型。最后，对几个相似品的历史数据进行处理，以模拟出新品的销量数据，将这些数据输入刚才的预训练模型，就可以预测出新品未来的需求值了。

在新品上市初期，我们已经收集到了一些数据，但对于训练模型来说，这些数据还不足以解决问题。因此，我们需要引入更多的外部数据。这时可以考虑开发新的时间序列趋势相似品引擎。我们可以对时间序列进行特征提取，并使用动态时间规整（Dynamic Time Warping，DTW）来解决非共时性的问题。接下来，从海量的商品中，我们可以搜索出在初期时间序列趋势上与新品最相似的一个或多个相似品。引入外部数据后，可以弥补现有数据不足的问题。这时，可以启用迁移学习的策略——基于样本迁移的回归方法，融合内部和外部数据，训练出合理的预测模型。迁移学习最大的优势在于，它不涉及数据的出处，无论是内部数据还是外部数据，只要时间序列趋势类似，都可以被利用。在新品上市初期，数据量往往很少，这正好符合迁移学习的适用场景。通过数据融合，我们可以增大数据池容量，并提高模型准确度。

除了迁移学习算法，我们还可以使用 DeepAR 模型。将企业内部历史老品的数据全部用于训练，可以得到一个包含全品类特征关联的模型。然后，将新品上市初期的数据放入预训练模型，可以得到新品未来 N 天的销量预测结果。DeepAR 模型在新品上市初期的短期预测效果还是比较显著的。作为一种深度学习算法，它的效率可能有些短板，但是对于新品预测，所需训练的 SKU 数量并不是很多。预训练模型可以很好地利用内外部数据，为冷启动预测提供基础。

如果需要进行中长期预测，则还可以使用基于规则的方法。例如，可以找到 N 个与新品在上市初期时间序列趋势相似的商品序列，并提取这些商品后面 K 个月的销售序列。通过一些统计方法对这些销售序列进行规整，就可以模拟出新品后面 K 个月的需求情况。在实践中，这种基于规则的方法也表现出比较稳定的效果。

第12章
CHAPTER 12

线下零售

线下零售作为传统的零售形态，主要依托于实体店铺拉近与顾客之间的距离从而完成销售。与更多作为产品信息筛选和大范围信息传递的线上平台不同，线下渠道作为零售终端，提供了体验、消费、自提和小范围及时配送的接口。大型商超、服装、家具三个行业都与人们的日常生活密切相关，并且其销售渠道也以实体店为主，但行业特点却各不相同。因此本章以这三个行业的预测实践为例，说明线下零售的特点和预测方法。

12.1 大型商超

12.1.1 行业背景

大型商超一般是指商品开放陈列、顾客自主选购、结算方式为排队收银，以经营生鲜食品水果、日杂用品为主的零售商店。近年来，传统线下超市受到电商、社区团购等新业态的冲击较大。根据国家统计局数据显示，从 2017 年开始，国内的超市门店数量就呈现逐年下降趋势。十年间，从 38554 家的高位下降至24082 家，其中大型连锁超市的门店下降速度更是远高于整个行业。

在这样的背景下，商超行业在寻求整体的方向转型，这就为智能化算法的应用带来了新的机遇。目前，整体商超行业在朝着两个方向发展。一个方向是在新零售背景下，线下渠道开始与线上渠道进行整合资源，采用对供应、仓储、流量深度融合的方式，在线上及线下两个方向协同发力，此时线下商超不仅具备其传统的卖场功能，还可以作为线上渠道的前置仓和流量入口。另一个方向是转向"仓储会员店模式"。与整体行业萎靡相对比的是，以山姆会员店、Costco 为代表的仓储会员店模式的门店业绩不降反升，2021 年的行业规模同比增长 12.3%，总量达到 304.3 亿元。仓储会员店主要依靠其成本优势及严格的质量把控，一方面通过大规模集约式的管理方式及高坪效经营在内部降低运营成本，另一方面通过严格的供应及货源把关和自有品牌的建立来扩充客户群体，打造质量优势。

无论是与线上高度融合的新零售模式，还是严格把控成本和体验的仓储会员店模式，当前商超企业开始越来越关注其供应链的精细化管理，通过数字化、智能化的手段提升整体供应链的柔性。尤其经过多年的线上化经营后，商超的供应链管理者希望通过一个融合的数据底座，利用智能化算法在大量 SKU 数据中挖掘相关信息，提前预知消费者的未来需求及市场履约效果，以在备货、选品、营销等方面提前做出反应，达到有效的成本控制及消费体验的提升。

12.1.2　数据特征

在大型商超的预测中，预测任务在场景和数据特征上较其他行业显示出一些不同的特性，针对该领域的预测方案，需要与其他行业的算法策略加以区别。大型商超领域的预测任务和数据集的特征有以下几个方面。

（1）SKU 种类及数目明显多于其他领域，数据分布具有多样性。

商超往往涵盖全品类商品，这些商品的时间序列在数理特征上差别较大。具体来说，部分商品的季节性较强，例如保暖类产品在冬季的销量明显较高；部分商品的需求比较平稳，例如日用消耗品的销量不会随时间明显变化；部分商品对于特定时间段非常敏感，例如大包装礼盒产品在春节期间的销量有增高现象。同时，这些数据特征往往取决于多重因素，包括品牌、价格、商品自然周期等。需求预测模型需要分别处理不同性质的 SKU，以个性化的手段为不同性质的 SKU设定预测模型。

（2）预测任务较复杂，涉及多维度预测。

商超预测数据往往会用于多个场景，在实际场景中会根据多个维度对商品、供应链等采用分治的管理方式。例如，预测数据不仅会在 SKU 层级使用，同时会在更高的品类维度作为整体品类的营销及计划部门的输入；另外，连锁商超一般会基于分区进行管理，不仅会对单个门店的需求进行预测，同时会在省市、大区等组织结构成分中输出预测数据。

（3）高销量数据较集中，低销量数据预测难度较大、计划性较弱。

通过探索商超数据集可以发现，其产品数据基本表现为"二八法则"，可预测性较强，业务上的重点商品数据集中出现在高销量产品中。而其余数据常常显示出数据长度过短（新品），或数据长尾分布（间断性强）的特点，预测难度较大。另外，由于大型商超与线上的零售商不同，其计划性一般不强，且促销、营销节奏等比较多变，预测任务较难获取细化到 SKU 的营销计划数据。

（4）计算资源受到限制，注重模型与资源间的权衡。

由于对预测时效性要求较高、集群资源限制等原因，商超行业的预测任务一般着重关注工程上的优化，以提升计算效率，设计预测方案时需要着重考虑平衡模型复杂度（准确率）与资源消耗。

12.1.3　预测思路

需求预测是大型商超行业智能算法的一个重要领域。从应用的角度来看，大型商超的需求预测作用于供应链的多个环节，从长期的超市选址、仓库布局，到短期的营销计划的制定、补货周期及补货量确定，再到执行层关于货架货品摆放、商品配送优化，需求预测是商超供应链智能优化的起点，结合多重信息输入，给出对于未来货品需求量的预测结果。

针对大型商超数据集的特点，在实际的需求预测中，需要将基础模型进行适配，通过前、后处理或模型组合形式的调整，解决商超具体业务的痛点问题。回顾我们接触到的商超行业的需求预测案例，基本的解决方案有以下共同点。

（1）对时间序列采用分而治之的方式，解决时间序列及数据分布多样性的问题。

针对商超数据的多样性，需要提前将不同特征的时间序列进行分类，分类标准包括统计指标、商品品类、生命周期、门店（区域）类型等。例如，我们可以将间断性、日均销量、时间序列长度、SKU 分类、季节强度、销量波动这些指标作为分类标准，采取分层的方式，首先挑选出可预测性较强的时间序列，之后再细化处理分类出的重点时间序列，基于多维度的统计指标分类，使用不同的模型及处理方式完成预测。

（2）主要采用传统单时间序列模型进行预测，结合大型事件信息作为协变量引入。

由于大型商超的计划数据较难引入，因此主要选用历史销量序列，使用单时间序列模型进行预测，并对模型结果进行集成。另外，针对节假日及大促日历的输入，一般可以将此部分信息作为模型输入并加入部分受促销等事件较大的时间序列，以提升模型预测能力。

（3）采用商品信息、组织结构信息，对预测数据进行汇总或拆分。

对于商超行业预测任务中常见的在品类维度或组织维度进行组合的部分，有三种方式进行模型的组合，包括自下而上预测（预测底层维度再向上汇总）、自上而下预测（预测顶层维度再向下拆分）、中间层级预测（预测中间层维度并对高维度及低维度分别做汇总和拆分）。

（4）关注重点时间序列，将计算资源集中用于重点商品预测优化。

在有限的计算资源下，应重点关注在业务输入及数理分析中显示出重要属性的时间序列，此部分时间序列将使用较复杂的模型组合及预测方式来输出结果。

12.1.4 实践案例

我们以一个大型商超行业的应用案例来说明在实际需求预测场景中如何将基础模型进行组合，最终形成完整的模型设计思路。该案例面向的是一个国内大型连锁商超的线下零售部分，关注 15 家门店、7 个一级品类（包含食品饮料、生鲜、粮油副食、个人护理、母婴、美妆、家居生活用品），品类可进一步细分到二、三级品类和 SKU 级别。此案例的预测任务是进行门店+SKU 与门店+品类维度的预测，在实际数据应用中，SKU 维度的预测结果将直接作为补货的输入，并且需要保持品类与 SKU 的数据始终对齐。因此，此处选用自下而上的预测方法，预测底层 SKU 数据，再向上汇总，输出全部维度的预测值，商超品类示意图如 12-1 所示。

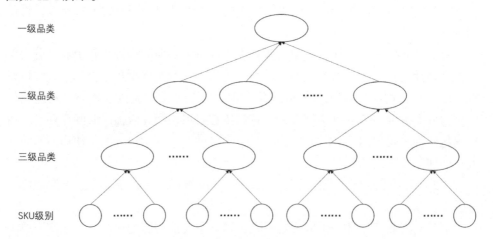

图 12-1 商超品类示意图

1. 时间序列分类

在 SKU 级别的预测中，我们面对的数据是非常复杂的，它涵盖了超过 30000 个形态各异的 SKU，我们需要在预测维度（SKU+门店）将其在多个指标下完成分类。首先关注数据的特性，初步筛选其可预测性，此部分的分类标准为数据长度及日均销量。我们将数据长度阈值定为 30，日均销量阈值定为 0 和 3，可将商品划分为新品和常规品（滞销品、低销品、畅销品）。商超时间序列场景及销售分层如图 12-2 所示。

图 12-2　商超时间序列场景及销售分层

对于新品及低销品，我们可直接使用简单模型（如简单指数平滑、移动平均）给出预测值。现在主要关注畅销品的销量情况，这部分销量整体的可预测性较强，可进行进一步的分层，从而对不同特征的数据分而治之，对重点时间序列进行调优。这一步会将时间序列按照以下类别分为三层：促销强度、季节性、ADI 和变异系数。其中，通过配置节假日及促销日历，使用假设检验判断节假日或促销期间的销量是否显著高于常规时期；通过 STL 分解后的季节项比例作为季节性判断。此后根据 SBC 分类法继续对时间序列进行分类，其中 ADI 是平均需求间隔，即两个非零需求点在时间序列之间的平均间距，用来刻画时间序列的间断性；变异系数 $CV^2 = \sigma/\mu$，σ 和 μ 分别为时间序列的标准差及均值，刻画时间序列的波动性。SBC 分类法示例如图 12-3 所示。

由此，我们可以将之前分类出的畅销品再一次进行分类，得到末端的分类结果。商超整体时间序列分类方案如图 12-4 所示。

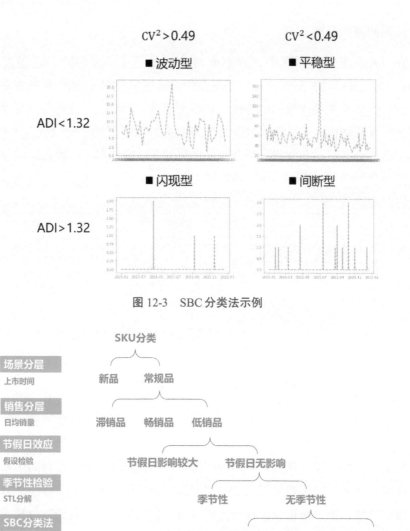

图 12-3   SBC 分类法示例

图 12-4   商超整体时间序列分类方案

2. 预测建模

在对时间序列进行分类后，需要针对不同类型给出相应的预测方案。我们将主要的计算资源投入可预测性较强的时间序列中，包括波动型、平稳型、季节型、促销型的时间序列，对于闪现型及间断型的时间序列，也会选取适合的模型刻画其特性，其余的时间序列将使用简单模型进行预测。在这个过程中，主要注重优化模型池和模型组合方式。大型商超需求预测模型池及组合方式如表 12-1 所示。

表 12-1　大型商超需求预测模型池及组合方式

时间序列类型	模型池	组合方式
促销型	Prophet、Bagged ETS+后处理	简单平均
季节型	季节型 Theta、ARIMA、TBATS、三阶指数平滑、ETS 季度拆解	加权回归集成
波动型	Theta、ARIMA、ETS、Bagged ETS、GARCH	加权回归集成
平稳型	Bagged ETS、加权移动平均、ARIMA、简单平均	加权回归集成
闪现型、间断型	Croston、TSB、SBJ	简单平均
新品	参照/搜索相似品（重点时间序列） 移动平均（非重点时间序列）	无
低销品、滞销品	移动平均	无

在此分类及预测方法下，我们重点关注促销型、季节型、波动型、平稳型及新品的时间序列。

促销型：在处理受节假日或促销影响较大的时间序列时，首先应配置促销及节假日日历，并据此建立 Prophet 模型。Prophet 模型会将此信息融合至模型中，对于促销或节假日事件，模型会自动优化其促销强度。另外，也可以使用 Bagged ETS 给出基线预测值，并通过历史事件促销系数叠加，给出最终的促销预测结果。

季节型、波动型、平稳型：此部分时间序列会指定多个单时间序列模型组成模型池，分别进行预测后对预测值加权组合。加权组合的方式与 WEOS 的思路类似，通过历史回测及逐步回归的方式，最终确定模型。这种"加权回归集成"的步骤如下。

步骤 1：对模型池中的各个基模型进行回测，并按误差从小到大排序。

步骤 2：按误差反比对模型预测结果加权，计算集成后模型的误差 e。

步骤 3：去除当前误差最大的基模型，重新对其余基模型加权，得到误差 e'。

步骤 4：若 $e' < e$，则令 $e = e'$，继续执行步骤 3；若 $e' > e$，则输出当前模型池及权重。

新品：对于业务标注出的重点新品部分，此时需要按照其继承及参照关系，找到老品的预测序列，并以此进行组合，生成新品预测值。例如，对于某个新品，我们可以在同品类的商品中找到其类似的参考商品集合，并将该集合时间序列的预测值进行平均，得到新品最终的预测序列。

总体来说，针对大型商超的预测过程中需要关注不同品类及数据分布的时间序列，算法工程师在处理这种类型的数据时需要根据数据特征及业务输入，将不同类型的时间序列解耦，分别使用不同的模型池进行处理。这种方式可以将计算资源集中在重点时间序列上，对高销品、波动性大、促销效应明显的时间序列予以重点关注。各时间序列可采用个性化的模型池和组合方式，刻画其整体特征，并完成最终预测。

12.2　服装行业

12.2.1　行业背景

服装行业作为零售行业的主力军之一，其在供应链各个环节的创新和探索一直受到很大关注。在国内经济快速增长期，服装消费需求旺盛，服装行业发展迅猛。但是随着城镇化进程加快、居民可支配收入不断增加，对审美、品牌、高质量享受有强烈欲望的年轻一代消费力量崛起，消费习惯的变化及商业触达载体的变化，导致国内服装消费正在不断升级。

根据近几年针对我国女性服装消费的调查显示，30 岁以内的成年女性，虽然她们的背景多元化，但由于受社交网络、时尚资讯、直播与短视频等新媒体带来的信息爆炸与实时同步等体验的影响，消费观念都呈现出重性价比、审美化与个性化并存的趋势。笔者曾对我国女性获取时尚信息的主要渠道和进行服装消费的主要动机有过问卷调研，分析结果如图 12-5 和图 12-6 所示。从我国女性时尚

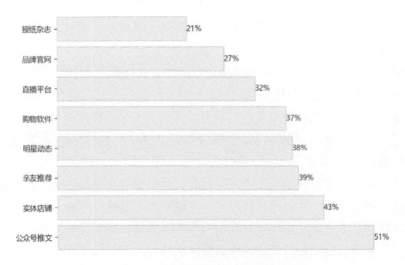

图 12-5　女性时尚信息主要获取渠道

信息的主要获取渠道可以看到，消费者获取信息的渠道越来越多元化，从实体店铺获取时尚信息的占比已不足 50%，更多的消费者通过社交媒体和时尚资讯等新媒体来获取时尚信息。此外，从图 12-6 也可以发现，服装消费也不再仅仅是为了满足人们的穿衣需求，越来越多的消费者购买服装的主要动机在于提升颜值、表达个性及奖励自己。

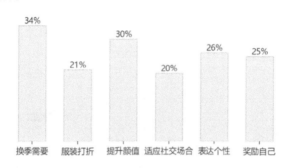

图 12-6　女性服装消费的主要动机

　　除了消费习惯的变化，服装行业固有的行业特点也导致服装企业面临的挑战愈加严峻。服装商品款式、颜色、尺码及面料十分多样化，并且其生命周期较短，过季的、不流行的商品的价格将大打折扣。春夏秋冬四个自然季节，每个季节都需要销售应季的服装，季节之间上新有重叠月份。服装品牌的上新频率会保持在每月 2~4 次，也就是每周一次或者每两周一次，每个月的上新频率代表了这个品牌的调性与运营特征。服装行业季节管理节奏如图 12-7 所示。

图 12-7　服装行业季节管理节奏

　　另外，服装商品生产作业环节较多且烦琐，部分需要人工参与制作的服装质量受人为因素影响较大。作为一种季节性商品，服装商品的销售量也受到多种复杂因素的影响，如季节变化、流行趋势变化、气候变化、广告媒体效应、地区消费观念和突发事件的影响。服装供应链下游为了应对销量的波动，向上游订货时往往会有意放大订货量，而供应链各环节中存在信息不对称，上游并不清楚下游的真实需求，因此上游供应商往往会维持比下游需求更高的库存水平，"牛鞭效应"明显，如图 12-8 所示。这种库存量较高的情况也导致了订货资金占用过多，资金周转较慢，并且一旦对市场变化反应不及时，过季商品大量堆积，就会造成资金的损失。面对越来越多的商品数量，越来越明显的个性化要求，越来越频繁的季节性变化，越来越短的商品生命周期，如何了解和掌握消费者的真实需求，并进行有效分析，针对性地制定零售策略，敏捷响应消费者需求变化，是每个服装企业需要深思的问题。

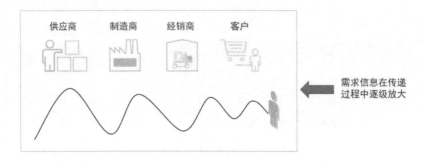

图 12-8   牛鞭效应

当今众多服装企业都由传统的单一销售渠道（实体门店）向多渠道甚至全渠道扩展，多地点、多品牌、多渠道使得零售商的供应链变得越来越复杂，提高对整个供应链网络库存及需求的可视度，及时满足消费者需求的同时又不牺牲利润，是许多企业选择数字化转型的原因。随着数字经济与实体经济的深度融合，正确把握伴随数据与技术飞速发展而涌现的全新机遇，利用大数据和新技术进行产业链的全面数字化升级，通过线上线下一体化，才能更好地实现效率和体验的提升，并不断增强自己的品牌影响力。而多渠道积累的消费者大数据，也可以赋能其数字化平台，更加准确地估计市场需求，有效地控制库存，为灵活调整生产需求、快速精准营销提供基础，提高企业的经营能力。

12.2.2   数据特征

1.新品多、生命周期短

受社交媒体和时尚资讯等新媒体的影响，消费者偏好的流行元素也一直在发生变化，为了吸引更多的顾客，服装店铺经常有上新活动，并且越来越多的商家选择以"周"为单位的上新。与家居这样的低频消费品类不同，对于服装商家来说，新品是服装商家生意的核心驱动力。上新对于品牌的意义，不仅是维持旧的顾客，持续刺激顾客新的购买需求，更能成为吸引更多新消费者的有力抓手。另外，新品客单价也会远高于非新品客单价。所以无论是提升品牌的消费者黏性，还是优化品牌毛利和财务收益，新品都在品牌中起到了决定性的作用。另外，服装行业的时效性很强，每款商品都有自己的生命周期，一般可以分为导入期、成长期、成熟期和衰退期，总时长在一个季度左右，当老的产品开始走向衰退期时，就需要有新商品加入，为店铺带来流量。

2. 季节性明显

服装商品的季节性很强，也有很多品类，在上新时需要根据季节和温度的变化来选择不同的商品，冬末上春装、夏末上秋装，依次轮回。另外，不同地理位置的气候条件不同，因此同一商品在不同地区门店的需求也会不同，例如北方与南方对羽绒服的需求差异就很大。

3. 受节假日影响较大

线下门店的销售情况受人流量的影响，周末销量相对于工作日较高，节日销量相对于平日较高，例如国庆节期间人流量较大，服装商品销量会有所上升，但春节是一种特殊情况，受春节传统习俗影响，春节期间部分门店闭店且人流量较少，销量偏低。部分节日对不同品类商品的影响不同，例如临近儿童节时，童装商品的销量升高，临近母亲节时，女装商品的销量升高。

4. 受促销活动影响较大

服装商品多遵循"撇脂定价策略"，即在新商品上市之初，将新商品价格定得较高，之后再根据市场情况的变化，逐步降低价格。这样在短期内获取厚利，尽快收回投资，而且在新品进入成熟期后也可以拥有较大的调价余地。因此，许多服装商品在生命周期的最后阶段，常利用季末打折的方式进行促销，通过降价保持商品的竞争力，而且可以吸引对价格比较敏感的顾客。除了季末打折促销，日常促销如打折、满减、买赠等活动都会带来一定程度的销量增长。

12.2.3　预测思路

科学准确的销量预测能够辅助企业经营者合理地制定生产计划，降低生产成本，保障畅销的服装商品库存充足，减少不必要的滞销服装库存，提高企业的经营利润。但随着越来越多的选择提供给消费者，消费者对于服装商品的需求变得越来越分散；同时，消费者接收的信息越来越多，体育文化、时尚流行等因素都有可能影响消费者的选择，服装需求高度波动，导致服装行业销量预测的难度越来越高。

传统的预测方法主要考虑商品近期的平均销量，但对于短期预测来说，这种方式的准确率不高，无法考虑促销活动的影响。在促销活动期间，商品销量较常规销量偏高，如果仅考虑促销活动开始前的销量，则会导致预测偏低；而在促销活动结束后，由于近期的平均销量偏高，会导致预测偏高。如图 12-9 所示，销售曲线呈上升趋势时预测过低，销售曲线呈下降趋势时预测过高，这种滞后性会使得促销开始后爆品缺货，带来直接的销售损失，而促销结束后爆品爆仓则会增加仓库的压力。为了应对这种情况，门店可以采用调整补货周期的办法，在促销活动开始前，拉长补货周期多备货，在促销活动结束前，缩短补货周期少备货，在历史销量均值回归正常水平后，将补货周期设置为正常值。这种方式较为烦琐，补货周期的调整也需要依靠人工经验，建议通过调整预测方法，将促销因素纳入预测模型，提高预测的准确率。

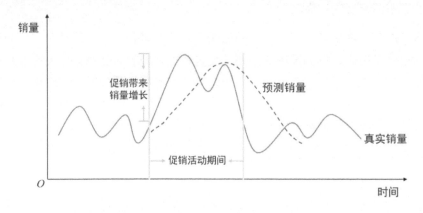

图 12-9　传统预测

因此，服装商品的销量预测不仅需要考虑历史销量数据，还需要考虑可能影响商品销售的众多因素，例如商品本身属性特征、商品的营销节奏、季节因素、时尚流行因素、原材料市场供应情况、天气情况、特殊事件等。鉴于服装商品种类繁多，周期较短，经常上新，并且部分商品受价格波动影响、需求变化较大，建议采用机器学习方法，学习具有相似特征的商品的销量趋势变化。如果需要预测多个门店的销售情况，那么还需要将门店的特征纳入考虑，例如门店位置、面积、平均人流量等。服装预测输入特征如表 12-2 所示，将尽可能多的特征输入 XGBoost 等模型，特征数据考虑越全面，模型的预测效果越好。同时，机器学习模型的训练，需要企业积累较多的历史数据，因此需要数据和预测算法技术共同作用，驱动运营效率的提升和商业模式的转变，更好地完成企业的数字化转型。

表 12-2　服装预测输入特征

特征分类	具体指标
历史销量特征	近 7 天销量均值、近 14 天销量均值等
产品特征	品类、颜色、尺码、材质、风格、已上新天数、生命周期等
时间特征	年、月、日、是否工作日、是否节假日等
营销特征	日常价格、促销价格、促销活动类型等
门店特征	位置、面积、平均人流量等
产品陈列特征	陈列方式等
天气特征	天气种类、温度、风力等
供应特征	是否缺货等

市场情况变化多端，因此预测销量与实际需求肯定是有差别的，不能完全依赖预测做库存管理，还需要有精细化的采购补货策略做支撑。例如，为了减小库存压力，可以适当增加订货次数，依据市场状态调整每次订货的数量；另外，某地区出现销量突增情况时，需要结合其他地区销售情况分析原因，再选择就近调拨或者向上游紧急订货。总之，结合数据分析结果进行决策，建立最适合企业自身的库存模型，不让过高的库存成本侵蚀企业的利润，是服装行业的正确生存之道。

12.3　家具行业

12.3.1　行业背景

家具是指人类维持正常生活、从事生产实践和开展社会活动必不可少的器具设施大类。随着时代的发展，家具产品也越来越多样化，设计、材质、规格、加工工艺等方面均有很大改变。家具作为人们生活中不可或缺的物品，其产业发展水平是反映社会经济发展水平和居民消费水平的重要指标。目前家具产业对人工作业的依赖已经大大减轻，许多生产商通过车间流水线实现了大规模作业。作为全球家具生产中心，早在 2006 年中国家具产业产值已跃居世界第一位，中国已然成为世界家具生产、消费及出口大国。国家统计局数据显示，近年来家具行业规模以上企业数量不断增长，截至 2020 年已超过 6500 家（规模以上企业即年主营业务收入达到 2000 万元及以上的法人企业），如图 12-10 所示。

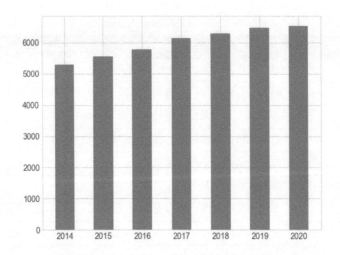

图 12-10　2014—2020 年中国家具行业规模以上企业数量

家具行业具有完整的产业链，制造工人对上游提供的木材、金属等原材料进行加工，制作出各种精美的家具产品，然后销售给下游的商场或消费者，这种模式也决定了家具行业的一些行业特点：

（1）利润受原材料价格影响较大。生产家具所需的主要原材料包括木材、皮革、金属、塑料、玻璃、海绵等，这些原材料价格的波动会影响家具行业的成本，进而影响到企业经营利润。

（2）受政策调控影响较大。居住、办公、餐饮、医院、娱乐等多种场所都离不开家具，尤其是居住场所。房产销售对家具消费的转化较高，由装修或乔迁原因导致的家具消费占家用家具购买原因的一半以上，因此家具制造业与房地产行业具有紧密关联，房地产市场调控会对家具制造业产生影响。

（3）季节性较为明显。家具行业与房地产行业关联紧密，由于楼盘交房时间在 8 月～12 月较多，而交房后的装修需求会带来家具消费的增多，因此家具行业下半年的消费一般会优于上半年。另外，下半年的婚庆需求也相对上半年多，这也在一定程度上造成了家具消费的旺季在下半年。

（4）备货型生产（Make-to-Stock，MTS）与订货型生产（Make-to-Order，MTO）并存。在备货型生产计划中，生产在特定客户订单之前触发，通过预期销售"推"动产品生产，在一个生产周期内生产的产品被用来完成下一个生产周期的订单。相反订货型生产是一种拉式操作，因为它在开始生产前依赖于客户的订单，客户订单"拉"动产品生产。备货型生产虽然可以合理分散资源生产，但对预测依赖程度高，容易出现库存过多或不足的状态；而订货型生产可以大幅减少库存成本、支持定制化生产，但在需求旺季，销量增长会给生产带来很大的压力，客户等待时间也相对较长。

受益于电子商务的蓬勃发展，大量消费者开始养成网络购物的习惯，线上购物平台方便利用图片、视频等媒介展示产品，并通过线上支付快速完成交易。全友、索菲亚、喜临门等家具行业知名品牌已纷纷入驻京东、淘宝等电商平台，并通过创建品牌自播号，通过短视频作品和直播间官方平台等引流方式，抢占用户心智、打造品牌形象和拉动产品销量。随着家具行业线上销售渠道的崛起，以及家具消费群体年龄结构的年轻化，家具行业线上渠道销售收入也在逐渐增加。

虽然近年来家具电商发展较快，但主要销售渠道仍在线下，包括百货商场、家具商场、直营门店、展会等。部分大型家具企业拥有数千家线下门店，例如欧派家居的门店约为 7000 家，喜临门的门门店约为 4500 家。另外，随着我国经济的持续快速发展，人均收入水平不断提高，消费者不断提升对生活水平的要求，消费观念进一步升级，消费者对家具产品已不仅要求其满足基本的使用功能，而且更加关注产品的内涵、品质、设计理念及健康环保等因素，定制家具越来越受到消费者的认可。在这种背景下，如何保障高销商品不断货、低销商品少占用库存，是预测及库存管理应该考虑在内的。

家具行业作为产业链较长的行业，进行数字化建设可以达成各环节的互联互通。对企业而言，数字化运营模式将有助于企业提升运营效率及消费者体验。通过数字化系统的优化，使得企业能够掌握终端门店的库存、周转情况，快速响应终端市场变化；数字化供应链体系能够助力企业将质量、成本信息反馈给企业产品研发部门，从而在产品的设计上兼顾用户体验；在售后服务平台上，通过数字化建设使得企业实现用户关爱数字化、服务系统一体化、服务过程透明化、客户服务主动化的管理体系。

12.3.2　数据特征

家具行业的销量数据呈现出如下的特征。

1. 间断性

与食品饮料等快消品不同，家具作为耐用消费品，许多商品的销售都不是连续的，长尾商品较多，某些商品可能几个月都没有售出记录，因此在日维度的时间序列上会存在大量需求为零的情况，并且两次销售之间的间隔也较为不稳定，因此从日维度上很难发现其销量变化的规律。

2. 季节性

一般来说，家具销售的旺季主要在下半年，并且节假日期间线下门店人流量上涨，销量相对较高，例如国庆节和春节前后销量会有明显波动。

3. 存在组合关系

许多家具产品都是由多种物料拼接组装而成的，因此家具产品中存在明显的组合关系。根据物料清单（BOM），可以找到产成品与物料的数量对应关系。如果两种物料均只作为同一产成品的原材料，那么这两种物料的销量是成比例变化的。

4. 受环境影响较大

如上所述，家具销量的增长受到多方面因素的影响，如经济环境、房地产市场、生产成本、消费者需求等。在经济衰退期间，消费者的可支配收入下降，会减少在购房或房屋重新装修等方面的支出，消费者需求下降，会导致房地产市场和家具行业受到严重的负面影响。

12.3.3　预测思路

在当今的制造业市场中，产成品的高库存通常是一个不可接受的成本负担，增加了库存管理、仓储、损耗等费用。同样，由于加急费用、加班和错过交货时间，库存短缺的成本很高。因此，备货型生产的理想生产计划是使任何给定时间的成品数量与下一段时间的客户需求相匹配。为了实现这一理想，需要规划人员相对准确地预测需求，并适当地平衡供应和生产能力以满足这一需求，此时需要尽可能结合家具行业的数据特点，选择合适的预测方案。

针对预测时间粒度，由于大部分产成品或物料不是每天都有售出，因此销量数据在日粒度上存在间断性，建议以周或月为粒度进行预测，并结合实际采购补货情况进行选择。针对预测维度，可以根据实际库存管理情况选择进行产成品维度的预测或物料维度的预测。某些商家为减小存储占用空间及节约运输成本，在物料维度管理库存，比如将桌子的桌腿和桌面分开存放，这样可以扁平化包装，消耗更少的存储空间。在进行物料维度预测之前，需要根据产成品的销量和物料清单，将销量整合到物料维度，例如商品 1 由一个物料 1 和四个物料 2 组装而成，商品 2 由一个物料 1 和四个物料 3 组装而成，当商品 1 和商品 2 各售出一件时，物料 1 的销量为 2，物料 2 和物料 3 的销量均为 4。

由于家具产品长尾商品较多，为了合理分配生产和库存资源，有必要进行

ABC 分类，将资源集中在需求量较大的产品上。表 12-3 展示了产成品维度的
ABC 分类方法，即根据历史销量数据，计算每个商品的历史半年总销量，并降
序排序，将累计销量占比在前 70% 的商品作为 A 类，70%～90% 之间的商品作为
B 类，其他商品作为 C 类。

表 12-3　ABC 分类举例

商品	销量	累计销量占比	分类
商品 1	1338	28%	A
商品 2	1322	56%	
商品 3	318	62%	
商品 4	221	67%	
商品 5	176	70%	
商品 6	151	74%	B
商品 7	135	76%	
商品 8	129	79%	
商品 9	127	82%	
商品 10	102	84%	
商品 11	59	85%	
商品 12	54	86%	
商品 13	54	87%	
商品 14	51	88%	
商品 15	48	89%	
其他商品	507	100%	C
总计	4792		

　　A 类商品通常销量较高，市场需求较大，因此建议根据预测提前备货，并且
库存深度相对较高；B 类商品销量相对比较稳定，建议根据预测提前备货，但库
存深度相对 A 类较低；而 C 类商品销量较低，提前备货过多容易造成库存积压，
不需要考虑预测，建议采用订货型生产，为了提升客户体验、减少等待时长，也
可通过设置安全库存来备货。例如，A 类商品需要保障未来补货周期内预测销量
80% 的库存，B 类商品需要保障未来补货周期内预测销量 50% 的库存，C 类商品
只需保障安全库存即可。在这种情况下，再根据客户下单情况适当增加或减少补

货次数。如果做物料维度的 ABC 分类，则在分类之前将销量整合到物料维度，再用同样的方法处理即可。

在 ABC 分类之后，需要对 A、B 类商品或物料的销量进行预测。由于家具类商品的供货周期较长，一般需要提供中长期的预测结果供库存管理参考，并且可供模型训练的 A、B 类商品或物料的个数相对较少，因此建议采用时间序列方法进行预测。为了减少异常值对预测模型的干扰，需要参考第 1 章的内容，在数据预处理阶段进行大单处理。考虑到销量数据中所含的季节性、趋势性，我们采用第 8 章提到的 WEOS 模型，为不同特征的销量数据匹配合适的预测模型池。具体地，模型池中除了移动平均模型、指数平滑模型、Theta 模型，还需要 Prophet 模型以将节假日因素考虑在内，并且若 A、B 类商品的销量数据仍存在间断性，那么还需要加入 Croston 等间断性模型。

由于家具销量受环境影响较大，例如商场和家具市场闭店，或是人流量减少、大型家具展会取消或者延期等，都会给家具的销量带来负面影响，因此需要针对突发事件对预测进行后处理，具体可采取近期均值填充或预测结果乘以经验系数等方式。另外，如果商家收到预订单，那么为了减少实际需求和预测之间的偏差，也需要通过后处理对预测进行调整。例如，根据历史销量，预测未来 7 月份的销量为 50 件，而实际已经收到的预订单共 60 件，则需要将 8 月的预测值减少 10 件，从而在预测总量不变的情况下将 7 月份的预测值调整为 60 件。家具类商品预测流程如图 12-11 所示。

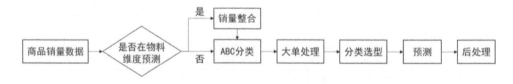

图 12-11　家具类商品预测流程

除了提高预测准确性，企业还需要掌握先进的库存管理技术，制定合理的库存策略，从而有效地控制和降低企业高库存量，减少和消除库存报废的风险，提高库存资金周转效率和生产效率。借助在线库存管理系统，运营人员可以跟踪产品的现有数量，在线进行采购商品入库、销售商品出库等操作，在线查询每种产品的最近销售数量及库存情况，监控库存积压和短缺情况。

第13章
CHAPTER 13

物流行业

13.1 物流网络

13.1.1 行业背景

物流网络为供应链的高效运转起到了十分重要的作用。它主要关注物品从供应地向接收地流通的过程，提供快递、物流配送、物流仓储等服务，是电商、零售、民营快递等行业的重要组成部分。中国物流行业在近几年取得了长足的发展，物流运输能力不断提升，市场规模保持稳步扩大。物流网络中包括运输、分拣、仓储等多个环节，它们相互作用，支持面向终端客户的履约需求。

然而，物流行业发展至今仍未完全脱离传统物流模式，特别是在现代物流体系建设方面还有很多短板。整体来说，过去几年中国物流的发展仍主要依靠土地、人力等要素成本驱动，面对日益紧缺的土地资源、不断上升的人力成本，行业发展面临瓶颈。物流行业的一个主要突破口便是数字化和智能化，通过统一的数字化管理中心和智能管理工具，赋能传统物流的各个环节，使得物理世界中的物流基础设施在数字世界算法的加持下得以提升效率。其中，智能化包含一些以RFID、IoT 为代表的"硬科技"，也同时包括预测、仿真、调度算法等数据科学"软科技"。

本章主要关注物流网络中的算法问题，包括长期线路及节点的规划、物流网络的动态预警、网点装车排班等场景，解决一系列在物流网络整体运营中的优化问题。以大促期间为例，成熟的物流系统会提前预知各区域、站点、线路的包裹量，根据此数据在各环节完成优化。例如，单一站点会对快递员、车辆等资源进行提前安排，在线路维度实时地进行预警以保证时效性，在仓库内对拣货和集单进行优化，通过实时算法决策建立自适应调节机制，为大促的顺利履约保驾护航。

13.1.2　预测思路

物流网络中的预测与前面章节中提到的供应链的需求预测有所不同，它主要关注物流某一环节的货量、单量等信息。在本章中，我们考虑比较常见、有代表性的线路和首末分拣货量预测问题。由于物流网络线路很多且关系繁杂，因此该问题的预测维度一般会考虑较粗维度（如首分拣—末分拣，Origin-Destination，简称 OD），或者选择节点之间的干线货量。

1. 数据特征

物流网络中的货量数据与常见的供应链商品数据有较大的差别，因此我们需要着重分析以下几个常见特征，并设计相应的模型机制加以处理。

（1）干线或 OD 一般较稳定，新增预测维度情况较少：一般来说，货量预测所关注的线路或 OD 是比较稳定的。在成熟的物流网络中，我们一般可以获取较长时间的历史数据，查看长期历史数据的依赖关系。另外，OD 的数量一般不会有很大的变化，这就意味着出现新增预测维度的情况较少，这与在消费品领域中经常出现的新品预测是十分不同的。稳定的预测维度数量可以使我们从历史时间序列中充分挖掘信息，得到与时间序列相关的模型参数。

（2）预测目标较多，一般不限于预测货量及单量：在物流网络中，预测模型一般不会关注实际的商品，但需要有多目标的结果输出，包括单量、货量、体积、重量等。在整体物流网络的优化中，预测会作为一个灯塔项目，使用统一的数据模型及处理模块生成未来多维度数据，以供不同优化模块使用。

（3）部分场景下预测的时间粒度较细，需要挖掘细时间维度下的特征：与供应链的商品补货场景不同，物流网络中的时间序列预测不仅包括天粒度的数据，还包括小时甚至分钟级别的预测数据。这就导致了历史数据往往很长，需要挖掘的信息隐藏在长时间周期的统计关联中。具体在数据中，模型需要建立相应的机制进行多效应的融合处理。

（4）**时间序列集中呈现季节性和大促效应**：各线路货量数据一般可呈现长周期性、多周期性叠加等复杂季节性，且在大促期间会有明显波动和上涨趋势。

2. 预测思路

回顾针对物流数据的预测案例，为了解决以上行业数据所展现的问题，基本思路有以下几方面的特点。

（1）**采用时间序列维度的模型机制，处理季节性、大促效应等特征**：由于网络中的时间序列比较稳定，且季节性、趋势性等特征及大促效应比较明显，因此在模型中需要设定相应的机制着重进行处理。此时不仅需要考虑一些全局变量，提取跨时间序列的特征，还需要将单个时间序列内部的特征分别提取出来，用于整体预测模型的建立。这也为我们将传统时间序列与机器学习或深度学习的结合提供了使用条件。

（2）**扩大模型的特征提取区域，着重解决长序列中长时依赖问题**：面对较细时间粒度的预测任务，在预测模型中不仅需要对短期特征进行刻画，同时还需要对长期存在的依赖关系进行充分挖掘。传统的时间序列预测模型主要关注短期影响，近年来提出的深度学习模型解决了部分长期存在的依赖关系的问题。

（3）**增加多维度信息来刻画事件或时间序列信息**：物流网络中的货量的影响因子较多，包括事件因素和网络自身信息，如分拣中心、地域信息等。此时我们需要对不同类型的信息在模型中予以编码，并将此类效应的编码值作为模型的一部分进行学习，从而较好地融入多维度的数据信息。

13.1.3　预测案例

下面通过两个经典案例来说明物流网络中的预测方案，主要聚焦于如何设计模型机制处理物流网络中的预测问题。

1. OD 在天维度的预测

第一个案例关注 OD 在天维度的预测问题。前面说过，OD 的数量一般比较稳定，这可以使我们充分挖掘现有 OD 维度的时间序列信息。另外，在可预测性较强的 OD 中，时间序列所展现出的季节性、趋势性等特性及相互之间的关系有较大的区别，需要以季节和趋势相关因子作为时间序列级别的参数输入到模型中，通过大规模的数据训练后得到优化后的时间序列参数。根据这个特点，我们选择 ES-RNN 作为基础架构进行整体的模型构建，如图 13-1 所示。

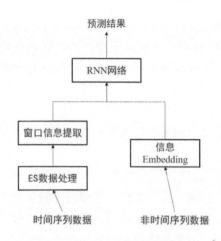

图 13-1　ES-RNN 的模型构建思路

　　在传统的 ES-RNN 架构中，首先使用指数平滑（ES）法对时间序列数据进行数据的规范化处理，消除数据中的季节性和趋势性。这一步的指数平滑法需要指定每一条时间序列对应的平滑参数 α 和 β，这两个参数是随网络的其他参数一起经过训练进行优化的，实际反映的是每个时间序列个性化的季节性和趋势性强度。此后，神经网络会使用窗口对信息进行提取，得到输入窗口和输出窗口，此时的时间序列会保留短期的数据特征，并作为时间序列信息输入 RNN 网络。

　　在时间序列数据处理过程中，需要注意兼容新增的 OD 维度的情况。如果整体的神经网络模型并非是天维度训练的，则需要对新增的 OD 时间序列所涉及的平滑参数 α 和 β 做默认值处理。一般可使用 ETS 法进行模型遍历，根据信息准则选择最优的参数估计作为 α 和 β 的默认值。

　　此方案中的另一部分数据处理是将事件等外部信息加入模型结构。OD 维度单量数据受外部数据影响较为明显，在本方案中，外部数据主要指的是一些随时间改变的动态数据，如促销及节假日日历，对静态属性（如地域、分拣中心信息等）不予考虑。这主要是由于在关于时间序列的 ES 处理及后续建模中，已经对各时间序列的效应分别做了处理，引入外部数据时主要考虑销量以外的数据带来的影响。关于外部信息，一般的处理方法是使用 Embedding，将信息进行编码并作为一个高维向量与时间序列数据一起输入 RNN 模型。

　　经过处理的时间序列和外部数据会进入 RNN 网络，进一步提取时间序列的信息。在 RNN 网络中，为了解决长序列的相关性问题，一般可使用跳跃循环神经网络（Dilated RNN）的机制，扩大每个神经元的信息提取范围，以对较长时间维度的信息相关性进行挖掘。如图 13-2 所示，一般采用的跳跃阶数为 1、2 或

4，进行扩张的跳跃连接。

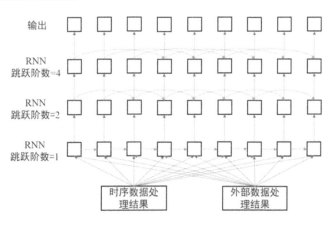

图 13-2 ES-RNN 架构

此方案面向的是较粗粒度（首分拣—末分拣，天维度）的货量预测问题，主要解决的是各时间序列复杂特性、外部影响、长期信息提取的问题，由于整体预测时间序列比较稳定，时间序列维度的信息可以得到充分挖掘，从而为整体模型的构建及优化提供了数据基础。

2. 干线中的小时维度预测

第二个案例关注干线中的小时维度预测问题，这个场景与第一个案例相比最大的区别在于时间粒度较细，传统的预测模型很难对小时维度的数据进行建模并提取长时间相关的信息。同时在此案例中，我们无法像 ES-RNN 模型那样在时间序列维度对每条时间序列进行编码，此时就需要更多的静态及动态数据输入，对时间序列各点进行多维度的数据输入。总体来说，此方案的模型需要具备以下特征：

- 对短时和长时信息进行提取，解决长期依赖中的梯度消失问题。
- 融合静态和动态的多通道输入特征，并分别提取信息。
- 对时间序列及外部信息进行信息选择，保证模型收到有益的信息。

因此，此案例针对小时维度干线货量预测选择了 TFT（Temporal Fusion Transformers）模型，同时具备了以上特征。

物流线路中的静态变量包括仓库、分拣中心及线路编码、区域数据等，动态数据包括事件信息、预报数据、宏观数据等。在 TFT 模型中，这些信息会被输入信息选择模块，对于与该时间点关联度较高的输入数据，赋予其较高的权重，保证信息的高效流通。静态变量如仓库、线路的信息，会在此时与动态数据结合来筛选信息。例如，对于部分仓库或分拣中心对应的时间序列，通过训练的模型可以在此处重点考虑某次促销信息，部分区域的预测值会重点参考当月消费指数的变化。

另外，TFT 模型会对物流线路的短期和长期趋势进行特征提取。短期特征是由传统的 LSTM 模块进行建模的，而长期特征由 TFT 模型中的 Transformer 模块进行了重点挖掘。小时维度的输入序列很长，而 RNN 模块中的信息容量是有限的，时间序列中包含的信息无法被有效提取。TFT 模型结构示意图如图 13-3 所示，经过编码和短期特征提取后的数据会被输入 Transformer，使用多头注意力（Multi-head Attention）机制学习长期特征之间的相关性——这一步会着重解决长期依赖问题，通过输入全局数据，Attention 机制可以获得当前时间序列点应参考的历史序列，扩大时间序列模型参考的时间范围，并让神经网络有选择地去整合历史信息。

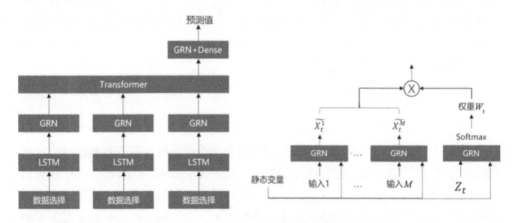

图 13-3　TFT 模型结构示意图

13.2　最后一公里

13.2.1　背景

物流的最后一公里是指包裹由快递员从配送网点提取并配送至消费者的这一段距离，其构成了供应链末梢的"毛细血管"。对最后一公里配送需求的准确预测，对于供应链整体的体验、效率、成本优化有着至关重要的影响。

最后一公里的配送场景通常涉及两类预测任务，第一类是对相关站点或区域在特定时间内需要配送的订单数量进行预测；第二类是对送达时间的预测。第一类预测任务涉及最后一公里多方面的优化，如运力需求调拨、配送路线规划等。我们需要对最后一公里的需求进行准确预测，以便企业可以更好地安排资源，提高最后一公里配送的效率，减少不必要的成本损失。因为最后一公里配送直面用户，所以第二类预测任务对提升供应链体验至关重要。配送时间预测的结果可以直接呈现给用户以提升供应链体验，也可以让企业优化成本与体验的关系。

在上述预测任务中，智能供应链系统的预测技术发挥了关键作用，通过收集和分析大量的历史数据并运用机器学习和数据挖掘技术，为实现更加精准的预测提供了保障。智能供应链预测技术的应用不仅提高了最后一公里配送的整体效率，而且降低了运营成本，为企业带来了竞争优势。

13.2.2 数据特征

1.常用数据

最后一公里场景下的预测任务，我们可以获取的数据如下。
- 订单数据：包括配送订单的基本信息，如订单编号、下单时间、地址、支付方式等。
- 配送员数据：包括配送员的车辆类型、配送区域、历史平均订单完成时间、历史评价等。
- 天气数据：包括温度、降雨量等天气信息。这些数据通常可以通过公开的预报网站获取。
- 社会经济数据：包括某区域人口、建筑密度等信息。这些数据可以通过相关官方网站获取。
- 区域数据：包括站点所在区域或目标区域的路网密度、路况信息（是否存在施工）、历史拥堵情况等。一些企业的智能供应链系统与地图团队进行合作，可以获取实时的上述数据。

2.数据分析

在未来一段时间站点订单数量的预测任务中，数据处理包括数据清洗和处理。最后一公里场景下的数据清洗一般包含：对多次修改配送时间的订单的识别和筛除，对修改地址的订单的标准化和纠错处理，对订单时间进行筛选和去除异常订单等。另外，数据处理还包括数据聚合处理，即根据预测维度和业务需求，将订单数据聚合到站点维度、区域维度等，实现数据的汇总和分析。例如，根据配送员维度进行数据聚合，分析不同配送员的配送效率和质量等，获得一些可用于配送时间估计的配送员特征。

而在对数据的探索性分析中，我们可以从以下维度进行分析：

（1）时间维度，包括日期、星期、小时等。时间是影响订单数量的主要因素之一，因此对于预测任务来说，从不同的时间粒度上评价均值、方差、周期等基础时间序列特征非常重要。

（2）周期维度，包括节假日、季节等。节假日、特殊活动等因素会影响订单数量，季节性因素也会对订单数量产生影响。

（3）天气维度，天气状况会影响人们的活动和需求，从而影响订单数量。

（4）站点维度，站点相关特征包括站点所在区域、站点的大小、站点的历史订单数据等。这些特征可以反映出站点的影响力和潜在的订单数量。

（5）节假日效应维度，电商平台的一些大促活动相关的日期可能存在节假日效应，也是影响订单数量的一个因素。

4. 特征工程

通常，我们可以从上述数据探索性分析维度发掘一些有用的特征，下面是在进行特征工程操作后我们可能获取到的特征。

1）时间相关特征

时间特征可以进行拆分，例如将时间分解为年、月、日、小时等单独的特征。

2）周期性特征

通常站点在月份、周维度存在周期性，可以通过时间序列分解方法分解出具体周期的长度和大小，也可以通过计算不同滞后期的序列自相关性获取周期特征。

3）天气特征

可以从原始天气数据中提取关键特征，例如温度、降雨量等，然后对这些特征进行标准化和归一化处理。对于连续的天气特征，可以采用聚合、差分等方式提取更多的特征，例如均值、标准差、最大值、最小值等。

4）站点相关特征

可以使用站点的历史订单数据，例如每天的订单数量、订单类型等，来反映站点的影响力和潜在的订单数量。可以对站点的地址进行聚类或划分区域，然后将区域作为特征进行编码，以反映不同区域的订单数量。

5）节假日效应特征

对于春节、"双 11""618"这些事件或节假日，可以将其作为特征进行编码，例如将节假日编码为二元变量，表示是否为节假日。也可以对节假日效应的类型进一步编码，来反映其对订单数量的影响。

综上所述，特征工程操作是对原始特征进行转换和处理，是提高模型性能和泛化能力的重要步骤。具体的特征工程操作需要根据实际情况和数据分析来进行调整和选择。

13.2.3　预测模型

1. 预测任务

最后一公里配送场景的订单数量预测任务具有时序性、变量复杂性和长期依赖性等特点。时序性是指，这些预测任务是时序性任务，需要考虑时间维度的影响因素，例如时间趋势、周期性、节假日等；变量复杂性是指，这些预测任务涉及多个影响因素，例如天气、区域等多个变量，需要在模型中充分考虑这些因素的影响，而它们之间的关系往往不是简单的线性关系，需要使用适当的模型来捕捉这些复杂的非线性关系。长期依赖性是指，站点订单数量历史时间较长，对于细时间颗粒上的预测，可用历史数据序列会变得非常"长"。

而另一类送达时间预测任务与其他时间序列预测任务相比，还有一些独特的需要注意的点，包括稳健性、多变量性和数据稀疏性。稳健性是指送达时间预测结果的展示直接和用户体验相关，对于预测结果的不确定性需要进行一定的空值处理，要求使用更加稳健的模型。多变量性是指送达时间受到多种因素的影响，包括交通状况、路程距离、站点情况、天气等。因此，需要对这些变量进行全面的考虑，以提高预测准确性。数据稀疏性是指在实际的配送场景中，送达时间的记录可能存在不完整和不准确的情况。因此，需要对数据进行预处理和清洗，并使用适当的算法来处理缺失值和异常值。

2. 常用模型

1）时间序列结合神经网络模型

对于站点配送订单量的预测任务，由于其具有时序性、变量复杂性和长期依赖性等特点，所以我们可以考虑使用时间序列模型结合神经网络模型的方案。最简单的思路是使用时间序列模型（例如 ARIMA 模型、SARIMA 模型、Prophet 模型等）进行线性部分的预测，使用神经网络模型（例如 BP 神经网络、LSTM、

GRU 等）进行非线性部分的预测，如图 13-4 所示。在使用时间序列模型对数据进行初步建模和分析的同时，使用神经网络模型来捕捉更复杂的时间序列关系。也可以使用时间滑窗的方式将序列预测问题转化为监督学习问题，然后使用神经网络模型进行建模和预测。需要注意的是，在使用神经网络模型时，需要对数据进行标准化和归一化处理，以避免模型出现过拟合等问题。同时，需要使用交叉验证等技术来评估模型的性能，并对模型进行优化和调整，以提高预测准确性和泛化能力。

图 13-4　时间序列模型结合神经网络模型示意图

2）机器学习模型

配送需求预测和送达时间预测都具有数据量庞大、情况复杂的特点，因此可以考虑使用机器学习模型来解决。出于稳健性和模型学习能力的考量，可以考虑使用基于决策树的随机森林或 XGBoost 等方法来预测未来的配送单量或送达时间。在外部特征对配送单量具有较大影响的场景下，也可以优先考虑机器学习模型，机器学习模型可以将历史订单数据和其他相关因素作为输入，学习它们之间的关系，并用于预测未来的配送单量。

13.2.4　实践案例

本节将具体介绍两个模型的使用案例，一个是使用 ARIMA 模型和 BP 神经网络预测配送单量，另一个是使用随机森林模型预测送达时间。

1. 配送单量预测

在这个案例中，我们将了解预测模型如何处理非线性部分。

1）预测思路

由于 ARIMA 模型不依赖特征，只依赖时间序列本身，因此，趋势性、季节性成分等使用传统 ARIMA 模型预测即可。而神经网络模型在此用于非线性预测，需要对数据进行更特殊的处理，比如选取一段时间内的特征作为样本，将对应的配送单量作为标签。

接着需要考虑两个模型的输出权重分别是多少，求出加权和作为最终的预测值。这里有两种加权方式。第一种是等权平均法，即 ARIMA 模型和神经网络模型的权重都取 0.5。第二种是误差方差加权平均法，这种方法首先计算 ARIMA 模型和神经网络模型的预测结果的误差，并分别考虑两个模型的误差方差，然后选择一个反比例函数来描述误差与权重的关系，例如以方差作为误差，以其倒数为权重，误差越大的权重越小。实践中这几种权重都可以尝试，并利用 Hold-Out 等方法选取最佳权重。在模型的评价标准上，可以选取常用的误差平方和或者平均相对误差进行计算。

2）构建 ARIMA 模型

在本案例中，数据有一定趋势性，但是波动性仍然较大，如图 13-5 所示。

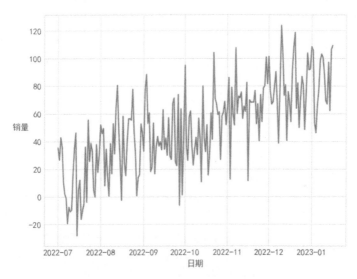

图 13-5　数据波动示意图

所以我们首先要对原始序列进行一阶差分得到比较平稳的时间序列。接着根据第 2 章介绍的自相关图和偏自相关图选择 ARIMA 参数。这样就完成了 ARIMA 模型的构建。

3）构建 BP 神经网络

学习步长使用常规的 0.01。隐藏层神经元个数 p 通过下式确定：

$$p = \sqrt{d + m}$$

其中 d 是输入神经元个数，m 是输出神经元个数，由此可以估计可能的隐藏层神经元个数。确定了隐藏层神经元个数的范围后，可能的隐藏层层数的范围也随之确定，最终结合在验证集上观察的模型效果选择合适的参数。这样，我们完成了神经网络的参数设置，最终完成模型拟合与预测即可。

2. 送达时间预测

在配送相关的预测任务中，随机森林模型在多种场景下都可以用于预测送达时间。下面以随机森林模型在预测外卖配送送达时间方面的应用为例。考虑到订单的类型比较多，首先利用送达时间天然地将订单分为 3 类，即短时单、常规单和耗时单三种，其中短时单定义为送达时间小于 20 分钟的订单，常规单为 20 ~ 50 分钟的订单，耗时单为 50 分钟以上的订单。在某次预测中，三类单量占比分别为 12.87%、66.77%、20.36%。我们使用之前介绍的特征作为输入特征，进行模型训练和调优。由于树模型具有比较好的可解释性，所以在预测完成之后我们可以分析各特征的重要性。一般而言，配送距离是最重要的特征，工作日标签、降雨是次要的特征，这是因为配送距离是影响送达时间最重要的因素。

结语

第14章　供应链预测算法工程师的日常

第14章

CHAPTER 14

算法工程师的日常

14.1 算法工程师的一天

在本书的最后，笔者想谈一下算法工程师的日常。算法工程师一天工作时间的分配，大约是 40%的时间用于代码编写，30%的时间用于需求沟通，20%的时间用于事务性工作，以及 10%的时间用于阅读代码和论文。下面将这些内容逐一展开，讲解算法工程师日常工作的细节。

14.1.1 代码编写

代码编写是算法工程师日常工作中占用时间最多的部分。一旦确定了需求和实现方法，就需要抽象出需求，并寻找解决问题的对应算法。例如，需求是"预测新产品的销售量"，抽象成算法问题即为"一个时间序列，长度很短甚至近似于 0，在这样的情况下，需要用什么样的算法来解决问题？"这时我们可以分几个步骤去探索：是否完成过类似的项目（实现过类似的算法）→是否能够找到相关的论文或代码→如果以上都没有，那么就需要从头开始研究。

如果已经完成过类似的项目，那么我们需要分析一下当前项目与之前项目的区别，并判断之前的方法能否解决当前的问题。例如，之前完成的项目是一个短时间序列的预测问题，那么与当前问题的区别就在于时间长度是否足够。大部分时间序列模型在预测过程中使用自回归形式，即使用自身历史数据来预测未来，但是当历史数据近乎为 0 时，这种方法就不再适用了。因此，我们可以将问题转化为"是否可以用一个相似的商品或销量来替代预测"，然后使用之前的短时间序列预测方法对相似的商品进行预测，进而替代当前的目标商品，通过问题转化来解决原始问题。

如果想迁移一个开源的代码或项目，那么最大的难点在于如何进行适当的迁移。例如，开源项目可能使用了深度学习模型，那么其所用的框架（比如 Torch）是否适合当前的项目呢？这需要对项目进行深入的了解，并且仔细地阅读和理解开源代码，以便更好地进行调整和更改。同时，在阅读开源代码时，可能发现有很多功能需要按需进行更改。在这个过程中，你需要保持耐心，同时尽可能地了解代码的每一个细节，这样才能确保代码能够成功迁移。

如果项目被证明需要从头开始，那么你需要为此耐心地投入大量时间和精力。在这个过程中，你需要更好地理解需求，看看是否可以将一个需求拆分成多个需求，再逐个解决。同时，与其他算法工程师沟通交流也是非常重要的，这可以帮助你获得一些更好的方法和信息，以便更好地解决问题。在整个开发过程中，沟通是至关重要的，可以帮助你避免错误并更好地完成任务。

14.1.2　需求沟通

算法工程师主要与产品同事进行沟通，每天开始工作前确认今天需要完成的目标及目前项目的进度。请注意，需求是会变化的，但项目的总体目标通常不变。例如，对于一个销量预测的项目，最终产出的结果是一个可以实现预测功能的项目。但具体的需求可能会随着时间的推移而变化，例如昨天需要完成常规预测，今天可能需要加入促销或新品的预测。因此，沟通并确认需求是一天中最重要的工作。

在与产品同事确认需求之后，需要与其讨论具体的实现方案。在这个过程中，需要将实现的方法和算法简略通俗地同步给产品同事。可以使用一个简单的办法："输入是什么，输出是什么，为什么选择这个方法"。在双方都确认方案之后，就可以投入到方案的实现中了。

沟通部分还包括与后端、前端等同事的沟通。算法只是通过数学模型解决抽象化的问题，而计算机代码才是真正成为可以运行的"项目"的关键。这就需要多方的配合，例如前端的界面、后端的调度、数据库的连接等。因此，与前后端同事的沟通也同样重要。在这个过程中，同样可以使用前面提及的办法，确定前端输入给你的是什么，你输出给后端的是什么，以及这个过程中用的方法是什么，例如数据存储和调用使用 Elasticsearch 还是 MySQL。

至此，沟通部分基本结束。这些沟通工作至少占用你一天 30% 的时间。

14.1.3   事务性工作

这里的事务性工作主要指需要算法工程师配合的材料制作工作，例如最常见的汇报 PPT。当一个项目需要汇报进度时，一份汇报 PPT 一般会拆解为业务部分和算法部分。算法部分的汇报内容一般需要算法工程师来出具。在这个过程中，算法工程师需要遵循需求沟通中提及的方法，采用更通俗易懂的方式展示算法部分到底做了什么，用更少的术语、更多的结果图来描述算法。同时，向非专业人士解释算法本身是对算法工程师的一个考验，可以通过这个过程更好地理解算法和表述算法。对于想要专注于算法模型能力提升的算法工程师来说，这部分无法避免，但是可以通过合理复用模板或过往内容来减少无意义的时间消耗。

除了制作 PPT，算法工程师还需要在项目开发过程中协助其他同事。除了与产品同事、前后端同事的沟通，算法工程师还需要协调处理数据质量和数据安全等问题。算法工程师还需要为项目提供技术支持和解决方案，帮助团队成员理解算法和实现方式，并尽力使项目保持在进度和预算的范围内。在这些任务中，算法工程师需要在保持高效工作状态的同时确保结果的准确性和可靠性。这通常需要花费相当一部分时间来对项目代码进行反复测试和修改。因此，算法工程师需要具备耐心和细致的精神，以及对自己工作的高度责任感。

算法工程师的工作不仅仅是编写代码和调试算法，还需要与其他人员沟通、协作，并承担项目中的各种任务。这就要求算法工程师具备广泛的技术知识和出色的沟通能力，以便有效地与各种人员合作。

14.1.4   阅读论文/代码

阅读论文/代码是一个自我提升的过程。算法的迭代更新速度非常快，例如 Transformer 出现后，在几年内就涌现了很多变种，如 Informer、Autoformer 等。它们有各自的长处和创新，也能适配更多的场景。区别于算法研究员、算法工程师更应该关注如何用算法解决工业界的现实问题。因此，算法工程师需要了解更多的算法，并通过对算法的解读，结合业务场景，找到算法的落地方法。对于一个算法的最佳解读方法，应该遵循以下过程：精读论文→细读代码→跑通样例。

这个过程不仅是对代码的理解过程，也是对自己思维的扩展过程。理解更多的算法实现，会加深你对曾经的知识和代码的理解。论文/代码的阅读不应该影响工作进度，最好只占用一天中的 10%时间。

14.2 从我想当算法工程师开始

如果读者有志或刚成为一名供应链算法工程师，笔者就从自己过往的经历，以及面试他人的感受中，抽提一些经验与读者分享，希望对读者有所助益。

14.2.1 我需要具备什么能力

成为算法工程师需要具备以下能力，读者可以根据自己的兴趣和具体的岗位调整权重。

- 背景知识：需要掌握统计学知识、机器学习方法和深度学习方法。
- 编程能力：需要具备熟练的编程能力，还需要掌握常见的库的应用。
- 问题抽象能力：需要具备将实际业务问题抽象为算法问题的能力。
- 沟通能力：需要能够很好地沟通并传达观点。
- 工程能力：算法落地需要实现算法的工程化，即将算法脚本封装成一个完整的项目。
- 数据分析能力：需要对数据有一定的敏感度，并且能够找到数据中的一些特征。

1. 我应该怎么学习

算法工程师能力体系的构建过程是一个多阶段的过程，这个过程非常类似于机器学习模型从训练到落地的过程。

（1）初始需要准备基础的数据（基础知识），对于算法工程师的能力体系，这里需要的是一些数理知识，比如概率论、算法基础等。

（2）在获取数据后，需要对数据进行细化，进行抽样和表征，找到更好的数据表示（机器学习、深度学习等）。

（3）在数据处理完后，选择需要的模型（发展方向，例如预测、CV、NLP等），编写或调用相应模型的工程实现。

（4）设定损失函数（发展目标），并开始"学习"。

（5）在每次训练的过程中，都是对当前数据的一种抽象表征，获取一些局部或整体的信息（当前所学的知识），用模型预测这部分数据，得到预测值（学习的成果），与真实数据比对差距（个人理解与现实知识的区别），并进行修正（补充或深化这部分知识）。

（6）多次训练，直到模型收敛（能够熟练应用所需要的技术，并熟练解决问题）。这部分通常会花费很长时间。

（7）保存模型文件（沉淀学到的知识）。

（8）使用模型文件（你的知识）去解决实际的问题。

（9）将模型封装（工程化能力）供前后端使用，成为一个整体项目（沟通与讲解算法）。

（10）至此，一个机器学习模型（算法工程师）完成了初步落地。

在新数据（新知识）逐渐累积增多的过程中，模型（算法工程师）会出现偏置或认知偏差，这时就需要重新训练模型，更新模型（更新知识储备），不断适应新的需求。

当数据累积到特别大的程度，或模型变得特别复杂（知识累积到一定程度）时，就需要使用大数据方法或分布式训练来对模型进行训练（大数据的能力），比如 Spark 或分布式框架。

2. 应该从哪里学习

笔者列出一些材料的示例，包括但不限于下列：

- 数理知识：《概率论》《统计学》《线性代数》。
- 算法知识：《算法导论》《数据结构》。
- 机器学习：Coursera 的机器学习公开课、《机器学习》（西瓜书）。
- 深度学习：《动手学深度学习》。
- 论文与新算法：GitHub（善用 trending 与 explore）、ArXiv。
- 数据竞赛：Kaggle、天池等大数据竞赛平台。

14.2.2　进阶和突破瓶颈的思路

1. 工程能力

算法工程师包含算法和工程师两个方面，即在完成算法的上层建筑时，也需要完成工程的下层基础建设。大部分算法工程师缺乏工程能力，缺乏大型项目的经验。工程能力对于算法工程师来说不应该是木桶中的短板，而应该成为能够支撑算法落地的一项成熟能力。算法只有在落地的过程中才能被我们更好地理解。同时，在算法落地的过程中，为了适应不同的业务需求，对算法进行适合的转化和操作，按需实现，也是算法工程师的必备能力。只有动手，才能获得新的认知。

2. 数学功底

算法本身是为了解决现实问题而出现的，即通过数学建模的方式，对问题进行抽象，再通过不同的方法（如似然等）解决问题。很多读者看书或阅读论文后，觉得算法太简单或者太难，在这个过程中，良好的数学功底可以帮助我们理解算法本身的思想，理解算法是如何构建的、为什么这样构建、如何使用。因此在遇到算法理解上的瓶颈时，可以回归本质，更好地学习一下数学基础，进而获得突破。

3. 业务领域的知识积累

业务先行，只有看到行业的本质，才能让自己的算法理论和实践结合得更好。工业界的算法不同于学术界，学术界的算法更多的是为了新颖性，在已有的基准（benchmark）上提升准确率是一个关键的追求目标，同时又希望取得更新颖、更实用的新结构，例如 Transformer 之于 CNN。

而工业界的算法更注重算法解决实际问题的能力。即便是简单的移动平均，在某些数据上也能战胜复杂的深度模型。那么如何找到准确的业务落点和业务痛点呢？答案是通过业务来理解算法。算法的模型是有领域的，不同领域所涉及的业务既是算法需要解决的问题，也是指导算法落地的方向。更好地理解业务，有助于算法工程师更好地解决问题。请牢记，算法是途径，业务才是最终导向。

4. 信息输出和信息获取的能力，沟通和表达

算法工程师的很多经验和知识来自同行交流，把自己解决问题的思路分享给别人，让别人理解你的想法，同时吸取别人的思路和见解，在思维的碰撞中获取新的灵感。还可以借鉴前人做过的项目经验，避免闭门造车，浪费宝贵的时间。

在这个过程中，同时扩展了深度和广度。在深度上，算法工程师可以更好地理解算法本身。在广度上，算法工程师可以理解不同项目中不同算法所带来的影响，同时增加了自己的项目经验，方便下次处理相似的项目。

14.3　供应链预测算法的未来

回到供应链的本质，供应链是各种流的结合，例如商流、物流、信息流、资金流等。供应链算法在各个环节都发挥着作用，但是可以看出，当前算法只能获得供应链节点上的结果层面的信息，没有获取到整个供应链的全部信息流。在完

整的供应链体系中，全局信息会给单个节点带来非常关键的信息。这种信息在当前的算法中，实际上并没有被关注。在这样的前提下，未来的供应链算法应该更加抓住供应链的本质，提取业务上的要素，收集更多、更广阔的信息。

在数据层面，数据的质量决定了算法的效果能够最终达到的程度。现在企业中的数据收集也越来越专业化，数据本身包含了更多的信息，数据的质量有了飞跃的提升。后续数据的获取和维护将更加规范、统一，形成规范化的、模式化的数据获取、存储与应用方式。

在算法层面，算法将更加走向轻量化，更快、更敏捷。同时，算法也会更加走向大众化，而不只是算法工程师专有，各个行业将算法能力从技术部门推向业务部门，业务部门更了解算法，技术部门更了解业务，相辅相成。而使用的算法本身也越来越透明、越来越可解释，更好地贴近业务、解释业务。

供应链行业的未来是通过数字化转型，得到更多企业对供应链整体的认可和重视。在不同的行业中，对所需要的技术进行不同粒度的切分，根据企业当前的数据体量，选择更适合的算法，满足业务需求的同时，也满足时效的需求。同时算法也要具备更强的适应性，更贴合行业的变化，更快地适应变化。依靠预测、服务决策，持续推进更好的商业模式，让供应链上下游可以更好地协同。